河出文庫

ホモ・デウス 上

テクノロジーとサピエンスの未来

Y・N・ハラリ
柴田裕之 訳

河出書房新社

ホモ・デウス 上

目次

文庫版への序文……11

第1章 人類が新たに取り組むべきこと……21
生物学的貧困線／見えない大軍団／ジャングルの法則を打破する／死の末日／幸福に対する権利／地球という惑星の神々／誰かブレーキを踏んでもらえませんか？／知識のパラドックス／芝生小史／第一幕の銃

第1部 ホモ・サピエンスが世界を征服する

第2章 人新世……133
ヘビの子供たち／祖先の欲求／生き物はアルゴリズム／農耕の取り決め／五〇〇年の孤独

第3章 人間の輝き……179
チャールズ・ダーウィンを怖がるのは誰か？／証券取引所には意識がない理由／生命の

方程式／実験室のラットたちの憂鬱な生活／自己意識のあるチンパンジー／賢い馬／革命万歳！／セックスとバイオレンスを超えて／意味のウェブ／夢と虚構が支配する世界

第2部 ホモ・サピエンスが世界に意味を与える

第4章 物語の語り手 …… 265
紙の上に生きる／聖典／システムはうまくいくが……

第5章 科学と宗教というおかしな夫婦 …… 301
病原菌と魔物／もしブッダに出会ったら／神を偽造する／聖なる教義／魔女狩り

原註 356

図版出典 357

［下巻目次］

第6章　現代の契約……9
第7章　人間至上主義革命……43

第3部　ホモ・サピエンスによる制御が不能になる

第8章　研究室の時限爆弾……137
第9章　知能と意識の大いなる分離……176
第10章　意識の大海……253
第11章　データ教……280

謝辞　331
訳者あとがき　335
文庫版のための訳者あとがき　345
原註　363　図版出典　364　索引　381

ホモ・デウス 上

——テクノロジーとサピエンスの未来

重要なことを愛情をもって教えてくれた恩師、

S・N・ゴエンカ（一九二四〜二〇一三）に

文庫版への序文

未来について書くというのは一筋縄では行かない。前作の『サピエンス全史――文明の構造と人類の幸福』では、集合的神話――国民についてのものであれ、神、人権、あるいはお金についてのものであれ、みなが共有する神話――を信じるという人間ならではの能力のおかげで、私たちの種がこの地球を征服できたことを説明した。本書『ホモ・デウス――テクノロジーとサピエンスの未来』では、その物語の次の章へと焦点を移し、旧来の神話や宗教やイデオロギーが斬新な画期的テクノロジーの数々と結びついたときに何が起こりうるかを考えた。

キリスト教は遺伝子工学をいったいどう扱うのだろうか？　社会主義は人間の労働者がロボットに取って代わられる事態にいったいどう対処するのだろうか？　自由主義はデジタル独裁制にいったいどう立ち向かうのだろうか？　いずれシリコンヴァレーは新しい装置に加えて、新しい宗教まで生み出すことになるのだろうか？

人工知能（ＡＩ）は私たちの認知能力に猛然と追いついてきている。間もなくコンピューターは人間よりもうまく自動車を運転し、病気を診断し、戦闘を行ない、私たちの情動さえも理解するようになる。コンピューターによって厖大な数の人間が求人市場から追い出され、新しい巨大な「無用者階級」が生まれたら、福祉国家はどうなるのか？　企業や政府が人間をハッキングして、私たち以上に私たち自身について知るようになったら、人間の自由はどうなるのか？

こうしたことが起こっている間にも、バイオテクノロジーによって人間の寿命が大幅に延び、私たちの体も心も徹底的にアップグレードされるかもしれない。このような改善は誰もが享受できるのか、それとも私たちの見守るなか、豊かな人と貧しい人の間に空前の生物学的格差が生まれるのか？　人類は二つの種、すなわち、豊かな新しい超人たちと貧しい平凡なホモ・サピエンスに分かれることがありうるのか？　世界の弱小国は、新種の帝国の征服者たちの餌食にされるのだろうか？

私たちは、データ収集やＡＩや生物工学といった分野でのグローバルな軍拡競争の真っただ中にいる。数か国がこの競争でリードし、それ以外の大半の国は大きく後れを取っている。もしこの傾向が続けば、データ植民地主義という新しい植民地主義が登場する可能性が高い。古代ローマから一九世紀のイギリスまで、過去の帝国は兵士を派遣して他の国や領土を征服する必要があった。だが二一世紀の新しい帝国は、兵士は送らなくても、データを引き出すことによって他国を征服できるだろう。世界の情報を収集する少数の企業あるいは政府が、世界の残りの地域をデータ植民地にしてしまいうる。

二〇年後のこんな状況を想像してほしい。北京かサンフランシスコの誰かが、あなたの国の政治家や地方自治体の首長、ジャーナリスト、ＣＥＯ（最高経営責任者）全員の個人データをすべて持っている。かかった病気、結んだ性的関係、口にしたジョーク、受け取った賄賂を一つ残らず知っている。あなたの国は、それでも独立国家だろうか？　それとも、データ植民地にされてしまうのだろうか？　国々が、自ら実効のある支配ができないデジタル・インフラやＡＩで駆動するシステムに完全に依存している状態に陥ったら、どうなるのだろうか？

データ植民地になれば、経済的にも政治的にも由々しい影響が出る。一九世紀と二〇世紀には、イギリスやアメリカのような主要な工業国の植民地にされると、主に原材料を提供することになる一方で、最も大きな利益を生む最先端の産業は、帝国の中枢にとどまり続けた。たとえば、エジプトはイギリスに原綿を輸出し、でき上がった織物や自動車や機械類を輸入していた。

二一世紀にも、それに類することが起こるかもしれない。ＡＩ産業にとっての原材料はデータだ。アメリカと中国でＡＩ開発を勢いづけている肝心のデータは世界中から集められるが、その利益と力が分配・還元されることはない。エジプトやブラジルからのデータでサンフランシスコや上海の企業は豊かになっても、エジプトやブラジルは貧しいままだ。

一九世紀には、産業革命を達成できなかった国々は、一世紀にわたって帝国主義と搾取の対象にされるという憂き目を見た。二一世紀には、情報テクノロジーとバイオテクノロジーの革命に乗り遅れる国は、なおさら大きな代償を払う羽目になりかねない。

さまざまな新テクノロジーは、人類全体に共通の課題を突きつけてくる。これらのテクノロジーは、グローバルな協力を通してしか統制できない。一国だけが殺人ロボットや遺伝子工学で操作した超人の製造を禁止することに決めても、十分ではない。そのようなハイリスク・ハイリターンのテクノロジーを開発する国がわずかでもあれば、後に取り残されるのを恐れて、ほどなく他のすべての国がそれに倣（なら）うだろう。そうしたテクノロジーについてグローバルな合意がなければ、私たちは本格的なＡＩ軍拡競争とバイオテクノロジー軍拡競争に直面する。そして、その競争で誰が勝つかは問題ではない。人類全体が敗者となるからだ。したがって、これらの脅威に対抗するためには、全人類が協力するべきだ。

だが、人類は本当に団結してこうした危険なテクノロジーを統制できるだろうか？

私にはわからない。『ホモ・デウス』の初版が出たのが二〇一六年で、もう一昔前のこととなった。当時人類は、その歴史上最も協力的で平和な繁栄の時代を、依然として楽しんでいた。だから本書は、とても楽観的な調子で始まり、人間がそれまでに飢饉と疫病と戦争を首尾良く抑え込むに至った概略を示した。

私は本書の第1章で、次のように書いた。「飢饉と疫病と戦争はおそらく、この先何十年も厖大な数の犠牲者を出し続けることだろう」が、これらは「人類の理解と制御の及ばない不可避の悲劇」から「対処可能な課題」に変わった。歴史上初めて、人類は破壊的な戦争と疫病を抑え込み、万人の生物学的な基本欲求を満たすのに必要な科学の知識とテクノロジー上の手段と政治の叡智を獲得したのだ。

現状に満足して呑気に構えろというのではなく、責任を自覚せよというのが、この章のメッセージだった。飢饉と疫病と戦争が下火になったのは、何かの奇跡のおかげではなく、人間の賢明な決定のおかげだった。賢明な決定を下し続けるのは私たちの責務であり、私たちは生態環境における大惨事を防ぎ、人間の新しい危険極まりない力を統制する責任も負うべきだ。『ホモ・デウス』は、私たちが責任を放棄してはならないという警告として書かれた——私たちが愚かな決定を下し始めれば、せっかく生み出した平和と繁栄の時代も短命に終わりかねないことを強調するために。

不幸にも、その時代がこれほど真に短命に終わろうとは、私は最も悲観的な瞬間にさえ予期していなかった。平和と繁栄の時代は、科学の知識とグローバルな協力の取り合わせの上に築かれていた。過去数年間、科学と協力の理想がともに、世界中の指導者や運動による攻撃にさらされており、その攻撃は激しさを増すばかりだ。今や世界秩序は、誰もが暮らしているのに誰も修理することのない家に似ている。ほどなく崩れ、惨憺（さんたん）たる結果を招きかねない。

COVID-19（新型コロナウイルス感染症）はほんの始まりにすぎない。私は感染症との戦いで近年に人類が収めていた成功を調べた後、二〇一六年に本書でこう注意した。「新たなエボラ出血熱が発生したり、未知のインフルエンザ株が現れたりして地球を席巻（せっけん）し、何百万もの人命を奪うことがないとは言い切れないものの、私たちは将来そういう事態を、避けようのない自然災害と見なすことはないだろう。むしろ、弁解の余地のない人災と捉え」るはずだ、と。

人類とCOVID-19との戦いでは、まさにそのような弁解の余地のない人災が発生している。これまでのところこの戦いは、科学の勝利と政治の大失敗の組み合わせだ。世界中の科学者が協力してウイルスの正体を突き止め、感染が拡がるのを防ぐ方法を見つけ出し、ワクチンを開発した。パンデミックを止めるこれほど強力な手段を人類が手にしたことは、歴史上かつてなかった。だが、政治家はそれらの手段を有効に利用しそこなった。グローバルなリーダーシップは発揮されず、パンデミックを止めたり、経済への悪影響に取り組んだりするためのグローバルな計画も策定されなかった。まるで、大人の振る舞いを見せる人が一人も見当たらないかのようだった。

そして、大人が一人もいないという印象が、次の災難につながった。ウラジーミル・プーチンは世界秩序の崩壊を見て気が大きくなり、邪魔立てする者などいないだろうと踏んで、ウクライナに対する野蛮な侵略に乗り出した。私はこのひどい戦争が始まってから二か月の時点でこの序文を書いているのだが、今なお死者の数は増え続け、ロシア軍による残虐行為は日を追って悪化し、核戦争の脅威が世界に影を落としている。

プーチンの賭けが成功するようなことがあれば、世界秩序が決定的に崩れ去り、平和と繁栄の時代が幕を閉じる結果となる。征服戦争が再び可能になったことを世界中の独裁者が学び、民主国家は防衛のために軍備を増強せざるをえなくなる。教師や看護師やソーシャルワーカーに費やすべきお金が、戦車やミサイルやサイバー兵器に回されてしまうだろう。その結果、私たちは戦争と貧困と病気の新時代に突入する。

もしそうなれば、人類は他のありとあらゆる災難に加えて、生態環境の危機に対処することも、AIと生物工学の爆発的な危険性を統制することも、まったくできない状態に陥りかねない。競合する集団どうしがいよいよ切羽詰まって争うと同時に、崩れゆく生物圏に適応しようとしたり、しだいに増えていくアバターやサイボーグ、人間のものとは異質の知能などを制御下に置き続けようとして苦労したりするだろう。私たちの種の存続自体が危うくなるかもしれない。

だが、手遅れではない。この危機は防ぐことができる。世界秩序は揺らいだが、まだ崩壊してはいない。秩序を立て直し、私たちの持つ神のような創造と破壊の力をどう使うのが最善かを、みなで決めることは依然として可能だ。二一世紀の新しいテクノロジーは、地球上に地獄を現出させうる——だが、天国を生み出すこともできる。本書の狙いは、新しいテクノロジーの地獄と、テクノロジーが主導する天国への可能性の両方を描き出すことにある。人類の将来の選択肢をはっきり示すのは、切迫した課題だ。まだ間に合ううちにさっさと新たな天国を構想することを怠れば、浅はかなユートピアのビジョンに惑わされ、あっさり道を誤りかねない。そして、まだ時間が残っているうちに早急に新たな地獄を思い描くことをしなければ、その地獄にはまり込んで二度と抜け出せなくなるかもしれない。

私たち人間が最終的に賢明な選択をすることを、切に願っている。

二〇二二年四月二七日

ユヴァル・ノア・ハラリ

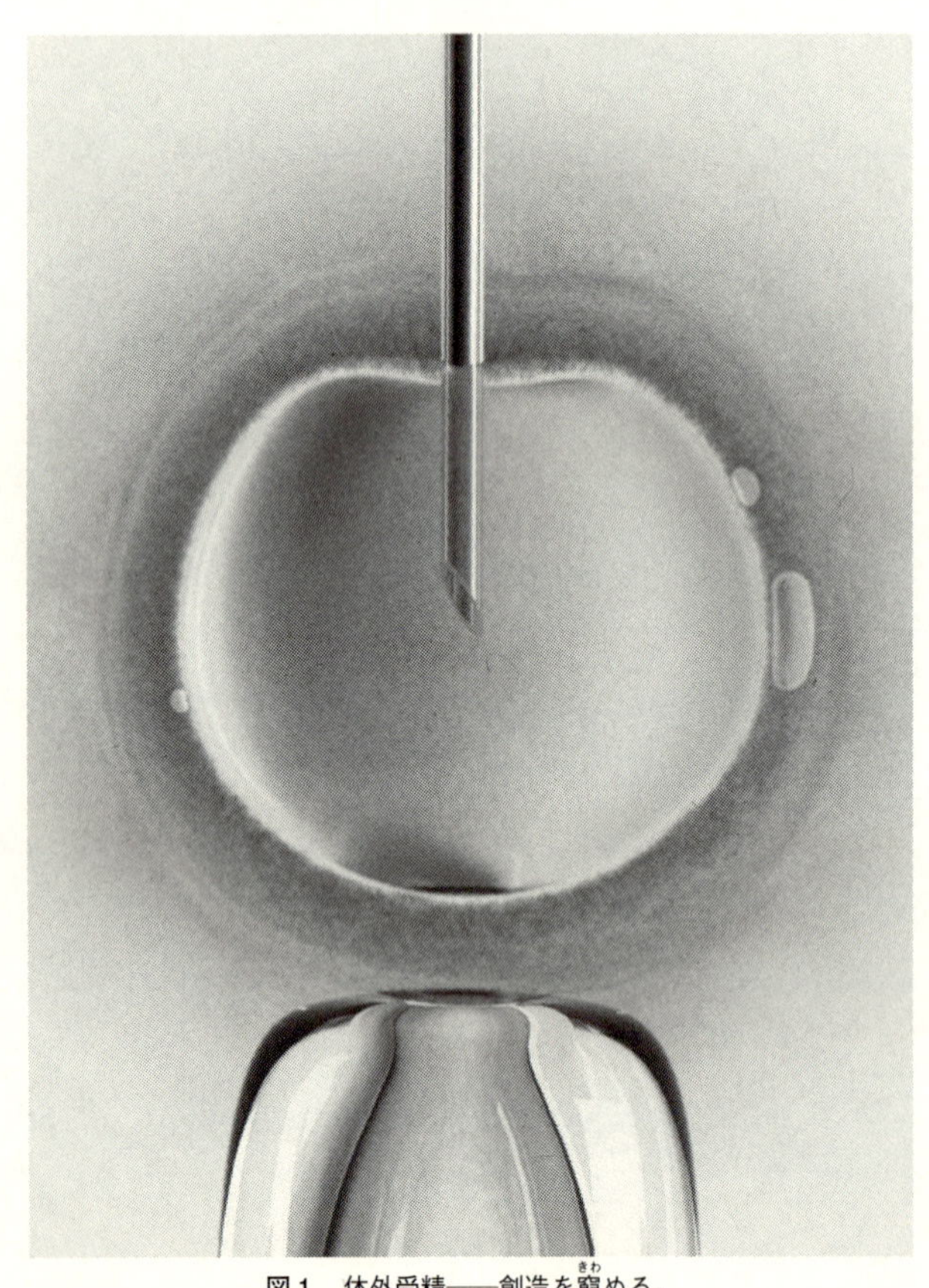

図1　体外受精——創造を窮（きわ）める。

第1章 人類が新たに取り組むべきこと

三〇〇〇年紀（西暦二〇〇一〜三〇〇〇年）の夜明けに、人類は目覚め、伸びをし、目を擦る。恐ろしい悪夢の名残が依然として頭の中を漂っている。「有刺鉄線やら巨大なキノコ雲やらが出てきたような気がするが、まあ、ただの悪い夢さ」。人類はバスルームに行き、顔を洗い、鏡で顔の皺を点検し、コーヒーを淹れ、手帳を開く。「さて、今日やるべきことは」

その答えは、何千年にもわたって不変だった。二〇世紀の中国でも、中世のインドでも、古代のエジプトでも、人々は同じ三つの問題で頭がいっぱいだった。すなわち、飢饉と疫病と戦争で、これらがつねに、取り組むべきことのリストの上位を占めていた。人間は幾世代ともなく、ありとあらゆる神や天使や聖人に祈り、無数の道具や組織や社会制度を考案してきた。それにもかかわらず、飢餓や感染症や暴力のせいで厖大な数の人が命を落とし続けた。そこで多くの思想家や預言者は、飢饉と疫病と戦争は神による宇宙の構想〔本書で言う「宇宙の構想」とは、全能の神あるいは自然の永遠の摂理が用意したとされる、全宇宙のための広大無辺で、人間の力の及ばない筋書きを意味する〕にとって不可欠の要素である、あるいは、人間の性質と不可分のものである、したがって、この世の終わりまで私たちがそれらから解放されることはないだろう、と結論した。

ところが、三〇〇〇年紀の夜明けに人類が目覚めてみると、驚くべき状況になっていた。ほとんどの人はこんなことはめったに考えないだろうが、この数十年というもの、私たちは飢饉と疫病と戦争を首尾良く抑え込んできた。もちろんこの三つの問題は、すっかり解決されたわけではないものの、理解も制御も不可能な自然の脅威ではなくなり、対処可能な課題に変わった。私たちはもう、これら三つから救ってくれるように、神や聖人に祈る必要はなくなった。飢饉や疫病や戦争を防ぐためにはどうするべきかを、私たちは十分承知しており、たいていうまく防ぐことができる。

たしかに派手なしくじりも相変わらず見られるが、そうした失敗に直面したとき、私たちはもう、肩をすくめて、「まあ、そういうものだ、しょせん、この世は不完全だから」、あるいは「何事も、神の思し召しどおりになる」などと言ったりはしない。飢饉や疫病や戦争が手に負えなくなった場合は、誰かがヘマをやらかしたに違いないと感じ、調査委員会を設置して、次回はもっとしっかり対処することを誓う。そして、現にそれが功を奏する。実際、そうした災難はますます珍しくなってきている。今日、食べ物が足りなくて死ぬ人の数を、食べ過ぎで死ぬ人の数が史上初めて上回っている。感染症の死者数よりも、老衰による死者数のほうが多い。兵士やテロリストや犯罪者に殺害される人を全部合わせても、自ら命を絶つ人がそれを数で凌ぐ。二一世紀初期の今、平均的な人間は、旱魃やエボラ出血熱やアルカイダによる攻撃よりも、マクドナルドでの過食がもとで死ぬ可能性のほうがはるかに高い。

したがって、大統領やCEO（最高経営責任者）や将軍たちは依然として、経済危機や軍事衝突への対応に日々追われているとはいえ、歴史の壮大なスケールで考えれば、人類は目を上げ、いよいよ新たな地平を見遣ることができる。もし私たちが、飢饉と疫病と戦争を本当に抑え込みつつあるのなら、何がそれらに替わって、人類が取り組むべき課題のリストの上位を占めることになるのか？　火事のない世界の消防士さながら、二一世紀の人類は、前代未聞の問いを自らに向ける必要に迫られている。すなわち、私たちはどのように身を処すればいいのか、だ。健全で繁栄する平和な世界では、私たちは何に注意と創意工夫を傾けることになるのか？　バイオテクノロジーと情報テクノロジーがどれほど巨大な力を私たちに与えてくれているかを考えると、この疑問はなおさら切迫したものとなる。私たちは、それほどの力をどう使えばいいのか？

この疑問に答える前に、もう少し飢饉と疫病と戦争について語っておく必要がある。

私たちがそれらを抑え込みつつあると言うと、とんでもないとか、はなはだ考えが甘いと思う人も多いだろう。ひょっとしたら、無神経だと感じる人もいるかもしれない。毎日二ドルにも満たないお金で食いつないでいる何十億もの人々はどうなのか？　アフリカで今も猛威を振るっているエイズは？　シリアとイラクでとどまるところを知らない戦争は？　これらの懸念に応えるために、まず二一世紀初頭の世界をもっと綿密に眺め、その上で、今後数十年間に人類が取り組むべき事柄を考えてみることにする。

生物学的貧困線

飢饉から始めよう。飢饉は、何千年も前から人類の最悪の敵だった。最近まで、ほとんどの人が生物学的貧困線ぎりぎりのところで暮らしてきた。この線を下回ると栄養不良になり、飢え死にする。わずかなミスや不運が、一家全員あるいは村全体にとって、いとも簡単に死刑宣告になりえた。豪雨で畑の小麦がやられたり、泥棒にヤギの群れを連れ去られたりすれば、おそらくあなたは家族もろとも餓死したことだろう。集団のレベルで災難に見舞われたり愚かな振る舞いがなされたりすれば、大規模な飢饉が起こった。古代のエジプトや中世のインドでは深刻な旱魃に襲われると、人口の五パーセント、あるいは一割が亡くなることも珍しくなかった。蓄えが尽きても、輸送にはあまりに時間と費用がかかるため十分な食糧を輸入できず、統治機関も脆弱過ぎて有効な手を打つことができなかったからだ。

どの歴史書をひもといても、飢えて狂乱した民衆の惨状に出くわさずには済まされないだろう。たとえば、一六九三年五月、フランスのボーヴェという町の役人が飢饉と食物の価格高騰の影響に触れ、自分の担当する地区全体が、「飢えと惨めな暮らしで衰弱し、困窮のせいで死にかけている無数の哀れな人々で」今や満ちあふれていると記している。「仕事も働き口もなく、お金がなくてパンが買えないためだ……束の間でも生き長らえ、少しでも空腹を癒やそうと、この哀れな人々は、猫や、皮を剝がれて馬糞の山の上に打ち捨てられた馬の肉のような不潔なものまで口にする。牛が屠られるときに流れる血を啜ったり、料理人が通りに投げ捨てる屑肉を食べたり「する者もいる」……イラクサや雑草を食べたり、草の根や葉を煮て食べたりする哀れな者もいる」[1]

同じような光景がフランス中で見られた。それまで二年続きの悪天候で王国全土の収穫が台無しになっていたため、一六九四年の春には、穀倉はすっかり空だった。金持ちは、どうにかため込んでいた食べ物には何にでも法外な値をつけて売り、貧乏人はばたばたと死んでいった。一六九二年から九四年にかけて、全人口の一五パーセントに当たるおよそ二八〇万のフランス人が飢え死にした。それを尻目に、太陽王ルイ一四世はヴェルサイユで愛妾(あいしょう)たちと戯(たわむ)れていた。翌一六九五年から九八年にはエストニアが飢饉に見舞われ、人口の五分の一が亡くなった。九六年から九七年はフィンランドの番で、国民の四分の一から三分の一が命を落とした。スコットランドは一六九五年から九八年にかけて深刻な飢饉に苦しみ、一部の地区は最大で住民の二割を失った。[2]

読者の大半はおそらく、昼食を食べそこなったり、宗教で定められた日に絶食したり、新式の驚異のダイエットの一環として野菜シェイクだけで数日を過ごしたりしたときにどう感じるか、知っているだろう。だが、何日も食べておらず、次にどこでわずかでも食物が得られるか見当もつかないときには、どう感じるだろうか？　この拷問のような苦しみを味わったことのある人は、今日ではほとんどいない。だが、悲しいかな、私たちの祖先にとって、それはお馴染(なじ)みの経験だった。「飢饉から我らを救いたまえ！」と大声で神に呼ばわるときに、彼らはまさにその苦しみを覚えていたのだ。

過去一〇〇年間に、テクノロジーと経済と政治が発展し、人類を生物学的貧困線と隔てるセイフティネットが生まれ、そのネットはますます丈夫になってきた。ときおり大規模な飢饉に襲われる地域もあるにはあるが、それは例外であり、ほとんどの場合、飢饉は自然災害ではなく政治がもたらす。世界にはもはや、自然に発生する飢饉はなく、政治のせいで起こる飢饉があるのみだ。シリアやスーダンやソマリアの人々が飢え死にしたら、それはそうなることを望む政治家がいるせいなのだ。

地球上のほとんどの場所では、人はたとえ職と財産を失っても、飢え死にする可能性は低い。個人保険や政府機関や国際的な非政府組織（NGO）は、貧困から救い出してはくれないかもしれないが、生き延びられるだけのカロリーは毎日提供してくれるだろう。集団のレベルでは、グローバルな交易ネットワークは旱魃や洪水をビジネスチャンスに変え、食糧不足を迅速かつ低コストで克服することを可能にする。戦争や地震や津波で一国全体が荒廃したときにさえ、国際的な支援のおかげで、たいてい飢饉は防ぐことができる。何億もの人が相変わらず毎日のように食べ物に困っているとはいえ、ほとんどの国では、実際に飢え死にする人は非常に少ない。

地球上でもとりわけ豊かな国々においてさえ、貧困はたしかに多くの健康問題を引き起こし、栄養不良は平均寿命を縮める。たとえばフランスでは、六〇〇万人（人口のおよそ一割）が、栄養を安定して摂取できない状態にある。彼らは朝目覚めたとき、昼に食べるものがあるかどうかわからず、夜はお腹を空かせたまま床に就くことが多い。そしてなんとか摂取する栄養も、炭水化物や糖分や塩分が多過ぎ、タンパク質とビタミンが不足していてバランスが悪く、不健康だ。[3] とはいえ、栄養が不安定な状態は飢饉ではなく、二一世紀初頭のフランスは一六九三年のフランスではない。ボーヴェであれパリであれ、どれほどひどいスラムでも、何週間も続けて食べ物がなくて死ぬ人はいない。

　これと同じ変化が他の無数の国でも起こった。最も目覚ましいのが中国だ。伝説の古代の帝王、黄帝（こうてい）から赤旗を掲げる共産主義者たちまで、中国の歴代支配者は何千年にもわたって飢饉につきまとわれてきた。ほんの数十年前、中国という国名は食糧不足の代名詞だった。悲惨な大躍進政策の実施期間中には何千万もの中国人が餓死したし、問題は悪化するばかりだと専門家はきまって予測した。一九七四年、世界食糧会議がローマで開かれ、各国代表は大惨事の到来を告げる筋書きを示された。中国が一〇億の国民を養うのはとうてい不可能で、世界一の人口を抱えるこの国は、悲劇的な結末へと突き進んでいるとのことだった。だが実際には、中国は史上最大の経済的奇跡に向かっていた。一九七四年以来、何億もの中国人が貧困を脱し、まだ何億もの人が窮乏と栄養不良におおいに苦しんではいるものの、今や中国は有史以降初めて飢饉の心配がなくなった。

　それどころか、今日ほとんどの国では、過食のほうが飢饉よりもはるかに深刻な問題となっている。俗説では、一八世紀には、大衆が飢えていると聞いた王妃マリー・アントワネットが、パンがなければケーキを食べるように言ったとされる。そして今、貧しい人々は文字どおりこの勧めに従っている。ビバリーヒルズの富裕な住人たちがレタスサラダや、蒸した豆腐とキヌア〔南アメリカ産の雑穀で、栄養豊富な食材〕を食べる一方で、スラムやゲットーでは貧乏人がクリーム入りのスポンジケーキやコーンスナック、ハンバーガー、ピザをお腹にたらふく詰め込んでいる。二〇一四年には、太り過ぎの人は二一億人を超え、それに引き換え、栄養不良の人は八億五〇〇〇万人にすぎない。二〇三〇年には成人の半数近くが太り過ぎになっているかもしれない[4]。二〇一〇年に飢饉と栄養不良で亡くなった人は合わせて約一〇〇万人だったのに対して、肥満で亡くなった人は三〇〇万人以上いた[5]。

見えない大軍団

人類にとって、飢饉に続く第二の大敵は疫病と感染症だ。商人や役人や巡礼者の途絶えることのない流れで結ばれた賑(にぎ)やかな町は、人類の文明の基盤であると同時に、病原体にとっては理想の温床でもあった。古代アテネや中世のフィレンツェの住民は、翌週、病に倒れて死ぬかもしれないことや、感染症が突発し、一気に家族全滅の憂き目に遭いかねないことを承知して暮らしていた。

大流行した感染症のうちでも最も有名なのが、いわゆる「黒死病」で、一三三〇年代に東アジアあるいは中央アジアのどこかでノミの体内に入ったペスト菌に、ノミに嚙まれた人間が感染したのが始まりだった。そこからこの疫病は、ネズミやノミの大群に運ばれ、アジア、ヨーロッパ、北アフリカ全土に急速に広まり、二〇年もしないうちに大西洋の沿岸までたどり着いた。死者は七五〇〇万〜二億を数え、ユーラシア大陸の人口の四分の一を超えた。イングランドでは一〇人に四人が亡くなり、三七〇万に達していた人口が二二〇万まで落ち込んだ。フィレンツェの町は、一〇万の住民のうち五万を失った。(6)

この災難を前にして、為政者たちはなす術がなかった。民衆を集めて祈らせたり行進させたりする以外、この感染症の流行を止める方法をまったく思いつかず、ましてや、治す方法などわかるはずもなかった。人類は近代になるまで、病気を汚い空気や悪霊や怒れる神のせいにし、バクテリアやウイルスが存在するとは、夢にも思っていなかった。天使や妖精の存在はたやすく信じたが、ちっぽけなノミや、たった一滴の水の中に、恐ろしい命の略奪者の大軍団が潜んでいるとは、とうてい想像できなかった。

黒死病の大流行は特異な出来事ではなかったし、この病気は史上最悪の疫病ですらなかった。アメリカ大陸やオーストラリア大陸、太平洋の島々は、ヨーロッパ人が初めて到来した後、黒死病以上に壊滅的な感染症に見舞われた。探検家や移住者は知ら

図2　中世の人々は黒死病を、人間の制御も理解も及ばぬ恐ろしい魔物の軍団として擬人化した。

ず知らずのうちに、先住民には免疫のない新たな感染症を持ち込んだ。その結果、地元の人々の最大で九割が亡くなった。[7]

一五二〇年三月五日、スペインの小艦隊がキューバを離れ、メキシコに向かった。船にはスペイン人兵士九〇〇人と、馬、銃、アフリカ人奴隷数人が乗っていた。そして、フランシスコ・デ・エギアという一人の奴隷は、銃などよりもはるかに致死性の高い積み荷を体内に抱えていた。本人は知らなかったが、何十兆もの彼の細胞の間には生物学的な時限爆弾が紛れ込んで時を刻んでいた。天然痘のウイルスだ。フランシスコがメキシコに上陸した後、ウイルスは彼の体内で急激に数を増し始め、やがて全身の皮膚にひどい発疹という形で飛び出してきた。発熱したフランシスコは、センポアランという町に住む、あるアメリカ先住民一家の住まいで病床に就いた。彼はその一家に病気をうつし、この一家が隣人たちにうつした。一〇日のうちに、センポアランは墓場と化した。そして、難を逃れた人々が天然痘をセンポアランから近隣の町々に広めた。一つ、また一つと町がこの疫病に屈するなか、恐れをなした難民の新たな波が次々に起こり、メキシコ中に、さらにはその外へと、この病気を運んでいった。

　ユカタン半島のマヤ族は、エクペッツとウザンカクとソジャカクという三柱の邪神が夜中に村から村へと飛び回り、この病気を人々にうつしていると考えた。アステカ族はテスカトリポカやシペトテックという神のせいにした。あるいは、白人の黒魔術のせいにしたかもしれない。神官や呪術医に相談すると、彼らは祈禱や冷水浴、アスファルトを体に擦り込むこと、黒い甲虫を潰して腫れた箇所に塗ることなどを勧めた。だが、何をやっても無駄だった。通りには無数の死体が横たわり、腐るにまかされていた。あえて近づく人も、埋葬しようとする人もいなかったからだ。多くの世帯が数日のうちに全滅し、役人たちは家屋を壊して遺骸をその下敷きにしてしまうように命じた。居住地のなかには、住民の半数が亡くなる所もあった。

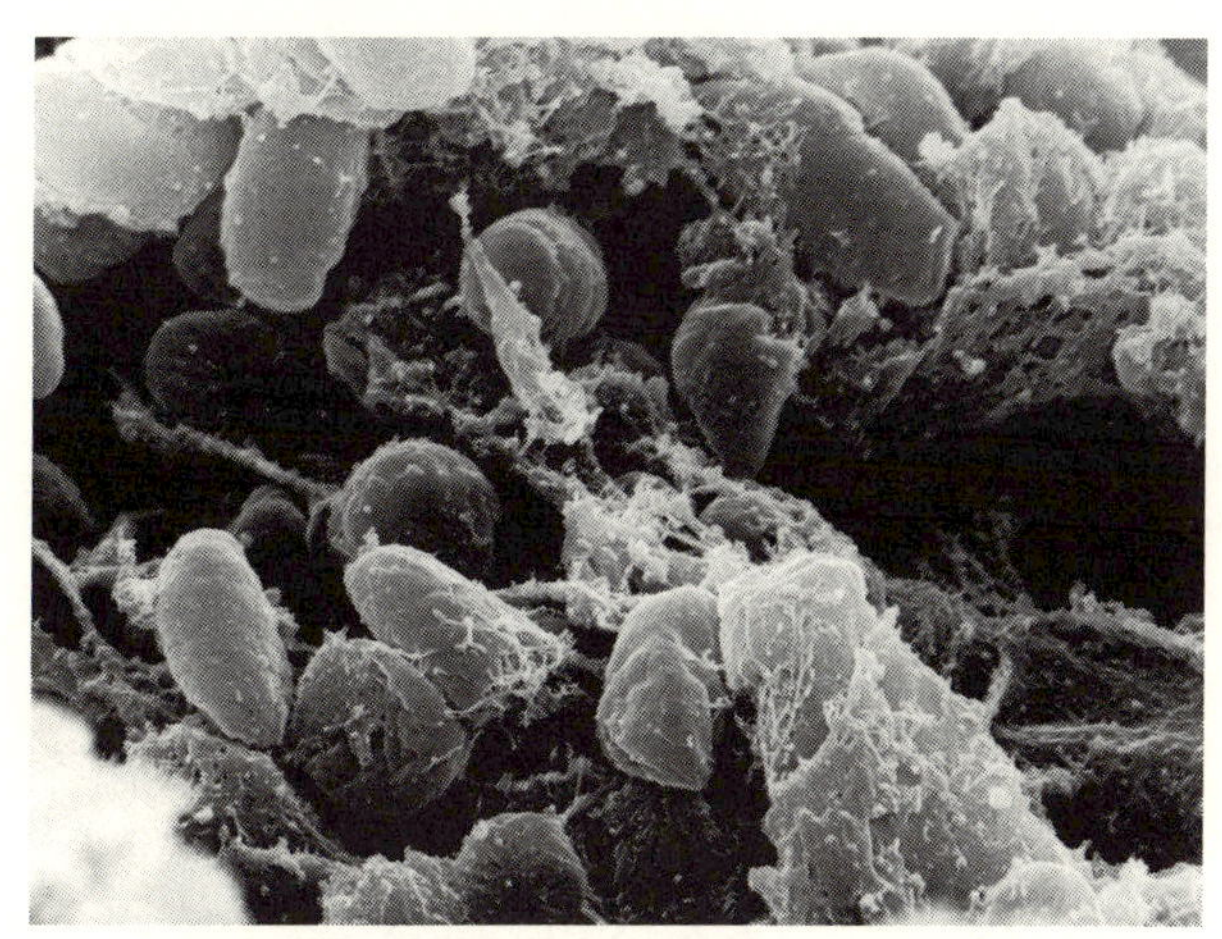

図3　真犯人は微小なバクテリアのペスト菌だった。

一五二〇年九月には、天然痘はメキシコ盆地に到達し、一〇月には、アステカ族の首都で、二五万の人口を擁（よう）する堂々たる都市テノチティトランに入った。それから二か月のうちに、皇帝クィトラワクを含め、全人口の三分の一が命を落とした。スペインの艦隊が到着した一五二〇年三月にはメキシコには二二〇〇万人が暮らしていたのに、同年一二月にまだ生きていたのは、わずか一四〇〇万人だった。だが、この天然痘も最初の一撃にすぎなかった。スペインから来た支配者たちがせっせと蓄財し、先住民たちを搾取している間に、インフルエンザや麻疹（ましん）（はしか）その他の感染症の致命的な波が相前

後してメキシコを襲い、一五八〇年には人口はとうとう二〇〇万を切った。(8)

二世紀後の一七七八年一月一八日、イギリスの探検家ジェイムズ・クック船長がハワイに到達した。ハワイの島々は人口密度が高く、五〇万もの人がいた。彼らはヨーロッパからもアメリカからも完全に孤立して暮らしており、したがって、ヨーロッパとアメリカの病気には一度もさらされたことがなかった。クック船長とその部下たちは、インフルエンザと結核と梅毒の病原体を初めてハワイに持ち込んだ。そして、ヨーロッパからのその後の来訪者が腸チフスと天然痘ももたらした。一八五三年には、ハワイで生き残っていた人の数はわずか七万だった。(9)

感染症は二〇世紀に入ってからも長らく、厖大な数の人命を奪い続けた。一九一八年一月には、フランス北部の塹壕(ざんごう)の兵士たちが、通称「スペイン風邪」というインフルエンザの強毒株のせいで、何千人という単位で亡くなり始めた。その前線は、世界史上でも前代未聞の、最も効率的なグローバル供給ネットワークの終点だった。兵士と軍需品がイギリス、アメリカ、インド、オーストラリアから押し寄せてきていた。中東からは石油が、アルゼンチンからは穀物と牛肉が、マレー半島からはゴムが、コンゴからは銅が送り込まれた。それと引き換えに、各国の人はみな、スペイン風邪をもらった。数か月のうちに、当時の地球人口の三分の一に当たる五億人が、このウイルスにやられて発病した。インドでは全人口の五パーセント（一五〇〇万人）が亡くなった。タヒチ島では一四パーセントの人が命を落とした。サモア諸島では二割の人が息絶えた。コンゴの銅鉱山では、労働者の五人に一人が病死した。日本では人口のおよそ四割（約二三〇〇万人）が感染し、四五万〜四八万人が死亡したのではないかと推定されている。一年以内に、合計で五〇〇〇万から一億の人がこの世界的流行病で没した。ちなみに、一九一四年から一八年にかけての第一次世界大戦の死者、負傷者、行方不明者の合計は、四〇〇〇万人だった。[10]

数十年ごとに人類を襲ったこの手の感染症の大津波に加えて、人々はもっと小規模ではあるが、より頻繁な感染症の波にも直面し、毎年何百万もの人が犠牲になった。免疫力のない子供たちはとりわけ感染しやすいので、そうした病気はしばしば「小児病」と呼ばれる。二〇世紀初頭までは、子供の約三分の一が成人する前に栄養不良と疾病（しっぺい）で亡くなっていた。

二〇世紀の間に、人口増加と交通手段の進歩が相まって、人類はなおいっそう感染症にかかりやすくなった。東京やニューヨークのような現代の大都市は、中世のフィレンツェや一五二〇年のテノチティトランよりもはるかに豊かな「狩り場」を病原体に提供するし、グローバルな輸送網は、今日では一九一八年よりもいっそう効率的だ。スペイン風邪のウイルスは、コンゴからタヒチ島まで二四時間足らずで行き着ける。したがって私たちは、次から次へと致命的な疫病に襲われる感染症地獄で暮らす羽目になってもおかしくはなかった。

ところが、過去数十年間に、感染症の発生数も影響も劇的に減った。とくに、世界の小児死亡率は史上最低を記録しており、成人するまでに亡くなる子供の割合は五パーセントに満たない。先進国では、その割合は一パーセントを切っている。[11] この奇跡は、二〇世紀の医療が空前の成果をあげたおかげであり、私たちは予防接種や抗生物質、衛生状態の向上、以前よりはるかに優れた医療のインフラ（基盤）の恩恵に浴している。

たとえば、種痘の世界的な実施運動は大成功を収めたので、世界保健機関（WHO）は一九七九年に人類の勝利を宣言し、天然痘は完全に根絶されたと言い切った。天然痘は、人類が地球上から一掃することに成功した最初の感染症となった。一九六七年にはまだ、一五〇〇万人が感染し、二〇〇万人が亡くなっていたが、二〇一四年には、天然痘に感染した人も、天然痘で亡くなった人も皆無だった。この勝利はあまりに完璧だったので、WHOは種痘の実施を停止している。[12]

二〇〇二〜二〇〇三年の重症急性呼吸器症候群（SARS）、二〇〇五年の鳥インフルエンザ、二〇〇九〜二〇一〇年の豚インフルエンザ、二〇一四〜二〇一五年のエボラ出血熱という具合に、数年おきに新しい疫病になりかねない病気が発生し、私たちを慌てさせる。とはいえ、効率的な対策のおかげで、こうした事例ではこれまでのところ比較的少数の犠牲者しか出ていない。たとえば、ＳＡＲＳは当初、新たな黒死病になるのではないかという恐れを掻き立てたが、けっきょく、世界中で亡くなった人の数が一〇〇〇人に満たないうちに終息した。[13] 西アフリカでのエボラ出血熱の発生は、初めは収拾がつかなくなりそうに見え、ＷＨＯは二〇一四年九月二六日、「現代における最も深刻な公衆衛生上の緊急事態」と評した。[14] それにもかかわらず、二〇一五年初期までにこの感染症は抑え込まれ、二〇一六年一月、ＷＨＯは終息宣言を出した。感染者は三万人（そのうち、死者は一万一〇〇〇人）で、西アフリカ全土に甚大な経済的損害を与え、世界中を震撼させたものの、西アフリカ以外には拡がらず、犠牲者の数はスペイン風邪やメキシコの天然痘大流行のときの規模には遠く及ばなかった。

　過去数十年間で最悪の医療上の失態に思えるエイズの悲劇ですら、医学の進歩の表れと見ることができる。一九八〇年代初期に初めて大規模な発生が起こって以来、三〇〇〇万以上の人がエイズで亡くなり、それ以外にも何千万もの人が身体的にも精神的にも深刻な痛手を受けてきた。この新しい感染症を解明し、治療するのは難しかった。エイズは他に類を見ないほど狡猾な病気だからだ。天然痘のウイルスに感染した人が数日中に亡くなるのに対して、ＨＩＶ感染者は何週間も何か月間も健康そのものに見えるので、知らないうちに他人を感染させ続ける。そのうえ、エイズウイルスそのものが人を殺すことはない。このウイルスは人間の免疫系を破壊し、そうすることで患者を他の多くの病気にさらす。エイズ患者の命を実際に奪うのは、こうして感染した二次疾患なのだ。そのため、エイズが流行し始めたとき、事態を解明するのは格別困難だった。一九八一年、ニューヨークのある病院に二人の患者が入院した。見たところ、一人は肺炎で、もう一人は癌で死にかけていた。二人は実際にはＨＩＶウイルスの犠牲者だったのだが、傍目にはまったくそうとはわからなかった。二人は何か月も、ことによると何年も前に感染していたのかもしれない[15]。

とはいえ、こうした困難があったにもかかわらず、医学界がこの新しい謎の疫病の存在に気づいた後、科学者たちはわずか二年でその正体を突き止め、ウイルスの広まり方を理解し、流行の拡がりを鈍らせる効果的な方法を提案した。そしてその後一〇年のうちにさまざまな新薬が登場して、エイズは死刑宣告から（少なくとも、治療を受ける金銭的余裕のある人にとっては）慢性疾患に変わった[16]。もしエイズが一九八一年ではなく一五八一年に流行していたとしたらどうなったか考えてほしい。何がその流行を引き起こし、どうやって人から人へとうつるのか、どうすればそれを止められるか明らかにできる人は、当時一人としていなかっただろう（まして、治療法などわかるはずもなかった）。そのような状況下では、エイズで亡くなる人ははるかに多く、黒死病に並ぶか、ことによるとそれを上回りさえしたかもしれない。

エイズは恐ろしいほどの数の犠牲者を出してきたし、マラリアのような昔からの感染症で毎年何百万もの人が命を落とすものの、過去数千年間と比べれば、感染症は今日、人間の健康にとってはなはだ小さな脅威でしかない。大半の人は、癌や心臓病といった非感染性の疾患、あるいはたんに老衰で亡くなる[17]（ちなみに、癌と心臓病はもちろん新しい疾患ではなく、太古までさかのぼることができる病だ。だが、近代以前はこれらの疾患で亡くなるほど長生きする人は比較的少なかった）。

これは一時的な勝利にすぎず、黒死病の類の未知の病気がすぐこの先に待ち受けているのではないかと懸念する人は多い。疫病は二度と復活しないと保証できる人はいないが、医師と病原菌との軍拡競争では医師のほうが先行していると考える有力な根拠がある。新しい感染症はおもに、病原体のゲノムにおける偶然の変異の結果として起こる。そうした変異のおかげで、病原体は動物から人間へ感染したり、人間の免疫系を打ち負かしたり、抗生物質のような薬に抵抗したりできるようになる。今日、人間が環境に与えている影響のせいで、そうした変異はおそらく以前よりも速く起こって拡がるだろう[18]。それでも、薬に対する競争では、病原体はけっきょく、盲目の運命の手に身を委ねている。

それとは対照的に、医師はたんなる運以上のものを当てにしている。科学はセレンディピティ〔思わぬものを偶然に発見する能力〕に負うところが大きいとはいえ、医師はさまざまな化学物質をただ試験管に放り込んで、偶然新しい薬ができ上がるのを期待したりはしない。年を経るごとに、より多くのより優れた知識を蓄積し、それを使って前より効果的な薬や治療法を考案する。したがって、二〇五〇年に私たちは今よりずっと抵抗力のある病原菌に間違いなく直面するだろうが、それでも二〇五〇年の医療は今日よりも効率的にそうした病原菌に対処できる可能性が高い[19]。

二〇一五年、医師たちは完全に新しい種類の抗生物質「テイクソバクチン」の発見を発表した。今のところ、バクテリアはこの抗生物質にはまったく耐性がない。テイクソバクチンは非常に強い耐性を持つ病原菌に対する戦いの形勢を一気に逆転させるかもしれないと考えている学者もいる[20]。科学者たちは、従来の薬のどれとも根本的に違う形で作用する、画期的な新治療法も開発している。たとえば、研究所のなかには、すでにナノロボットを扱っている所がある。こうしたナノロボットが、私たちの血流の中を進んで病気を見つけ、病原体や癌細胞を殺す日がいつか巡ってくるかもしれない[21]。微生物は有機体を相手に通算四〇億年戦ってきた経歴を持つとはいえ、生体工学で造られた捕食者との戦いの経験は皆無であり、そのため、効果的な防御法を進化させることは、かつてないほど難しくなるだろう。

というわけで、新たなエボラ出血熱が発生したり、未知のインフルエンザ株が現れたりして地球を席巻し、何百万もの人命を奪うことがないとは言い切れないものの、私たちは将来そういう事態を、避けようのない自然災害と見なすことはないだろう。

むしろ、弁解の余地のない人災と捉え、担当者の責任を厳しく問うはずだ。二〇一四年の晩夏の数週間、エボラ出血熱が世界中の保健当局を打ち負かしつつあるように見えるという恐ろしい状況になったとき、さまざまな調査委員会が大急ぎで設置された。同年一〇月一八日に発表された初期の報告は、エボラ出血熱の大流行への対応が不十分であるとしてWHOを批判し、この流行を、WHOのアフリカ地域事務所内の腐敗と非効率のせいにした。十分迅速かつ効果的に対応しなかったとして、国際社会全体にも、さらなる非難が浴びせられた。こうした批判は、人類には疫病を防ぐ知識と手段があり、それでも感染症が手に負えなくなったとしたら、それは神の怒りではなく人間の無能のせいであることを前提としている。同様に、医師がエイズの仕組みを理解してから何年もたつのに、サハラ以南のアフリカで何百万もの人がエイズに感染して命を落とし続けている事実は、冷酷な運命ではなく人間の失敗の結果と見なされている。もっともな話だ。

だから、エイズやエボラ出血熱のような自然災害との戦いでは、形勢は人類に有利な方向に傾きつつある。だが、人間の性質そのものに固有の危険についてはどうだろう？　バイオテクノロジーは私たちがバクテリアやウイルスを打ち負かすことを可能にしてくれるが、同時に、人間自体を前例のない脅威に変えてしまう。医師が新しい疾患を素早く突き止めて治療することを可能にしてくれる、まさにその手段が、軍やテロリストがさらに恐ろしい疾病や世界を破滅させる病原体を遺伝子工学で作ることも可能にしかねない。したがって、何らかの冷酷なイデオロギーのために人類が自ら強力な感染症を生み出す場合にのみ、そうした感染症は将来、人類を危険にさらし続けるだろう。自然界の感染症の前に人類がなす術もなく立ち尽くしていた時代は、おそらく過ぎ去った。だが、その頃のほうがましだったと懐かしむ日が訪れるかもしれない。

ジャングルの法則を打破する

第三の朗報は、戦争もなくなりつつあることだ。歴史を通してほとんどの人間にとって、戦争は起こって当然のものであり、平和は一時的で、いつ崩れてもおかしくない状態だった。国際関係はいわゆる「ジャングルの法則」〔もともとは、自然界における適者生存・弱肉強食の法則〕が支配しており、たとえ二つの国家が平和に共存していても、戦争はつねに一つの選択肢として残っていた。たとえば、ドイツとフランスは一九一三年には平和な関係にあったが、翌一四年には激しく争う可能性があることは誰もが承知していた。政治家や将軍、実業家、一般市民が将来の計画を立てるときにはいつも、戦争が起こる可能性を念頭に置いていた。石器時代から蒸気機関の時代まで、そして、北極地方からサハラ砂漠まで、地球上の誰もが、隣接する土地の人々がいつ自分の領土に侵入してきて、自軍を打ち負かし、自分の仲間を虐殺し、土地を占領してもおかしくないことを知っていた。

ところが二〇世紀後半に、このジャングルの法則は、無効になりはしなかったにせよ、ついに打破された。ほとんどの地域では、戦争はかつてないほど稀になった。古代の農耕社会では死因のおよそ一五パーセントが人間の暴力だったのに対して、二〇世紀には、暴力は死因の五パーセントを占めるだけだった。そして二一世紀初頭の今、全世界の死亡率のうち、暴力に起因する割合はおよそ一パーセントにすぎない[22]。二〇一二年には世界中で約五六〇〇万人が亡くなったが、そのうち、人間の暴力が原因の死者は六二万人だった（戦争の死者が一二万人、犯罪の犠牲者が五〇万人）。一方、自殺者は八〇万人、糖尿病で亡くなった人は一五〇万を数えた[23]。今や砂糖のほうが火薬よりも危険というわけだ。

それ以上に重要なことがある。しだいに多くの人が、戦争は断じて考えられないものと見るようになったのだ。政府や企業や個人が近い将来について思いを巡らせるときに、史上初めて、戦争は起こりそうな出来事とは考えないことが多くなった。核兵器のおかげで、超大国の間の戦争は集団自殺という狂気の行為になり、したがって、この地上で屈指の強国はみな、争いを解決するために、他の平和的な方法を見つけることを強いられた。同時に、世界経済は物を基盤とする経済から知識を基盤とする経済へと変容した。以前は、富の主な源泉は、金鉱や麦畑や油田といった有形資産だった。それが今日では、富の主な源泉は知識だ。そして、油田は戦争で奪取できるのに対して、知識はそうはいかない。したがって、知識が最も重要な経済的資源になると、戦争で得るものが減り、戦争は、中東や中央アフリカといった、物を基盤とする経済に相変わらず依存する旧態依然とした地域に、しだいに限られるようになった。

一九九八年には、ルワンダは隣国コンゴの豊かなコルタン鉱山を収奪したが、それは理解できた。コルタンは携帯電話やノートパソコンの製造のために需要が多く、世界のコルタン埋蔵量の八割がコンゴにあったからだ。ルワンダは、奪ったコルタンで年に二億四〇〇〇万ドルを得た。貧しいルワンダにとって、それは大金だった。(24)それとは対照的に、中国がカリフォルニアに侵入してシリコンヴァレーを奪ったとしても、意味がなかっただろう。仮に中国が戦場でなんとか勝利を収められたとしても、シリコンヴァレーにはシリコンを盗み取るような鉱山は一つもないからだ。中国はそのような侵略を行なう代わりに、アップルやマイクロソフトのような巨大なハイテク企業と手を組んで、そうした企業のソフトウェアを購入したり製品を作ったりして莫大な利益をあげてきた。ルワンダがコンゴのコルタンを強奪してまる一年の間に得た金額を、中国は平和な交易を通してたった一日で手に入れている。

以上のような展開の結果、「平和」という言葉は新たな意味を持つに至った。これまでの世代は、戦争が一時的に行なわれていない状態を平和と考えていた。だが今日、私たちは、戦争が起こりそうもない状態を平和と捉えている。一九一三年にフランスとドイツの間が平和だと人々が言ったときには、「現時点でフランスとドイツの間で戦争は行なわれていないが、来年どうなるかは誰にもわからない」という意味だった。一方、今日フランスとドイツの間が平和だと言うときには、想定しうるいかなる状況の下でも、両国間で戦争が勃発するとは考えられないという意味になる。そのような平和は、フランスとドイツの間だけではなく、（すべてではないものの）ほとんどの国の間に拡がっている。来年、ドイツとポーランドの間や、インドネシアとフィリピンの間、ブラジルとウルグアイの間で本格的な戦争が起こる見込みはまったくない。

この新たな平和は、ただのヒッピーの幻想ではない。飽くことなく権力を追い求める政府も、強欲な企業も、やはりこの新たな平和を頼みとしている。メルセデス・ベンツが東ヨーロッパで販売戦略の構想を練るときには、ドイツがポーランドを征服する可能性は考慮に入れない。低賃金の労働者にフィリピンから来てもらっている企業は、来年インドネシアがフィリピンを侵略することを心配してはいない。ブラジルの閣僚が集まって来年の予算について話し合うときに、国防大臣が立ち上がって拳をテーブルに叩きつけ、「待った！　ウルグアイに侵攻して征服することを望んだ場合にはどうなるのです？　それを考慮に入れてないではないですか。この征服計画の財源として、五〇億ドルを予算に計上するべきです」などと声を張り上げるところは想像できない。もちろん、国防大臣が依然としてそのようなことを口にする国もいくつかあるし、新たな平和を根づかせることができずにいる地域もある。私はそうした地域の一つに暮らしているので、それは百も承知だ。だが、それは例外にすぎない。

当然ながら、新たな平和がいつまでも続くという保証はない。そもそも、核兵器というテクノロジーがこの平和を可能にしたのだが、それと同じように、今後さらにテクノロジーが発展し、新しい種類の戦争の舞台が整うかもしれない。とくにサイバー戦争は、小国や非国家主体にさえ超大国と効果的に戦う能力を与え、世界の安定を損ないかねない。二〇〇三年にアメリカがイラクと戦ったときには、バグダードとモスルは大損害を受けたが、ロサンジェルスにもシカゴにも爆弾は一発も落ちなかった。だが将来は、北朝鮮やイランのような国は、論理爆弾（ロジックボム）でカリフォルニアに停電を起こしたり、テキサスの製油施設を爆破したり、ミシガンで列車どうしを衝突させたりできるだろう（「ロジックボム」とは、平時に仕掛けられた悪意のあるソフトウェアで、遠隔操作される。アメリカをはじめ多くの国では、主要なインフラを制御するネットワークは、すでにそうしたコードだらけである可能性が非常に高い）。

とはいえ、能力を動機づけと混同してはならない。サイバー戦争では新しい破壊手

図4　モスクワでのパレードで披露される核ミサイル。つねに誇示されていたものの、ついに発射されなかった「銃」。

段が導入されるものの、それを使用する誘因が必ずしも増えるわけではない。人類は過去七〇年にわたって、ジャングルの法則を反故(ほご)にしたばかりか、チェーホフの法則をも打ち破ってきた。アントン・チェーホフは、劇の第一幕に登場した銃は第三幕で必ず発射されるという有名な言葉を残している。昔から、王や皇帝は新しい武器を手に入れると、使いたいという誘惑に遅かれ早かれ駆られたものだ。ところが一九四五年以降、人類はこの誘惑に抗(あらが)うことを学んだ。冷戦の第一幕に登場した「銃」は、とうとう発射されなかった。今やもう私たちは、落とされることのない爆弾や発射されることのないミサイルに満ちあふれた世界で暮らすことに慣れ切っており、ジャングルの法則とチェーホフの法則の両方を破る達人となった。仮にこれらの法則が私たちに再び災禍をもたらすことがあったなら、それは私たち自身の落ち度であり、避けようのない運命のせいではない。

それでは、テロはどうだろう？　たとえ中央政府や強国がすでに自制を学んでいたとしても、テロリストは破壊的な新兵器を平気で使うかもしれない。これはたしかに憂慮するべき可能性だ。とはいえ、テロは真の力にアクセスできない人々が採用した、弱さに端を発する戦略だ。少なくとも過去には、重大な物的損害を引き起こすよりも恐れを蔓延させることで効果をあげてきた。テロリストにはたいてい、軍隊を打ち負かしたり、国を占領したり、都市をまるごと破壊したりするだけの力はない。二〇一〇年には肥満とその関連病でおよそ三〇〇万人が亡くなったのに対して、テロリストに殺害された人は、世界で七六九七人で、そのほとんどが開発途上国の人だ。[25]平均的なアメリカ人やヨーロッパ人にとっては、アルカイダよりもコカ・コーラのほうがはるかに深刻な脅威なのだ。

それでは、どうしてテロリストは世界中で話題を独占したり、政情を変えたりしてのけられるのか？　敵を挑発して過剰に反応させるというのが、彼らの手口だ。テロというのは、本質的には見世物だ。テロリストはぞっとするような暴力の光景を計画的に現出させて私たちの想像力を掻き立て、世界が中世の混乱状態にずるずると後戻りしているかのように思わせる。その結果、国家は特定の人々の集団をまるごと迫害したり、外国を侵略したりして、テロの脅威に対して派手な力の誇示を演出し、安全を印象づける見世物によってテロという出し物に反応せざるをえないと感じることが多い。ほとんどの場合、テロに対するこの過剰な反応は、私たちの安全にとって、テロリストそのものよりもはるかに大きな脅威となる。

テロリストは食器店を破壊しようとしているハエのようなものだ。ハエはあまりに微力なので、ティーカップ一つさえ微動もさせられない。そこでハエは牛を見つけて耳の中に飛び込み、ブンブン羽音を立て始める。牛は恐れと怒りで半狂乱になり、食器店を台無しにする。これこそ過去一〇年間に中東で起こったことだ。イスラム原理主義者たちは、自力ではけっしてサダム・フセインを失脚させることはできなかっただろう。そこで、九・一一同時多発テロでアメリカを激怒させ、中東の食器店を破壊してもらった。今や彼らはその残骸の中で隆盛を極めている。テロリストたちは独力ではあまりに弱過ぎるので、私たちを中世に引きずり戻してジャングルの法則を再び打ち立てることはできない。私たちを挑発するかもしれないが、けっきょくは、すべて私たちの反応次第だ。ジャングルの法則が再び効力を発するようになったとしたら、それはテロリストのせいではない。

飢饉と疫病と戦争はおそらく、この先何十年も厖大な数の犠牲者を出し続けることだろう。だが、それらはもはや、無力な人類の理解と制御の及ばない不可避の悲劇ではない。すでに、対処可能な課題になった。だからといって、貧困に喘ぐ何億もの人や、マラリアやエイズや結核で毎年亡くなる何百万もの人、シリアやコンゴやアフガニスタンで暴力の悪循環にはまり込んだ何百万もの人の苦しみを過小評価するわけではない。また、飢饉と疫病と戦争がこの地上から完全に姿を消した、もう心配するのはやめるべきだ、と言っているのでもない。その正反対だ。人々は歴史を通して、この三つは解決不能の問題だと考え、それらに終止符を打とうとしても無意味だと感じてきた。人々は神に奇跡を祈ったが、飢饉と疫病と戦争を根絶しようと自ら真剣に取り組むことはなかった。二〇一六年の世界は一九一六年の世界と同じぐらい飢え、病み、暴力に満ちていると主張する人々は、この昔ながらの敗北主義の見方に固執しているわけだ。彼らは、二〇世紀に人類が途方もない努力をしたのに、何一つ達成できず、医学研究も経済改革も平和運動もすべて無駄だったと言っていることになる。もしそうなら、将来の医学研究や斬新な経済改革や新たな平和運動に、時間と資源を注ぎ込む意味がなくなってしまうではないか。

過去の業績を認めれば、希望と責任のメッセージを伝えられるし、将来なおいっそうの努力をするように奨励することにもなる。二〇世紀に成し遂げたことを思うと、もし人々が飢饉と疫病と戦争に苦しみ続けるとしたら、それを自然や神のせいにすることはできない。私たちの力をもってすれば、状況を改善し、苦しみの発生をさらに減らすことは十分可能なのだ。

とはいえ、私たちの偉大な業績の真価を理解すると、別のメッセージも伝わってくる。すなわち、歴史は空白を許さないということだ。飢饉や疫病や戦争が減ってきているとしたら、人類が取り組むべきことのリストで、何かが必ずそれらに取って代わるだろう。それがいったい何になるのか、入念に考えてみる必要がある。そうしないと、旧来の戦場で完勝しても、まったく新しい戦線に立たされて面食らうことになるだろう。それでは二一世紀に、人類の課題リストの上位では、いったいどのようなプロジェクトが飢饉と疫病と戦争の対策と入れ替わるのだろうか？

主要なプロジェクトの一つは、人類と地球全体を、私たち自身の力に固有の危険から守ることだ。私たちが飢饉と疫病と戦争を抑え込めたのは、目覚ましい経済成長に負うところが大きい。この成長のおかげで、私たちは豊富な食糧や医療、エネルギー、原料を手に入れられた。ところが、まさにその成長が、無数の形で地球の生態学的平衡を揺るがしており、私たちはようやくこの問題を探求し始めたところだ。人類はなかなかこの危険を認めたがらず、これまで手をこまぬいてきたに等しい。環境汚染や地球温暖化や気候変動がこれほど話題になっているというのに、まだほとんどの国は状況改善のために経済的犠牲も政治的犠牲も本気で払おうとしていない。経済成長と生態系の安定性の一方を選ばざるをえない時が来ると、政治家やCEOや有権者はほぼ確実に成長を選ぶ。だが二一世紀には、悲劇的な結末を避けたければ、態度を改めなければならないだろう。

人類は他に何を目指して努力するのか？　私たちは自らの幸せを嚙みしめ、飢饉と疫病と戦争を寄せつけず、生態学的平衡を守るだけでよしとしていられるのか？　じつはそれが最も賢明な身の処し方なのかもしれないが、人類はそうしそうもない。人間というものは、すでに手にしたものだけで満足することはまずない。何かを成し遂げたときに人間の心が見せる最もありふれた反応は、充足ではなくさらなる渇望だ。人間はつねにより良いもの、大きいもの、美味しいものを探し求める。人類が新たに途方もない力を手に入れ、飢饉と疫病と戦争の脅威がついに取り除かれたとき、私たちはいったいどうしたらいいのか？　科学者や発明家、銀行家、大統領たちは一日中、何をすればいいのか？　詩でも書けというのか？

成功は野心を生む。だから、人類は昨今の素晴らしい業績に背中を押されて、今やさらに大胆な目標を立てようとしている。前例のない水準の繁栄と健康と平和を確保した人類は、過去の記録や現在の価値観を考えると、次に不死と幸福と神性を標的とする可能性が高い。飢餓と疾病と暴力による死を減らすことができたので、今度は老化と死そのものさえ克服することに狙いを定めるだろう。人々を絶望的な苦境から救い出せたので、今度ははっきり幸せにすることを目標とするだろう。そして、人類を残忍な生存競争の次元より上まで引き上げることができたので、今度は人間を神にアップグレードし、ホモ・サピエンスをホモ・デウス〔「デウス」は「神」の意〕に変えることを目指すだろう。

死の末日

二一世紀には、人間は不死を目指して真剣に努力する見込みが高い。老齢や死との戦いは、飢饉や疾病との昔からの戦いを継続し、現代文化の至高の価値観、すなわち人命の重要性を明示するものにすぎない。私たちは、人間の命こそこの世界で最も神聖なものである、と事あるごとに教えられる。誰もがそう言う――学校の教師も、議会の政治家も、法廷の弁護士も、舞台の俳優も。第二次世界大戦後に国連で採択された世界人権宣言（これは今のところ、世界憲法に最も近いものかもしれない）は、「生命に対する権利」が人類にとって最も根本的な価値である、ときっぱり言い切っている。死はこの権利を明らかに侵害するので、死は人道に反する犯罪であり、私たちは総力を挙げてそれと戦うべきなのだ。

歴史を通して、宗教とイデオロギーは生命そのものは神聖視しなかった。両者はつねに、この世での存在以上のものを神聖視し、その結果、死に対して非常に寛容だった。それどころか、死神が大好きな宗教やイデオロギーさえあった。キリスト教とイスラム教とヒンドゥー教は、私たちの人生の意味はあの世でどのような運命を迎えるかで決まると断言していたので、これらの宗教は死を、世界の不可欠で好ましい部分と見ていた。人間が死ぬのは神がそう定めたからであり、死の瞬間は、その人が生きてきた意味がどっとあふれ出てくる神聖な霊的経験だった。人が息を引き取る間際は、司祭やラビ(ユダヤ教の指導者)、シャーマン(呪術師)を呼ぶべき時であり、人生の総決算をする時であり、この世界で自分が果たした真の役割を受け容れるべき時だった。死のない世界でキリスト教やイスラム教やヒンドゥー教がどうなるか、想像してほしい。それは、天国も地獄も再生もない世界でもあるのだから。

現代の科学と文化は、生と死を完全に違う形で捉える。両者は死を超自然的な神秘とは考えず、死が生の意味の源泉であると見なすことは断じてない。現代人にとって死は、私たちが解決でき、また、解決するべき技術的な問題なのだ。

厳密には、人間はどのようにして死ぬのか? 中世のおとぎ話では、死神は頭巾のついた黒マントに身を包み、手には大鎌を握った姿で描かれた。人があれこれ心配し、

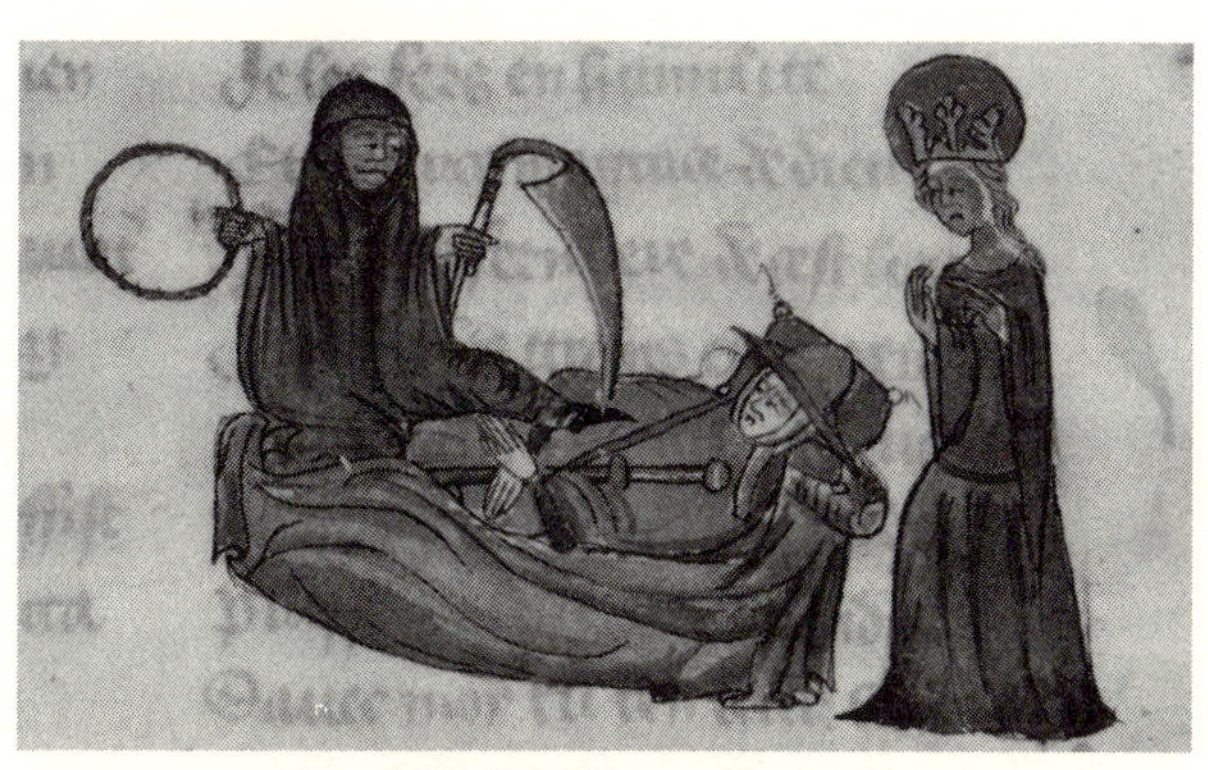

図5　中世の絵で死神として描かれた死。

あちこち駆けずり回って暮らしていると、突然その前に死神が現れ、骨だけの指で肩を叩き、「来い！」と声をかける。するとその人は、「どうか、お助けを！　あと一年、一月、一日だけ待ってください！」と哀願する。だが、頭巾を被った死神は、「駄目だ！　今、来るんだ！」と厳しい声でささやく。こうして私たちは死ぬ。

ところが現実には、人間が死ぬのは黒マントの人物に肩を叩かれたから、あるいは神がそう定めたから、はたまたそれが何らかの宇宙の構想の不可欠の部分だからではない。人間はいつも、何らかの技術的な不具合のせいで死ぬ。たとえば、心臓が血液を押し出すのをやめる。大動脈が脂肪性沈着物で詰まる。癌細胞が肝臓に拡がる。肺で病原菌が増殖する。それでは、これらの技術的問題は何が引き起こすのか？　他の技術的問題だ。心臓の筋肉に酸素が十分到達しないために、心臓は血液を押し出すのをやめる。遺伝子が偶然、変異を起こし、遺伝の指令を書き換えたから、癌が拡がる。誰かが地下鉄でくしゃみをしたから、私の肺に病原菌が巣くう。超自然的なところは少しもない。万事、技術的な問題なのだ。

そして、どの技術的問題にも技術的解決策がある。だから、死を克服するためにはキリストの再臨を待つ必要はない。尋常ではない頭脳を持つ人が二、三人いれば、研究室で解決できる。伝統的には死は聖職者や神学者の得意分野だったが、今や技術者が彼らに取って代わりつつある。私たちは、癌細胞を化学療法やナノロボットで殺すことができる。抗生物質で肺の病原菌を根絶できる。心臓が血液を押し出さなくなったら、薬や電気ショックで動きを回復させられるし、それでも効き目がなければ、新しい心臓を移植することができる。たしかに現時点では、技術的問題のすべてに解決策があるわけではないが、だからこそ私たちは、癌や病原菌、遺伝学、ナノテクノロジーの研究にこれほど多くの時間とお金を注ぎ込んでいるのだ。

科学の研究に携わっていない一般人でさえも、死を技術的問題と考えるのが当たり前になっている。誰かが医院に行き、「先生、どこが悪いのでしょう？」と尋ねると、医師は、「ああ、インフルエンザです」とか、「結核です」「癌です」などと答える。だが医師は、「人はどのみち、何かで死ぬものです」などとはけっして言わない。だから私たちはみな、インフルエンザや結核や癌は技術的な問題であり、いつの日か、技術的な解決策が見つかるかもしれないという印象を持っている。

私たちは、ハリケーンや自動車事故や戦争で人が亡くなったときにさえ、それは防ぎえた、そして防ぐべきだった技術上の失敗と見なす傾向にある。政府がもっと良い政策を採用してさえいたら、あるいは、地方自治体がきちんと責務を果たしてさえいたら、はたまた、軍の司令官がもっと賢明な決定を下してさえいたら、死は避けられただろう、と。死は、訴訟や調査にほとんど自動的につながる理由となった。「どうして彼らが死ぬなどということが起こりえたのか？　どこかで誰かがしくじったに違いない」というわけだ。

科学者や医師や学者の大多数はまだ、不死という夢をあからさまに語る段階までは行っておらず、あれやらこれやら、具体的な問題を克服しようとしているだけだと主張する。とはいえ、老化も死も具体的な問題の結果にほかならないので、医師と科学者が立ち止まり、たとえば、「ここまでにしよう。これ以上は一歩も進まない。結核と癌には打ち勝ったが、アルツハイマー病と戦うためには何一つしない。これからも人がアルツハイマー病で死に続けてもかまいはしない」と言い放つような時点はけっして訪れない。世界人権宣言には、人間には「九〇歳まで生きる権利」があるとは書かれていない。いかなる人間にも生命に対する権利がある、と書いてあるだけだ。その権利はどんな有効期限にも縛られてはいない。

したがって、昨今はもっと率直に意見を述べ、現代科学の最重要事業は死を打ち負かし、永遠の若さを人間に授けることである、と明言する科学者が、まだ少数派ながら増えている。その最たる例が、老年学者のオーブリー・デグレイと、博学の発明家レイ・カーツワイル（アメリカ国家技術賞の一九九九年の受賞者）だ。カーツワイルは二〇一二年に、グーグルのエンジニアリング部門ディレクターに任命され、グーグルはその一年後、「死を解決すること」を使命として表明するキャリコという子会社を設立した。[26] グーグルは二〇〇九年にも、やはり不死の実現を心から信じるビル・マリスを、投資ファンドのグーグル・ベンチャーズのCEOとして採用した。マリスは二〇一五年一月のインタビューで、「五〇〇歳まで生きることは可能かと今日訊かれたら、私の答えはイエスです」と述べている。マリスは自分の勇ましい言葉を裏づけるように、大金を注ぎ込んでいる。グーグル・ベンチャーズは二〇億ドルのポートフォリオの三六パーセントを生命科学のスタートアップ企業に投資しており、そのなかには、野心的な寿命延長プロジェクトを手がける企業もいくつか含まれている。マリスは死との戦いをアメリカンフットボールになぞらえて次のように説明する。「数ヤードのゲインを狙っているわけではありません。試合に勝とうとしているのです」。なぜか？「死ぬより生きているほうがいいからです」[27] とマリスは言う。

そのような夢は、シリコンヴァレーの他の著名人たちも共有している。オンライン決済サービス会社ペイパルの共同創業者ピーター・ティールは最近、自分が永遠に生きることを目指しているのを告白した。「［死への］アプローチの仕方は、おそらく三つあると思います」と彼は言う。「受け容れることもできるし、否定することもできるし、戦うこともできます。私たちの社会は、否定か受容で頭がいっぱいの人ばかりですが、私は戦うことを選びます」。このような発言は、ティーンエイジャーがよく抱く類の幻想として切り捨てる人が多いだろう。とはいえ、ティールのような人物の言葉は真剣に受け止める必要がある。なにしろ彼は、シリコンヴァレーでも有数の成功を収めている、影響力の大きい起業家で、その個人資産は二二億ドルと推定されているほどだから。(28) 先行きは見えている。社会経済的な平等は流行後れとなり、不死がもてはやされるだろう。

遺伝子工学や再生医療やナノテクノロジーといった分野は猛烈な速さで発展しているので、ますます楽観的な予言が出てきている。人間は二二〇〇年までに死に打ち勝つと考える専門家もいれば、二一〇〇年までにそうなるとする専門家もいる。カーツワイルとデグレイはそれに輪をかけて楽観的で、二〇五〇年の時点で健全な肉体と豊富な資金を持っている人なら誰もが、死を一〇年単位で先延ばしにし、不死を狙って成功する可能性が十分あると主張している。二人によれば、ほぼ一〇年ごとに医療機関に足を運び、修復治療を受け、疾患を治してもらうだけでなく、劣化してきた組織を再生し、手や目や脳をアップグレードしてもらうこともできるようになるという。そして、次の治療の時期が来る頃には、医師たちは新たな薬やアップグレード手法や装置を発明し終えているだろう。もしカーツワイルとデグレイが正しければ、通りであなたの隣をすでに不死の人たちが歩いているかもしれない。少なくとも、あなたが歩いている通りが、たまたまウォール街か五番街であれば。

現実には、そのような人は「不死」ではなく「非死（アモータル）」と言うべきだろう。神とは違い、未来の超人たちは依然として戦争や事故で死にうるし、何をもってしても彼らを黄泉（よみ）の国から連れ戻すことはできない。それでも、死を免れえない私たちとは違い、彼らの人生には有効期限はない。爆弾で体を木っ端微塵（こっぱみじん）にされたり、トラックに轢（ひ）かれたりしないかぎり、彼らはいつまでも生きていられる。だとすれば、彼らは史上最も不安な人々となるだろう。死を避けられない私たちは、日々、命の危険を冒している。どのみちいつか命が終わることを承知しているからだ。だから私たちはヒマラヤ山脈に登りに行くし、海で泳ぐし、通りを渡ったり外食したりといった危険なことを他にも多くする。だが、もし自分が永遠に生きられると思っていたら、無限の人生をそんなことに賭けるのは馬鹿げている。

それならば、平均寿命を倍にするといった、もっと控えめな目標から始めるほうがいいかもしれない。人類は二〇世紀に、四〇年から七〇年へと平均寿命をほぼ倍増させたから、二一世紀には、少なくとももう一度倍増させて一五〇年にできるはず、というわけだ。不死には遠く及ばないとはいえ、これはやはり人間社会に大変革を起こすだろう。まず、家族の構造や結婚や親子関係が一変する。今日、人は「死が二人を分かつまで」結婚生活を続けることが相変わらず当然と思われているし、人生の多くが子をもうけて育てることを中心に回っている。だが、寿命が一五〇年の女性を想像してほしい。四〇歳で結婚しても、まだ一一〇年残っている。その結婚生活が一一〇年続くと見込むのは、果たして現実的だろうか？　カトリックの原理主義者でさえ、二の足を踏むかもしれない。というわけで、何度も結婚と離婚を繰り返すという現在の傾向が強まりそうだ。四〇代で二人の子供を産んだその女性が一二〇歳になった頃には、子育てに費やした年月ははるか昔の思い出と化し、長い人生におけるかなり小さなエピソードにすぎなくなる。そのような状況下では、どんな親子関係が新たに発展するかは予想がつかない。

あるいは、キャリアについて考えてほしい。今日、人は一〇代や二〇代で一つ職能を身につけ、残りの人生をその職種で過ごすものと思われている。実際には四〇代や五〇代になってさえ、新しいことを学ぶのは明らかだが、人生はたいてい、まず学ぶ時期があって、働く時期がそれに続くというふうに分かれている。だが、一五〇年生きるとなると、それではうまくいかない。新しいテクノロジーにたえず揺るがされている世界では、なおさらだ。人々はこれまでよりもずっと長いキャリアを送るので、たとえ九〇歳になっても、自分や生活や働き方を何度となく一新しなければならない。

それに、人々は六五歳で引退することもなければ、斬新なアイデアや大志を抱いた新世代に道を譲ることもないだろう。物理学者のマックス・プランクは、科学は葬式のたびに進歩するという有名な言葉を残した。ある世代が死に絶えたときにようやく、新しい理論が古い理論を根絶やしにする機会が巡ってくるという意味だ。これが当てはまるのは科学だけではない。ここで少し自分の職場のことを考えてほしい。あなたが学者だろうが、ジャーナリストだろうが、料理人だろうが、サッカー選手だろうが、上司が一二〇歳で、ヴィクトリアがまだイギリスの女王だった頃に生まれたアイデアにしがみついており、あと二〇年は上司であり続ける可能性が高かったら、どう感じるだろうか？

政界ではいっそう悲惨な結果になりかねない。たとえば、プーチンにあと九〇年も居座ってほしいだろうか？　いや、よく考えてみると、もし人の寿命が一五〇年だったら、二〇一六年には一三八歳のスターリンが矍鑠（かくしゃく）として依然モスクワで君臨しており、毛沢東主席は初老の一二三歳、エリザベス王女は一二一歳のジョージ六世から王座を引き継ぐのを手をこまぬいて待ち続けているはずだ。息子のチャールズに至っては、二〇七六年まで順番が回ってこない。

現実の世界に戻ると、カーツワイルやデグレイの予言が二〇五〇年あるいは二一〇〇年に実現するかどうかは、およそ確かとは言えない。私自身の見るところでは、二一世紀中に永遠の若さを手に入れるという希望は時期尚早で、その実現に期待をかけ過ぎている人は誰であれ、苦い失望を味わう羽目になるだろう。自分がいずれ死ぬことを知りながら生きるのは楽ではないが、不老不死になれると信じていて、それが間違っていることがわかったら、なおつらい。

過去一〇〇年間に平均寿命が倍に延びたとはいえ、それに基づいて、今後一〇〇年間で再び倍に延ばして一五〇年に達することができると見込むわけにはいかない。一九〇〇年には、世界の平均寿命は四〇年にすぎなかったが、それは多くの人が幼いうちや若いうちに、栄養不良や感染症や暴力のせいで亡くなっていたためだ。それでも、飢饉や疫病や戦争を免れた人は、優に七〇代、八〇代まで生きられた。それがホモ・サピエンスの自然寿命だからだ。一般的な見方とは裏腹に、昔も七〇代まで生きることとは自然界の異常現象とは考えられていなかった。抗生物質や予防接種や臓器移植の助けを借りもせずに、ガリレオ・ガリレイは七七歳、アイザック・ニュートンは八四歳、ミケランジェロは八八歳の高齢まで生きている。それどころか、密林のチンパンジーたちでさえ、六〇代まで生きることがある。(29)

じつのところ、現代の医学はこれまで私たちの自然な寿命を一年たりとも延ばしてはいない。医学の最大の功績は、私たちが早死にするのを防ぎ、寿命を目いっぱい享受できるようにしてくれたことだ。たとえ今、私たちが癌や糖尿病をはじめとする主な死因を克服したとしても、ほとんどの人が九〇歳まで生きられるだけであり、一五〇歳にはとうてい届かず、五〇〇歳など問題外だ。そうした長寿を達成するためには、医学は人体の最も根本的な構造やプロセスを徹底的に改良し、臓器と組織の再生法を発見する必要がある。二一〇〇年までにそれができるかどうかは、まったく定かではない。

それでも、死を克服する試みが失敗に終わるたびに、私たちは目的に一歩近づき、そのおかげで期待が高まり、なおさら努力を重ねる気になる。グーグルのキャリコは、グーグルの共同創業者のセルゲイ・ブリンとラリー・ペイジを不死にするのに間に合うように死を解決することはおそらく無理だろうが、細胞生物学や遺伝医学や人間の健康に関して重大な発見をすることはほぼ確実だろう。したがって、次世代のグーグル社員は、今より有利な新しい位置から、死への攻撃を始められるはずだ。不死が実現するぞ、と叫ぶ科学者は、オオカミが来たぞ、と叫ぶ少年と同じようなものだ。遅かれ早かれ、オオカミは実際にやって来る。

だから、たとえ私たちが生きているうちに不死を達成できなくても、死との戦いは今後一世紀間の最重要プロジェクトとなる可能性が依然として高い。人命は神聖であるという私たちの信念を踏まえ、そこに科学界の主流の動態を加味し、資本主義経済の必要性まで合わせれば、死との執拗な戦いは避けられないように見える。私たちはイデオロギーの上で人命を心底重視しているので、死をあっさり受け容れることはけっしてできないだろう。何かしらの理由で人が死ぬかぎり、私たちはそれを克服しようと奮闘することだろう。

科学界の主流と資本主義経済は、この奮闘を喜んで応援するはずだ。たいていの科学者と銀行家は、新しい発見をしたり、より多くの利益をあげたりする機会を与えてくれるものであるかぎり、自分が何に取り組んでいるかは気にしない。死を打ち負かすこと以上に胸躍る課題、あるいは、永遠の若さを提供する市場よりも将来性のある市場を想像できる人がいるだろうか？　あなたが四〇歳以上なら、しばらく目を閉じて二五歳のときの自分の体を思い出してみてほしい――外見だけではなく、何よりも、どんな感じだったかを。もしその体を取り戻せるとしたら、いくら払う気になるだろうか？　その機会を喜んで見送る人も間違いなくいるだろうが、どれだけかかろうと必要な額を払う人は大勢いるだろうから、ほとんど無尽蔵の市場が誕生する。

それでもまだ足りなかったとしても、ほとんどの人間が生まれながらにして持っている死への恐れが、死との戦いに抗い難い弾みをつけることだろう。死が避けられないものだと思われていた間は、人々は幼い頃から、永遠に生きたいという欲望を抑え込むことを自らに教え込んだり、代用の目標を目指すことでその欲望を満たそうとしたりした。人々は永遠に生きたいので、「不滅」の交響曲を作曲したり、戦争で「永遠の栄光」のために奮戦したり、魂が「楽園で永久に続く至福を楽しむ」ことができるように命を犠牲にしたりさえする。芸術的創造性や政治的熱意や宗教的敬虔(けいけん)さの多くは、死への恐れに煽(あお)られているのだ。

死への恐れをだしにして華麗なキャリアを築いてきたウディ・アレンは、かつて、銀幕上で永遠に生きたいと願っているかどうか訊かれた。するとアレンは、「私は自分のアパートで生き続けたい」と答え、こうつけ加えた。「自分の仕事を通して不滅性を達成したいとは思わない。死なないことで成し遂げたいのだ」。永遠の栄光にも、国家主義的な追悼式典にも、楽園の夢にも、アレンのような人間が本当に望んでいること、すなわち死なないことの代役はとうてい務まらない。人々が（真っ当な根拠があろうとなかろうと）死を免れる正真正銘のチャンスがあるといったん考えるようになったら、生きたいという欲望は、ガタの来た芸術やイデオロギーや宗教の荷馬車を引き続けることを拒み、雪崩のように猛然と突き進むだろう。

目をぎらつかせ、顎鬚(あごひげ)をなびかせた宗教的狂信者は目的のためには手段を選ばないと思っている人がいたら、ぜひ見守っていてほしい——小売業界の高齢の大物たちや、もう若くなってきたハリウッドの女優の卵たちが、不老不死の霊薬は手の届く所にあると思ったときに、何をするかを。科学が死との戦いで大きな進歩を遂げた暁には、真の戦場は研究室から議会や法廷や巷へと移る。科学の努力が実を結んだら、激しい政治の争いが起こるだろう。歴史上のあらゆる戦争や衝突は、私たちの行く手に待ち構えている真の戦い、すなわち、永遠の若さを得るための戦いと比べれば、ほんの前触れにすぎなかったということになりかねない。

幸福に対する権利

人類の課題リストに入る二つ目の大きなプロジェクトはおそらく、幸福へのカギを見つけることだろう。歴史を通して、無数の思想家や預言者や一般人が、生命そのものよりもむしろ幸福を至高の善と定義してきた。古代ギリシアの哲学者エピクロスは、神々の崇拝は時間の無駄であり、死後の存在というものはなく、幸福こそが人生の唯一の目的であると説いた。古代の人のほとんどはエピクロス主義（快楽主義）を退けたが、今日ではこの主義が当然の見方になっている。人間はあの世の存在を疑っているために、不死ばかりでなくこの世での幸福も追求しないではいられない。永遠に生きられたとしても、永遠に悲惨な状態で生きるのでは意味がないではないか。

エピクロスにとって、幸福の追求は個人的な行為だった。それとは対照的に、現代の思想家は、それを集団的プロジェクトと見る傾向にある。政府による計画立案と経済的資源と科学研究がなければ、個人による幸福の探求はろくにはかどらない。もしあなたの国が戦争で引き裂かれていたり、経済が危機に陥っていたり、医療が存在しなかったりしたら、あなたはおそらく惨めな状態にあるだろう。イギリスの哲学者ジェレミー・ベンサムは一八世紀の末に、至高の善は「最大多数の最大幸福」であると断言し、国家と市場と科学界の、唯一の価値ある目標は、全世界の幸福を増進することである、と結論した。政治家は平和をもたらし、実業家は繁栄を促し、学者は自然を研究するべきで、それは王や国家や神の栄光を増すためではなく、誰もがより幸福な生活を楽しめるようにするためだった。

一九世紀と二〇世紀には、ベンサムのビジョンを支持する人は多かったものの、それは口先だけのことで、政府も企業も研究所も、もっと切実で明確に定義された目標に的を絞っていた。国家は国民の幸福ではなく、領土の大きさや人口の増加やGDP（国内総生産）の成長で成功の度合いを測った。ドイツ、フランス、日本のような先進工業国は、教育、医療、福祉の巨大な制度を打ち立てていったが、これらの制度は、個人の健全な生活を保証することよりもむしろ、国を強化することを目指すものだった。

学校は、国のために忠実に尽くす、高い技能を持った従順な国民を生み出すために創立された。若者は一八歳になったときには、愛国的であるばかりでなく、読み書きができなくてはならなかった。上官の日々の命令書を読み、翌日の戦いの計画を立てる必要があったからだ。砲弾の弾道を計算したり、敵の暗号を解読したりするために、数学も知らなければならなかった。無線電信機を操作したり、戦車を操縦したり、傷ついた仲間の世話をしたりするために、電気や機械や医学の実用知識もある程度持ち合わせている必要があった。除隊になったときには、事務員や教師や技術者として近代的な経済を築き、多額の税を支払い、国のために尽くすことが期待されていた。

医療制度も同様だった。一九世紀末から二〇世紀の初めにかけて、フランス、ドイツ、日本のような国は一般大衆に無料の医療措置を提供し始めた。幼児のための予防接種、児童のためのバランスの取れた食事、少年少女のための体育に、国家が資金を出した。不衛生な沼地を干拓し、蚊を撲滅し、集中方式の下水設備を建設した。目的は国民を幸せにすることではなく、国をもっと強くすることだった。国は強健な兵士と労働者、ますます多くの兵士と労働者を産む健康な女性、家で病気で寝ていたりせず、午前八時きっかりに出勤してくる官吏を必要とした。

福祉制度でさえ、もともとは貧しい人のためではなく国家のために立案された。一九世紀後期のドイツでオットー・フォン・ビスマルクが国家年金と社会保障の分野で先鞭をつけたとき、彼の主な目的は、国民の幸福を増進することではなく、彼らの忠誠心を確保することだった。一八歳のときに国のために戦い、四〇歳のときに税金を払うのは、七〇歳になったときに国に面倒を見てもらえることが見込めるからだった。[30]

一七七六年、アメリカの建国の父たちは、奪うことのできない三つの人権の一つとして、幸福追求に対する権利を、生命に対する権利と自由に対する権利とともに確立した。とはいえ、ここでぜひとも指摘しておかなければならない。アメリカの独立宣言が保証しているのは、幸福追求の権利であって、幸福になる権利そのものではない。ここが肝心なのだが、トマス・ジェファーソンは国民の幸福を国家の責任にはしなかった。むしろ彼は、国家の権力を制限しようとしていたにすぎない。国家の監督を受けずに私的な選択を行なう余地を各個人に残しておくという発想だ。もし私がメアリーではなくジョンと結婚し、ソルトレイクシティではなくサンフランシスコに住み、酪農家ではなくバーテンダーとして働くほうが幸せになれると思うのなら、自分なりのやり方で幸福を追求するのは私の権利であり、国家はたとえ私が誤った選択をしたときにさえ、干渉するべきではない。

ところが、過去数十年間に状況は逆転し、ベンサムのビジョンははるかに真剣に受け止められるようになった。国を強化するために一世紀以上前に確立されたさまざまな巨大な制度は、じつは個々の国民の幸福と健全な生活のために尽くすべきだと考える人が増えている。私たちは国に尽くすためにいるのではなく、国が私たちに尽くすためにあるのだ。当初、国家権力を制限するために構想された幸福追求に対する権利は、いつの間にか、幸福に対する権利に変わってしまった――まるで、人間には幸せになる自然権があり、私たちに不満を抱かせるものは何であれ、私たちの基本的人権を侵害するから、国家が何らかの措置を講じるべきであるかのように。

二〇世紀には、国家の成功を評価する最高の基準は、一人当たりのGDPだったかもしれない。この視点に立つと、国民一人ひとりが平均で年間五万六〇〇〇ドル相当の財とサービスを生産するシンガポールのほうが、国民が年間一万四〇〇〇ドルしか生産しないコスタリカよりも国として成功していることになる。ところが今日、思想家や政治家、さらには経済学者までもが、GDPをGDH（国内総幸福）で補足することを、あるいは前者を後者で置き換えることさえ求めている。けっきょく、人々は何を望んでいるのか？　生産したいとは思っていない。幸せになることを望んでいるのだ。生産が重要なのは、それが幸福のための物質的基盤を提供してくれるからだ。だが、生産はあくまで手段にすぎず、目的ではない。何度も調査が行なわれたが、そのたびに、コスタリカ人のほうがシンガポール人よりもはるかに高い人生の満足度を報告している。あなたは、非常に生産的であっても不満なシンガポール人になりたいだろうか？　それとも、生産性は低いが満ち足りたコスタリカ人になりたいだろうか？

この種の論理によって、人類は幸福を二一世紀の第二の主要目標にせざるをえなくなるかもしれない。一見、これは比較的簡単なプロジェクトに見えかねない。もし飢饉と疫病と戦争が消えてなくなり、人類が前例のない平和と繁栄を経験し、平均余命が劇的に延びたなら、そのおかげで人間は幸せになれる。そうではないか？

残念ながら、そうはいかない。エピクロスは幸福を至高の善と定義したとき、幸福になるには骨が折れると弟子たちに警告した。物質的な成果だけでは、私たちの満足は長続きしない。それどころか、お金や名声や快楽をやみくもに追い求めても、惨めになるだけだ。エピクロスは、たとえば飲食はほどほどにし、性欲を抑えることを推奨している。長い目で見れば、深い友情のほうが熱狂的な乱痴気騒ぎよりも、大きな満足を与えてくれる。エピクロスは、幸福へと続く危険な道を行く人々を導くために、するべきこと、するべからざることをまとめた倫理体系をまるごと一つ略述している。

どうやらエピクロスは、大切なことに気づいていたらしい。人は簡単には幸せになれないのだ。私たちは過去数十年間に前例のない成果をあげてきたにもかかわらず、現代の人々が昔の先祖たちよりもはるかに満足しているかどうかは、およそ明白とは言えない。それどころか、伝統的な社会と比べて先進諸国のほうが繁栄していて、快適で、安全であるにもかかわらず、自殺率がずっと高いというのは不穏な兆候だ。

ペルーやハイチ、フィリピン、ガーナ（貧困と政情不安に苦しむ開発途上国）では、毎年自殺する人は一〇万人当たり五人程度だ。一方、スイスやフランス、日本、ニュージーランドのような豊かで平和な国では、毎年一〇万人当たり一〇人以上が自ら命を絶っている。韓国は一九八五年には比較的貧しい国で、厳格な伝統に縛られ、独裁的な政権に支配されていた。ところが現在は、経済大国の一つに数えられ、国民の教育水準の高さは世界でも指折りで、安定した、割に自由主義的な民主政権を持っている。とはいえ、一九八五年には一〇万人に約九人の韓国人が自殺したのに対して、今日では年間の自殺者数は一〇万人当たり三六人にのぼる。[31]

もちろん、これとは逆の、はるかに有望な傾向もある。たとえば小児死亡率が急激に下がったので、人間の幸福は確実に増大したし、現代生活のストレスも部分的に相殺された。それでも、たとえ私たちは先祖より多少幸福だとしても、私たちの幸福が増進した度合いは期待を大幅に下回っている。石器時代の人は、一日当たりおよそ四〇〇〇キロカロリーのエネルギーを利用した。これは食物として摂取するエネルギーだけではなく、道具や衣服、美術品、焚火（たきび）に使うエネルギーも含んでいた。一方、今日の平均的なアメリカ人は、自分の胃袋ばかりではなく自動車、コンピューター、冷蔵庫、テレビなどのために、毎日二二万八〇〇〇キロカロリーを消費する。[32]つまり平均的なアメリカ人は、石器時代の平均的な狩猟採集民の六〇倍近いエネルギーを使っているわけだ。だが、平均的なアメリカ人は六〇倍も幸せだろうか？　そのようなバラ色の見方は疑ってかかって当然だろう。

それに、たとえ過去の苦難の多くを克服したとしても、純然たる苦しみをなくすことに比べると、明確な幸福を達成するのはずっと難しいかもしれない。飢え死にしかけた中世の農民は、パンを一切れ与えられただけで大喜びした。だが、分不相応な高給をもらい、退屈した太り過ぎの技術者は、どうしたら喜ばせてやれるのか？　二〇世紀後半は、アメリカの黄金時代だった。アメリカは第二次世界大戦に勝ち、続いて冷戦ではなおさら決定的な勝利を収め、世界随一の超大国となった。一九五〇年から二〇〇〇年までに、アメリカのＧＤＰは二兆ドルから一二兆ドルに増えた。一人当たりの実質所得は倍になった。新たに発明されたピル（経口避妊薬）のおかげで、かつてないほど自由に性行為ができるようになった。女性、同性愛者、アフリカ系アメリカ人、その他の少数者集団がようやく、アメリカというパイの、より大きな分け前にあずかった。廉価な自動車や冷蔵庫、エアコン、掃除機、食器洗い機、洗濯機、電話、テレビ、コンピューターがどっと普及し、見違えるまでに日常生活を変えた。それにもかかわらず、一九九〇年代のアメリカ人の主観的幸福度は、五〇年代の水準とほとんど同じだ。[33]

日本では、史上屈指の急速な景気拡大が見られた一九五八年から一九八七年にかけて、平均実質所得は五倍に増えた。これほど豊かになり、日本人の生活様式と社会的関係に、良くも悪くもさまざまな変化があったにもかかわらず、日本人の主観的幸福度には驚くほどわずかな影響しか出なかった。一九九〇年代の日本人は、五〇年代の日本人と同じぐらい満足していた（あるいは、不満だった）のだ。[34]

どうやら私たちの幸福感は謎めいたガラスの天井にぶち当たり、前例のない成果をどれだけあげようとも、増すことができないように見える。たとえすべての人に無料で食べ物を提供し、あらゆる疾病を治し、世界平和を確保したとしても、そのガラスの天井を打ち砕けるとはかぎらない。真の幸福を達成するのは、老化や死を克服するのと比べて、それほど楽ではないだろう。

幸福のガラスの天井は、二本の頑丈な柱に支えられている。一方の柱は心理的なもの、もう一方は生物学的なものだ。心理的レベルでは、幸福は客観的な境遇よりもむしろ期待にかかっている。私たちは平和で裕福な生活からは満足感が得られない。それよりも、現実が自分の期待に添うものであるときに満足する。あいにく、境遇が改善するにつれ、期待も膨らむ。過去数十年間に人類が経験したような境遇の劇的な向上は、満足感ではなく期待の増大につながる。これに関して何か手を打たないかぎり、この先どれほどの成果をあげても、やはり私たちの不満は少しも解消しないかもしれない。

生物学的なレベルでは、私たちの期待と幸福の両方が、経済的状況や社会的状況や政治的状況ではなく、生化学的作用によって決まる。エピクロスによれば、私たちは快感を経験していて不快感がないときに幸福だという。ジェレミー・ベンサムも同様のことを言っている。自然は人間の支配権を快楽と苦痛という二人の主人に与えた、そして、私たちがすること、言うこと、考えることのいっさいは両者のみが決める、と。ベンサムの後継者であるジョン・スチュアート・ミルは、幸福とは快楽と、苦痛からの解放とにほかならず、快楽と苦痛以外には善悪は皆無である、と説く。何か別のもの（たとえば神の言葉や国益）から善悪を導き出そうとする者は誰であれ、人を欺いているのであり、ことによると、自分自身も欺いているかもしれない(35)。

エピクロスの時代には、そのような物言いは神の冒瀆だった。ベンサムとミルの時代には、過激で、体制に盾突く行為だった。だが、二一世紀初頭の今では、それが科学の通説になっている。種々の生命科学によれば、幸福と苦しみはそれぞれ、さまざまな身体的感覚どうしの異なるバランス以外の何物でもないという。私たちは外の世界に反応することはけっしてなく、自分の体内の感覚に反応しているだけだ。職を失ったり、離婚したり、政府が戦争を始めたりしたために苦しむ人などいない。人々に惨めな思いをさせるものは、本人の体内の不快感しかない。職を失えば、たしかに憂鬱な気分になりうるが、その気分自体は、一種の不快な身体的感覚だ。私たちを怒らせるものは無数にあるが、怒りはけっして抽象概念ではない。それはいつも、体内の熱と緊張の感覚として感じられ、だからこそ、人は怒りに燃えるのだ。私たちが怒りで「かっかとする」と言うのも、けっしていわれのないことではない。

逆に、昇進したり、宝くじが当たったりしても、さらには真の愛を見つけたとしてもなお、人は幸福になれない、と科学は主張する。人を幸福にするものは一つ、たった一つしかなく、それは体の中の快感だ。あなたが、二〇一四年のサッカーのワールドカップ決勝戦でアルゼンチンと対戦しているドイツ・チームの攻撃的ミッドフィルダー、マリオ・ゲッツェになったところを想像してほしい。無得点のまま、すでに一時間五三分が経過している。できれば避けたいPK戦まで、あと七分しかない。七万五〇〇〇の興奮したファンがリオデジャネイロのマラカナンスタジアムを埋め、何億とも知れない人が世界中で固唾を呑んで見守っている。あなたがアルゼンチンのゴールから数メートルの所にいると、アンドレ・シュールレがあなたに向かって見事なパスを放つ。あなたは胸でボールを受け止め、足の方に落とし、空中で蹴ると、ボールはアルゼンチンのゴールキーパーの脇を抜けてネットに深々と突き刺さる。決まった！　スタジアム全体がどっと沸き返る。何万もの観客が我を忘れて歓声を上げ、チームメートたちが駆け寄ってきてあなたを抱き締めたり、あなたにキスしたりし、祖国のベルリンやミュンヘンでは無数の人がテレビの画面の前で涙を浮かべながらくずおれる。あなたは有頂天だが、それはボールがアルゼンチンのゴールに入ったからではなく、どこも鮨詰め（すしづめ）のバイエルンのビヤガーデンが祝賀会場と化しているからでもない。じつはあなたは、自分の中で起こっている感覚の嵐に反応しているのだ。あなたの背筋を冷たいものが上下し、電気の波が全身に押し寄せ、自分が何百万というエナジーボールに砕けて爆発するような気がする。

そのような感覚を覚えるには、なにもワールドカップで決勝のゴールを決める必要はない。職場で思いがけない昇進を告げられ、喜びで飛び跳ね始めたなら、あなたは同じ種類の感覚に反応している。あなたの心の深部は、サッカーや仕事については何も知らない。そうした部分が知っているのは感覚だけだ。もしあなたが昇進したのに、なぜか少しも快感が湧かないとしたら、満足感は得られないだろう。その逆もまた正しい。たった今、クビになった（あるいはサッカーの決戦で敗れた）のに、（ひょっとしたら、何かの薬物を摂取していたせいで）強い快感を覚えていたら、あなたは依然として得意の絶頂という気分でいることもありうる。

残念ながら、その快感はたちまち冷め、遅かれ早かれ不快感に変わる。たとえワールドカップファイナルで決勝のゴールを決めたとしても、その至福が一生続く保証はない。それどころか、その後はずっと下り坂ということになりかねない。同様に、もし私が去年、仕事で予想外の昇進を果たしたとし、今なおその地位にあったとしても、朗報を耳にしたときに経験した強い快感は、数時間のうちに消えてしまっただろう。そのような素晴らしい感覚をまた経験したければ、もう一度昇進しなければならない。そして、その後も、繰り返し昇進する必要がある。そして、もし昇進できなければ、ただの平社員のままだったときよりも、はるかにつらく、腹立たしい思いをする羽目になるかもしれない。

これはすべて進化のせいだ。私たちの生化学系は、無数の世代を経ながら、幸福ではなく生存と繁殖の機会を増やすように適応してきた。生化学系は生存と繁殖を促す行動には快感で報いる。だがその快感は、束の間しか続かない。いわば、次から次へと買わせるための販売戦略のようなものにすぎない。私たちは空腹という不快感を避け、快い味や至福のオーガズムを楽しむために、食べ物と生殖行為の相手を得ようと奮闘する。ところが、快い味や至福のオーガズムは長続きせず、再びそれを感じたければ、さらに食べ物や相手を探しに出なくてはならない。

珍しい変異の結果、木の実を一つ食べた後、永続する至福を楽しめるようなリスが誕生したとしたら、どうなっていただろう？　技術的には、そうした至福体験はリスの脳の配線を変えることで実現しうる。ひょっとしたら、何百万年も前に、どこかの幸運なリスにそんな変異が本当に起こったかもしれない。だが、もし起こったとしたら、そのリスはすこぶる幸せであると同時にすこぶる短い一生を享受し、その珍しい変異もそれまでとなったはずだ。なぜなら、その至福のリスはわざわざそれ以上木の実を探そうとしなかっただろうし、交尾相手など見つけようとするはずもなかったからだ。競争相手のリスたちは、木の実を一つ食べた五分後には再び空腹を感じるので次の木の実を探し、その結果として生き残って自分の遺伝子を次の世代に伝える可能性がずっと高かった。それとまさに同じ理由で、私たち人間が集めようと探し求める木の実、すなわち実入りの良い仕事や大きな家や器量良しの伴侶に、長く満足していられることは稀だ。

これはそれほど悪いことではない、なぜなら、私たちを幸せにするのは目標ではなく、そこへ至る道のりだからだ、と言う人がいるかもしれない。エベレストに登ることとのほうが、頂上に立つことよりも大きな満足をもたらす。いちゃついたり前戯を楽しんだりするほうが、オーガズムに達するよりも胸が躍る。称賛や賞を受けるよりも、研究室で画期的な実験を行なうほうが面白いというわけだ。とはいえ、それで状況が変わるわけではない。それは、進化が多種多様な快楽で私たちを制御していることを示しているにすぎない。進化は至福や穏やかさの素晴らしい感覚で私たちを誘惑することもあれば、高揚や興奮のわくわくする感覚で私たちを前へと駆り立てることもある。

動物が生存と繁殖の可能性を高めるようなもの（たとえば、食べ物や伴侶や社会的地位）を求めているときには、脳は鋭敏さと興奮の感覚を生み出し、動物はそれに急き立てられていっそう努力する。そうした感覚はじつに心地良いからだ。ある有名な実験で、科学者たちは数匹のラットの脳に電極をつなぎ、ラットがペダルを押すだけで興奮の感覚を生み出せるようにした。ラットたちは、美味しい食べ物をもらうかペダルを押すかという選択肢を与えられると、ペダルを選んだ（夕食のテーブルに着くよりもテレビゲームで遊んでいるほうを選ぶ子供と同じようなものだ）。ラットたちはひたすらペダルを押し続け、とうとう空腹と疲労で倒れてしまった。(36) 人間も成功の栄光の上に胡坐をかいているよりも、競争の興奮を好むかもしれない。とはいえ、なぜ競争がそれほど魅力的なのかと言えば、競争には浮き浮きするような感覚が伴うからだ。ストレスや絶望や退屈といった不快感だけしか伴わないとしたら、山に登ったり、テレビゲームをしたり、ブラインドデートに行ったりしたいなどと思う人はいないだろう。(37)

悲しいかな、競争がもたらすわくわくする感覚も、勝利の至福の感覚と同じで短命だ。束の間の恋のスリルを楽しむドン・ファンも、ダウ平均株価の上下を、爪を噛みながら見守るのを楽しむビジネスマンも、コンピューターの画面でモンスターを倒すのを楽しむゲーム好きも、前日の冒険を思い出したところで満足感は得られないだろう。果てしなくペダルを押し続けるラットと同じで、ドン・ファンも、ビジネス界の大物も、ゲーム好きの人も、毎日新たな刺激を必要とする。そのうえ、この場合も期待が状況に適応し、昨日やり甲斐があったことも、たちまち今日は退屈になってしまうから、なお悪い。ことによると、幸福へのカギは、競争でも金メダルでもなく、興奮と落ち着きを適度に組み合わせることかもしれない。だが、ほとんどの人はストレスと退屈の間をひとっ飛びに行き来しがちで、そのどちらにも不満足のままでいる。

もし科学が正しく、私たちの幸福は自分の生化学系によって決まるとしたら、永続的な満足を確保するには、この系を操作するより他に道はない。経済成長や社会改革や政治革命などは忘れてしまおう。世界中の幸福レベルを上げるためには、人間の生化学的作用を操作する必要がある。そして、それこそまさに、私たちが過去数十年間に始めたことにほかならない。五〇年前、向精神薬を服用するのは非常に不名誉なことだった。だが、今日ではもう、少しも不名誉ではない。是非はともかく、人口のしだいに多くの割合が、衰弱性の精神疾患を治すためばかりでなく、もっとありきたりの憂鬱やときおりの気分の落ち込みに立ち向かうためにも、日常的に向精神薬を服用するようになっている。

たとえば、ますます多くの学童が、リタリンのような興奮剤を服用している。二〇一一年には、三五〇万人のアメリカの子供が、ＡＤＨＤ（注意欠如・多動性障害）の薬物療法を受けていた。イギリスでは、その数は一九九七年の九万二〇〇〇人から、二〇一二年には七八万六〇〇〇人へと増加した[38]。もともとの目的は注意力の障害を治療することだったが、今日では、完全に健康な子供たちが成績を上げ、しだいに高まる教師や親の期待に添うために、その種の薬剤を使用している[39]。このような展開をよしとせず、問題は子供たちではなく教育制度にあると主張する人も多い。もし注意障害やストレスや成績不振を経験している生徒がいたら、時代後れの教授法や過密な教室や不自然なまでに速い生活のテンポのせいだと考えるべきなのかもしれない。子供たちではなく学校を変えるべきなのではないか？　この主張がどう発展してきたかを見てみると興味深い。人々は教育の方法について、何千年にもわたって言い争ってきた。古代の中国でもヴィクトリア朝のイギリスでも、誰もがそれぞれお気に入りの方法を持っており、他のあらゆる選択肢には猛然と反対した。それでも、これまでは全員の意見が一致していることが一つあった。教育を改善するには、学校を変える必要があるということだ。ところが今日、史上初めて、少なくとも一部の人が、生徒の生化学的作用を変えるほうが効率的だろうと考えている[40]。

軍隊も同じ方向に進んでいる。イラクではアメリカの兵士の一二パーセントが、アフガニスタンでは一七パーセントが、戦争のプレッシャーと苦悩に対処しやすくするために睡眠薬か抗うつ薬を服用した。恐れ、うつ、トラウマは、砲弾や仕掛け爆弾や自動車爆弾の類が原因ではない。ホルモンや神経伝達物質や神経ネットワークが引き起こすのだ。二人の兵士がいっしょに待ち伏せ攻撃を受けたとしよう。一人は極度の恐怖で凍りつき、正気を失い、その後何年も悪夢に苛まれるのに、もう一人は勇敢に突進し、勲章を受けるということもありうる。その違いは二人の生化学的作用にある。だから、もしその作用を制御する方法が見つかれば、今より幸福な兵士と効率的な軍隊をいっぺんに生み出せるだろう。[41]

生化学的作用の操作による幸福の追求は、世界における犯罪の最大の原因ともなっている。二〇〇九年、アメリカの連邦刑務所の囚人の半数は薬物のせいで収監され、イタリアの囚人の三八パーセントは薬物関連犯罪で有罪の判決を受けており、イギリスでは囚人の五五パーセントが薬物の利用あるいは売買に関連して罪を犯したことを報告している。二〇〇一年のある報告書によると、オーストラリアで有罪の判決を受けた人の六二パーセントが、投獄されることになった罪を犯したときに薬物の影響下にあったという。[42]人は物を忘れるためにアルコールを飲み、穏やかな気持ちになるためにマリファナを吸い、鋭敏になったり自信を持ったりするためにコカインやメタンフェタミンを服用する。一方、MDMA（エクスタシー）はうっとりするような感覚を提供してくれるし、LSDは幻覚の世界への扉を開いてくれる。勉強したり、働いたり、家族を養ったりして獲得したいと一部の人が願っているものを、適量の分子を通してははるかに簡単に手に入れようとする人もいる。これは社会的・経済的秩序の存続に対する脅威であり、だからこそ各国は、生化学的作用にかかわる犯罪に対して、断固とした、血なまぐさい、そして絶望的な戦いを繰り広げているのだ。

国家は、「悪い」操作と「良い」操作を区別し、生化学による幸福の追求を統制することを望んでいる。その原理は明快だ。政治の安定や社会秩序や経済成長を増進する生化学的操作は許され、奨励さえされる（たとえば、学校で多動性の子供を落ち着かせたり、不安な兵士たちを戦闘へと突き進ませたりするような操作）。安定と成長を脅かす操作は禁じられる。だが毎年、大学や製薬会社や犯罪組織の研究室では新たな薬物が誕生しており、国家や市場が必要とするものも変化し続けている。生化学的な幸福の追求はしだいに加速しながら、政治や社会や経済を作り変えていき、ますます制御しにくくなるだろう。

そして、薬物はほんの序の口にすぎない。研究室の専門家たちはすでに、人間の生化学的作用を操作する、より高度な方法に取り組んでいる。たとえば、脳の適切な箇所に電気的な刺激を直接与えたり、私たちの体の遺伝情報を遺伝子工学で操作したりする方法だ。どんな手法を採ろうと、生化学的な操作で幸福を得るのは容易ではないだろう。なぜなら、生命の根本的パターンを変える必要があるからだ。だが、それを言うなら、飢饉と疫病と戦争を克服するのも楽なことではなかった。

人類が生化学的な幸福の追求にこれほどの努力を傾けるべきかどうかは、まったく定かではない。どう見ても幸福はそこまで重要ではない、個人の満足を人間社会の最高の目的と見なすのは見当違いだ、と主張する人もいるだろう。また、幸福がたしかに至高の善であることには同意するものの、幸福とは快感の経験であるという生物学的な定義に異議を唱える人もいるだろう。

エピクロスはおよそ二三〇〇年前、快楽を過度に追求すればおそらく幸せではなく惨めになるだろう、と弟子たちに警告した。その二世紀ほど前、ブッダはそれに輪をかけて過激な主張をし、快感の追求はじつは苦しみのもとにほかならない、と説いた。快感は儚く無意味な気の迷いにすぎない。私たちは快感を経験したときにさえ、満足したりせず、さらにそれを渇望するだけだ。したがって、至福の感覚や胸躍る感覚をどれほど多く経験しようと、私たちはけっして満足することはない。

もし私が幸福を儚い快感と同一視し、もっともっとその快感を経験することを渇望したなら、快感を絶えず追求するよりほかにない。ついに手に入れても、その快感はすぐに消えてしまうし、過去の快楽の記憶だけでは満足できないので、また一からやり直さなければならない。この追求を何十年も続けたとしても、永続的な成果はけっしてもたらされない。それどころか、そのような快感を渇望すればするほど、ストレスが高まり、不満が募るだろう。真の幸福を獲得するためには、人間は快感の追求に鞭を入れるのではなく、それにブレーキをかける必要があるのだ。

ブッダのこの幸福観は、生化学的な見方との共通点が多い。快感は湧き起こったときと同様にたちまち消えてしまうし、人々は実際に快感を経験することなくそれを渇望しているかぎり、満足しないままになるという点に関して、両者の意見は一致している。ところが、この問題には二つのまったく異なる解決策がある。生化学的な解決策は、快感の果てしない流れを人間に提供し、けっして快感が途絶えることのないようにできる製品や治療法を開発するというものだ。一方、ブッダが推奨するのは、快感への渇望を減らし、その渇望に人生の主導権を与えないようにするというものだった。ブッダによれば、私たちは心を鍛錬し、あらゆる感覚が絶えず湧き起こっては消えていく様子を注意深く観察できるようになれるという。自分の感覚の正体、すなわち儚く無意味な気の迷いであることを心が見て取れるようになったとき、私たちはそのような感覚を追い求めることへの関心を失う。湧き起こるそばから消えていくものを追い求めることに、何の意味があるというのか？

今のところ、人類は生化学的な解決策のほうにはるかに大きな関心を抱いている。ヒマラヤの洞窟の中の僧侶や浮世離れした哲学者が何と言おうと、資本主義という巨人にとって、幸福は快楽であり、そこに議論の余地はない。一年過ぎるごとに、私たちは不快感への耐性が下がり、快感への渇望が募っていく。科学研究と経済活動の両方が、その目的に向けられ、毎年、より優れた鎮痛剤や新しい味のアイスクリーム、より快適なマットレス、より中毒性の高いスマートフォン用ゲームが生み出され、私たちはバスが来るのを待つ間、一瞬たりとも退屈に苦しまないで済むようになる。

もちろん、これほど手を打っても、およそ十分とは言えない。進化は、絶え間ない快楽を経験するようにはホモ・サピエンスを適応させなかったので、それでも人類がそうした快楽を望んだら、アイスクリームやスマートフォンのゲームでは間に合わない。私たちの生化学的作用を変え、体と心を作り直す必要がある。だから私たちは、それに取り組んでいる。事の是非は議論できるだろうが、全世界の幸福を確保するという、二一世紀の二番目の大プロジェクトには、永続的な快楽を楽しめるようにホモ・サピエンスを作り直すことが必須のように見える。

地球という惑星の神々

人間は不死と至福を追い求めることで、じつは自らを神にアップグレードしようとしている。それは、不死と至福が神の特性だからであるばかりではなく、人間は老化と悲惨な状態を克服するためにはまず、自らの生化学的な基盤を神のように制御できるようになる必要があるからでもある。もし私たちが自分の体から死と苦痛を首尾良く追い出す力を得ることがあったなら、その力を使えばおそらく、私たちの体をほとんど意のままに作り変えたり、臓器や情動や知能を無数の形で操作したりできるだろう。ヘラクレスのような体力や、アフロディテのような官能性、アテナのような知恵をお金で買えるし、もしお望みとあれば、ディオニュソスのもののような陶酔も手に入ることだろう。これまでのところ、人間の力の増大は主に、外界の道具のアップグレードに頼ってきた。だが将来は、人の心と体のアップグレード、あるいは、道具との直接の一体化にもっと依存するようになるかもしれない。

　人間を神へとアップグレードするときに取りうる道は、次の三つのいずれかとなるだろう。生物工学、サイボーグ工学、非有機的な生き物を生み出す工学だ。

　生物工学は、私たちは有機的な体の潜在能力を存分に実現するには程遠い段階にあるという見識を出発点とする。自然選択は四〇億年にわたって有機的な体にあれこれ調整を加えてきた。そのおかげで私たちは、アメーバから爬虫類、哺乳類、サピエンスへと進化した。とはいえ、サピエンスが終着点であると考える理由はない。遺伝子やホルモンやニューロン（神経細胞）に比較的小さな変化が起こっただけで、燧石のナイフ以外に目ぼしいものを何一つ作れなかったホモ・エレクトスが、宇宙船やコンピューターを作るホモ・サピエンスへと変容した。それならば、私たちのＤＮＡやホルモン系や脳構造にあといくつか変化が起これば、どんな結果になるか知れたものではない。生物工学は、自然選択が魔法のような手際を発揮するのを辛抱強く待っていたりはしない。そうする代わりに、生物工学者は古いサピエンスの体に手を加え、意図的に遺伝子コードを書き換え、脳の回路を配線し直し、生化学的バランスを変え、完全に新しい手足を生えさせることすらするだろう。彼らはそれによって新しい神々を生み出す。そのような神々は、私たちがホモ・エレクトスと違うのと同じぐらい、私たちサピエンスとは違っているかもしれない。

サイボーグ工学は、さらに一歩先まで行き、有機的な体を、バイオニック・ハンド〔生物工学を利用して造った義手〕や人工の目、無数のナノロボット（血流に乗って動き回り、問題の原因を突き止め、損傷を修復する）と一体化させる。そうしてできたサイボーグは、どんな有機的な体をもはるかに凌ぐ能力を享受できるだろう。たとえば、こういうことだ。有機的な体のあらゆる部分は、互いに直接つながっていなければ機能できない。もし、あるゾウの脳がインドに、目と耳が中国に、足がオーストラリアにあったら、そのゾウはほぼ確実に死んでいるだろうし、仮に何か神秘的な意味で生きていたとしても、見たり聞いたり歩いたりすることはできない。それに対して、サイボーグは同時に複数の場所に存在しうる。サイボーグの医師は、ストックホルムのオフィスを一歩も出ることなく、東京やシカゴや火星の宇宙基地で緊急手術を行なうことができる。高速のインターネット接続と、二つ一組のバイオニックの目と手がいくつかありさえすればいい。いや、考えてみると、二つ一組でなくてもいい。四つ一組でもかまわないではないか。いや、じつはこれさえも余分だ。心を手術用具と直接つなぐことができるのなら、サイボーグの医師は、わざわざメスを手に取る必要さえない。

これはSFのように聞こえるかもしれないが、すでに現実になっている。最近、サルたちが、体とはつながっていないバイオニックの手足を、脳に埋め込まれた電極を通して制御することを学習した。体の麻痺した患者たちは、頭で考えるだけでバイオニックの手足を動かしたり、コンピューターを操作したりできる。もしやりたければ、あなたもすでに、「読心」電気ヘルメットを被って、自宅で電気器具を遠隔操作できる。脳に何も埋め込む必要はない。このヘルメットは、頭皮を通して伝わってくる電気信号を読み取ることで機能するからだ。もしあなたが、キッチンの明かりをつけたければ、ただヘルメットを被り、プログラム済みの合図を頭の中で思い浮かべる（たとえば、右手を動かすところを想像する）だけで、スイッチがオンになる。そのようなヘルメットはオンラインでわずか四〇〇ドルで買える。[43]

二〇一五年の初めに、ストックホルムにあるエピセンターというハイテクオフィスに勤務する数百人が、手にマイクロチップを埋め込んだ。チップは米粒ほどの大きさで、各自のセキュリティ情報を保存してあるので、従業員は手を振るだけでドアを開けたり、コピー機を操作したりできる。彼らは近いうちに、支払いも同じやり方でできるようにすることを望んでいる。この取り組みの推進者の一人であるハンス・ハーブラッドは、次のように説明している。「私たちはすでに、四六時中テクノロジーとかかわり合っていますが、まだ、少しばかり面倒です。暗証番号やパスワードが必要ですから。手で触れるだけで済めば、楽ではありませんか」[44]

とはいえ、サイボーグ工学でさえ、有機的な脳が指令統制センターであり続けるという前提に立っているから、割に保守的だ。一方、有機的な部分をすべてなくし、完全に非有機的な生き物を作り出そうという、より大胆なアプローチがある。神経ネットワークは知的ソフトウェアに取って代わられ、そのソフトウェアは有機化学の制約を免れ、仮想世界と現実世界の両方を動き回れる。生命は四〇億年にわたって有機化合物の領域内をさまよった後、そこを抜け出して広大な無機の領域へと入っていき、私たちにはどんなに途方もない夢の中でさえ見られないような形を取るだろう。なにしろ、私たちのどんなに途方もない夢も、有機化学の産物であることに変わりはないのだから。

有機体の領域を抜け出せば、生命はついに地球という惑星からも脱出できる。生命は四〇億年間、このちっぽけな惑星に閉じ込められたままだった。自然選択のせいで、あらゆる生命体は、この宙を飛ぶ岩の塊に特有の状況にすっかり頼り切っていたからだ。どれほど強靭なバクテリアでさえ、火星では生き延びられない。それに対して、非有機的な人工知能（AI）は、地球外の惑星にずっと容易に入植できるだろう。したがって、有機的生命に無機的生き物が取って代われば、「スタートレック」のカーク船長ではなくミスター・データの類が支配する、未来の一大銀河帝国の種が蒔かれるかもしれない。

これらの道がどこにつながっているのかも、神のような私たちの子孫がどんな姿をしているのかもわからない。未来の予言は楽にできたためしがないし、画期的なバイオテクノロジーのおかげで、ますます難しくなっている。輸送、コミュニケーション、エネルギーといった分野における新たなテクノロジーの影響を予測するのはたしかに困難ではあるが、人間をアップグレードするテクノロジーは完全に異なる種類の課題を突きつけてくる。そうしたテクノロジーを使えば人間の心と欲望を変容させられるため、現在のような心と欲望を持っている人々には、そうした変容の意味合いは当然ながら突き止めえないからだ。

何千年もの間、歴史はテクノロジーや経済、社会、政治の大変動に満ちあふれていた。それでも一つだけ、つねに変わらないものがあった。人類そのものだ。私たちの道具や組織は、聖書に描かれている時代の道具や組織とはおおいに異なるけれど、人間の心の奥底の構造は同じままだ。だからこそ私たちは、聖書のページや孔子の言行録、ソフォクレスやエウリピデスの悲劇の中に、依然として自分の姿を見つけられる。こうした古典的作品は、まさに私たちのような人間によって生み出された。だから私たちは、それらが私たちについて語っているように感じる。現代の劇場で上演されるときには、オイディプスやハムレットやオセロはジーンズをはき、Tシャツを着て、フェイスブックのアカウントを持っているかもしれないが、彼らの心の葛藤は、もともとの劇の中のものと同じだ。

ところが、いったんテクノロジーによって人間の心が作り直せるようになると、ホモ・サピエンスは消え去り、人間の歴史は終焉（しゅうえん）を迎え、完全に新しい種類のプロセスが始まるが、それはあなたや私のような人間には理解できない。多くの学者が、二一〇〇年あるいは二二〇〇年の世界がどんなふうに見えるかを予測しようとしている。これは時間の無駄だ。わざわざ手間隙（ひま）かけて立てる価値のある予測であれば必ず、人間の心を作り直す能力を考慮に入れなくてはならないが、それは不可能だからだ。「私たちのものと同じような心を持った人々なら、バイオテクノロジーを使って何をするだろうか？」という問いには、賢明な答えがたくさんある。ところが、「異なる種類の心を持った人々なら、バイオテクノロジーを使って何をするだろうか？」という問いには、適切に答えられない。私たちに似た人々は、バイオテクノロジーを使って自分の心を作り直す可能性が高いと言うのがせいぜいで、私たちの現在の心では、その次に起こりかねないことは理解のしようがない。

したがって、詳細ははっきりしないが、それでも歴史の全般的な方向性については自信が持てる。二一世紀には、人類の第三の大プロジェクトは、創造と破壊を行なう神のような力を獲得し、ホモ・サピエンスをホモ・デウスへとアップグレードするものになるだろう。言うまでもなく、この第三のプロジェクトは第一と第二のプロジェクトを含んでおり、その二つから勢いを得る。私たちが自分の体と心を作り直す能力をほしがっているのは、何よりも、老化と死と悲惨な状態を免れるためだが、いったんそれを手に入れてしまえば、私たちがそれほどの能力を利用して他に何をやりかねないか、知れたものではない。だから、人類の新たな課題リストは、じつは（多くの部門を持つ）たった一つのプロジェクト、すなわち、神性を獲得することと考えていいだろう。

これが非科学的に、あるいは完全に常軌を逸しているように思えるなら、それは人がしばしば神性の意味を誤解しているからだ。神性とは、曖昧な超自然的特性ではない。また、全能とも違う。人間を神にアップグレードすることについて語るときには、聖書に出てくる全能の天の父ではなく、古代ギリシアの神々やヒンドゥー教の神々のようなものを考えたほうがいい。ゼウスやインドラとちょうど同じで、私たちの子孫には、依然として短所や風変わりな点や限界があるだろう。だが彼らは、私たちよりもずっと壮大なスケールで愛したり、憎んだり、創造したり、破壊したりできることだろう。

歴史を通して、ほとんどの神は全能ではなく、生き物を考案して生み出すとか、自ら変身するとか、環境や天候を意のままにするとか、相手の心を読んだり遠くから意思を疎通させたりするとか、高速で移動するとか、もちろん、死を免れていつまでも生きるとかいった、特定の超能力を持つと信じられていた。人間はそうした能力のすべてと、さらにそれ以上のものを手に入れようとしている。

何千年にもわたって神のものと考えられていた旧来の能力の一部は、今日ではあまりにありきたりになってしまい、ろくに顧みられもしない。今では平均的な人間でも、ギリシアやヒンドゥー教やアフリカの古い神々よりもはるかに簡単に遠くまで移動し、遠距離で通信できる。一例を挙げよう。ナイジェリアのイボ族は、創造神チュクはもともと人間を不死にしようと思っていたと信じている。神は人間のもとに一匹の犬を遣わし、誰かが死んだら、亡骸に灰を振りかければ蘇(よみがえ)ると伝えさせようとした。あいにく、犬は疲れてしまって途中で歩みが鈍った。せっかちなチュクは、この重要な知らせを急いで伝えるように命じて今度はヒツジを送り出した。だが悲しいことに、息を切らせながら目的地に着いたヒツジは、託された指示を取り違え、死者を埋葬するように人間たちに告げたため、死は永遠のものとなってしまった。だから今に至るまで、私たち人間は死ななければならない。チュクがツイッターのアカウントを持ってさえいれば、メッセージを伝えるのに、のろまな犬や間抜けなヒツジに頼らずに済んだのに！

古代の農耕社会では多くの宗教が、超自然的な疑問やあの世には驚くほどわずかな関心しか見せなかった。そうした宗教はむしろ、農業生産高を増やすという、いかにも世俗的な問題に的を絞っていた。たとえば、旧約聖書の神は死後の報いや罰をいっさい約束していない。その代わり、神はイスラエルの民にこう告げる。「もしわたしが今日あなたたちに命じる戒めに、あなたたちがひたすら聞き従い〔……〕ならば、わたしは、その季節季節に、あなたたちの土地に〔……〕雨を降らせる。あなたには穀物、新しいぶどう酒、オリーブ油の収穫がある。わたしはまた、あなたの家畜のために野に草を生えさせる。あなたは食べて満足する。あなたたちは、心変わりして主を離れ、他の神々に仕えそれにひれ伏さぬよう、注意しなさい。さもないと、主の怒りがあなたたちに向かって燃え上がり、天を閉ざされるであろう。雨は降らず、大地は実りをもたらさず、あなたたちは主が与えられる良い土地から直ちに滅び去る」（「申命記」第11章13〜17節）〔ここを含め、本書での聖書の引用の訳はすべて日本聖書協会『聖書』新共同訳より。それ以外の引用は訳者による訳〕。現代の科学者は、旧約聖書の神よりもはるかにうまくやることができる。化学肥料や業務用殺虫剤や遺伝子組み換え作物のおかげで、今日の農業生産高は、古代の農民が彼らの神にかけていたどれほど高い期待をも凌いでいる。からからに乾いたイスラエルという国は、どこかの怒れる神が天を閉ざし、雨を止めることをもう恐れてはいない。イスラエル人は最近、地中海沿岸に巨大な海水淡水化プラントを建設したので、今や飲料水はすべて海から手に入れられるからだ。

これまでのところ私たちは、しだいに優れた道具を生み出すことで、古い神々と競ってきた。だがそう遠くない将来には、道具ではなく身体的能力と精神的能力で古代の神々に優る超人を創り出せるかもしれない。とはいえ、そこまでたどり着いたときに神性は、驚異のなかの驚異でありながら私たちが当たり前に思っているサイバースペースと同じぐらい平凡になってしまうだろう。

人間は神性を得ようとすると見て間違いない。なぜなら人間には、そのようなアップグレードを望む理由も、それを達成する方法も、たっぷりあるからだ。有望な道の一つが行き止まりであることが判明したとしても、他のルートはまだ開かれたまま残る。たとえば、人間のゲノムはあまりに複雑で、本格的な操作が無理なのがわかっても、脳とコンピューターをつなぐブレイン・コンピューター・インターフェイスやナノロボットやＡＩの開発が妨げられるわけではない。

だが、パニックを起こす必要はない。少なくとも、今すぐには。サピエンスのアップグレードは、ハリウッド映画に描かれるような突然の大惨事ではなく、徐々に進む歴史的過程となるだろう。ホモ・サピエンスがロボットの反乱で皆殺しになったりはしない。むしろ、ホモ・サピエンスは一歩一歩自分をアップグレードし、その過程でロボットやコンピューターと一体化していき、ついにある日、私たちの子孫が過去を振り返ると、自分たちがもはや、聖書を書いたり、万里の長城を築いたり、チャールズ・チャップリンのおどけに笑ったりした種類の動物ではなくなっているのに気づくということになるだろう。これは一日にして起こりはしない。一年でも起こらない。じつは、無数の平凡な行動を通して、それはすでにたった今も起こりつつある。毎日、厖大な数の人が、スマートフォンに自分の人生を前より少しだけ多く制御することを許したり、新しくてより有効な抗うつ薬を試したりしている。人間は健康と幸福と力を追求しながら、自らの機能をまず一つ、次にもう一つ、さらにもう一つという具合に徐々に変えていき、ついにはもう人間ではなくなってしまうだろう。

誰かブレーキを踏んでもらえませんか？

冷静な説明はさておき、そうした可能性を耳にするとパニックを起こす人が多い。

彼らはスマートフォンの助言には喜んで従うし、医師の処方する薬は何でも服用するのに、アップグレードされた超人と聞くと、「そんなものが出てくる前に死にたい」と言う。ある友人は、かつて私にこう語った。歳を取ることに関していちばん恐れているのは、時代後れになって、周りの世界が理解できず、ろくにその役にも立てず、ノスタルジーに浸っているばかりの老人と化すことだ、と。これは、超人について耳にしたとき、私たちが種（しゅ）として集団で恐れることだ。私たちは、超人の時代が来れば、自分のアイデンティティも夢も恐れさえも意味を失い、何一つ貢献できなくなると感じている。あなたは今、敬虔なヒンドゥー教徒のクリケット選手であれ、大志を抱くレズビアンのジャーナリストであれ、何であったとしても、アップグレードされた世界では、ウォール街を歩くネアンデルタール人狩猟者のような気がするだろう。およそ、その場にふさわしくないのだ。

　ネアンデルタール人は何万年もの歳月の壁に守られていたから、株式市場のことなど心配しなくてよかった。ところが今日では、私たちにとって意味がある世界は、数十年のうちに崩壊しかねない。いずれ死ぬから、完全に時代後れにはならずに済むだろう、などと高を括（くく）ってはいられない。たとえ二一〇〇年までに神々が私たちの町を歩き回るようになっていないとしても、ホモ・サピエンスをアップグレードする試みによって、まだ今世紀のうちに、世界はすっかり見違えるばかりに変わっている可能性が高い。科学研究とテクノロジーの発展は、おおかたの人の理解をはるかに超える速さで進んでいる。

専門家に話を聞くと、その多くが、遺伝子工学で操作した赤ん坊や人間と同水準のＡＩにはまだ程遠い段階にあると言うだろう。だが、ほとんどの専門家は、学術研究補助金や大学での職の時間スケールで考えている。したがって、「ずっと先」とは二〇年後のことかもしれないし、「いつになっても無理」とは、せいぜい五〇年以内の話にすぎないこともある。

私は初めてインターネットに出合った日のことを今でも覚えている。一九九三年のことで、私はまだ高校生だった。二人の仲間と友人のイードーの家に行った（彼は今、コンピューター科学者だ）。私たちは卓球がしたかった。イードーはすでに大のコンピューター愛好家で、卓球台を広げる前に、最新の驚くべきテクノロジーを見せると言って譲らなかった。そして、電話線をコンピューターに接続し、いくつかキーを叩いた。一分ほどは、耳障りな甲高い音やビーッという雑音しか聞こえず、その後はうんともすんとも言わなくなった。うまくつながらなかったのだ。私たちはぶつぶつ文句を言ったが、イードーはもう一度やってみた。それから、もう一度、さらにもう一度。やがて、とうとう歓声を上げ、自分のコンピューターを近くの大学の中央コンピューターに接続できたと宣言した。「それで、その中央コンピューターには何があるんだ？」と私たちが尋ねると、「うん、まだ何もない」とイードーは認めた。「だけど、入れようと思えば、ありとあらゆる種類のものを入れられる」という。「たとえば？」と私たちが訊くと、「わからない。ありとあらゆる種類のもの」と彼は答えた。たいして期待が持てそうになかった。その後、卓球をし、それから何週間も、イードーの馬鹿げた考えを物笑いの種にするという新しい暇潰しを楽しんだ。（本書の執筆時点で）それから二五年もたっていない。それならば、今から二五年後に何が起こっているかなど、知れたものではないではないか。

だから、ますます多くの人や組織、企業、政府が不死と幸福と神のような力の探求を非常に真剣に受け止めている。保険会社や年金基金、医療制度、財務省などは、平均寿命の大幅な延びにすでに呆然(ぼうぜん)としている。人々は予想よりもはるかに長生きしており、彼らのための年金や医療を賄うだけのお金がないのだ。七〇歳がかつての四〇歳に相当しかけているなか、専門家たちは、退職年齢を引き上げたり、求人市場をそっくり再編成したりするよう呼びかけている。

人は私たちが何か途方もない未知のものに向かってどれほど速く突き進んでいるかに気づき、死によってさえその未知のものから守ってもらえそうにないことを悟ると、誰かがブレーキを踏んで、私たちを減速させてくれることを期待するという反応を見せる。だが私たちにはブレーキは踏めない。それにはいくつか理由がある。

第一に、ブレーキがどこにあるのか、誰も知らない。ＡＩやナノテクノロジー、ビッグデータ、遺伝学など、ある一つの分野の展開に精通している専門家はいるが、すべての分野を熟知している人は一人もいない。したがって、あらゆるものを把握してつなぎ合わせ、全体像を見て取れる人は一人もいない。異なる分野どうしが、非常に錯綜した形で影響を与え合っているので、どれほど優秀な頭脳の持ち主でも、ＡＩの分野の飛躍的発展がナノテクノロジーにどのように影響するか、あるいは逆にナノテクノロジーの分野の大躍進がＡＩにどう影響するかは推測しえない。最新の科学的発見をすべて吸収できる人もいなければ、一〇年後に世界経済がどうなっているかを予測できる人もいないし、私たちがこれほど大急ぎでどこに向かっているかなど、誰にもさっぱりわからない。現在のシステムを理解している人はもう一人もいないので、誰にもそれを止められないのだ。

第二に、仮に誰かがブレーキを踏むことにどうにか成功したら、経済が崩壊し、社会も運命を共にするだろう。後のほうの章で説明するように、現代の経済は、生き残るためには絶え間なく無限に成長し続ける必要がある。もし成長が止まるようなことがあれば、経済は居心地の良い平衡状態に落ち着いたりはせず、粉々に砕けてしまう。だからこそ資本主義は不死と幸福と神性を追求するように私たちを促すのだ。履ける靴や、運転できる自動車、楽しめるスキー旅行の数には限りがある。永続的な成長の上に築かれた経済は、果てしないプロジェクトを必要とする。まさに、不死や至福や神性の探求のようなプロジェクトを。

もし果てしないプロジェクトが必要なら、なぜ不死と至福で手を打ち、せめて超人的な力のぞっとするような探求は脇に置いておかないのか？　なぜなら、その探求は他の二つの探求から切り離せないからだ。両脚が麻痺している人を再び歩けるようにするバイオニック・レッグが開発されたら、それと同じテクノロジーを使って、健常者をアップグレードできる。高齢者の記憶力の低下を食い止める方法が見つかれば、同じ処置によって若者の記憶力を高められるかもしれない。

治療とアップグレードの間に、明確な境界線はない。医療はほとんどの場合、標準未満に落ちかけている人を救うところから始まるが、それに使う道具やノウハウはその後、その標準を上回るためにも利用されうる。バイアグラは血圧の問題の治療薬として登場した。製造元のファイザー社にとっては意外な朗報だったが、バイアグラは性的不能の治療薬としても効果があることが判明した。バイアグラのおかげで、厖大な数の男性が正常な性的能力を回復できた。だが、いくらもしないうちに、そもそも性的不能の問題などまったく抱えていない男性までが、バイアグラを使い始めた。標準を超え、それまでにない精力を獲得するためだった。[45]

個々の薬で起こることは、医学の各分野全体でも起こりうる。現代の形成外科は、第一次世界大戦中、ハロルド・ギリーズがオールダーショットの軍の病院で顔の損傷を治療し始めたときに誕生した(46)。戦争が終わると、外科医たちは、同じ技術を使えば、健全そのものではあるが醜い鼻をもっと見栄えのする鼻に変えられることに気づいた。形成外科はその後も病人や負傷者の役に立ち続けたが、健常者のアップグレードにしだいに力を傾けるようになってきた。今日、形成外科医は、裕福な健常者をアップグレードして美しくすることを臆面もなく唯一の目的とする個人クリニックで大金を稼いでいる(47)。

遺伝子工学についても同じことが起こりかねない。もし億万長者が超人的に賢い子孫を遺伝子工学で作り出す意図を公言したら、世間がどれほど激しい抗議の声を上げるか、想像してほしい。だが、そんなふうには事は進まないだろう。私たちは、ずるずるとそちらの方向に進んでいく可能性のほうが高い。まず、生まれてくる子供が致命的な遺伝病になる危険が高い遺伝子プロファイルを持った人々から始まる。彼らは体外受精を行ない、受精卵のDNAを検査する。何も引っかからなければ、万事順調というわけだ。だが、DNA検査の結果、恐れていた変異が見つかれば、胚は廃棄される。

だが、なぜ卵子をたった一つだけ受精させるような、確率の低いことをするのか？いくつか受精させれば、たとえ三個か四個に欠陥があっても、少なくとも一個は健全な胚があるだろう。この生体外での選別処置が受け容れられ、安価になれば、広く利用されかねない。変異は至る所で見られるリスクだ。誰もがDNAの中に有害な変異や、最適とは言えない対立遺伝子を持っている。有性生殖は籤引き（くじ）に等しい（有名だが出所の怪しい、こんな逸話がある。一九二三年に、ノーベル賞受賞者のアナトール・フランスと才能に恵まれた美しいダンサー、イサドラ・ダンカンが出会ったときの話だ。当時人気のあった優生学運動について論じていたダンカンが、「想像してみてもごらんなさい、私の美貌とあなたの頭脳を兼ね備えた子供を！」と言うと、フランスはこう応じた。「ごもっとも。だが、私の容貌とあなたの頭脳を持った子供を想像してください」）。それならば、その籤を操作すればいいではないか。卵子をいくつか受精させ、最高の組み合わせのものを一つ選ぶのだ。幹細胞の研究で人間の胚を安価で無数に作れるようになれば、あなたは何百という候補のなかから最適の赤ん坊を選ぶことができる。それらの候補はみな、あなたのDNAを持っており、完全に自然で、未来の遺伝子工学をまったく必要としない。この処置を数世代にわたって繰り返せば、簡単に超人たちの世界を生み出せる（あるいは、ユートピアとは正反対の暗黒郷（ディストピア）に行き着く）。

だが、無数の卵子を受精させた後、そのすべてに致命的な変異が見つかったらどうだろう？　そのような胚はすべて廃棄するべきなのか？　そうする代わりに、問題のある遺伝子を取り換えればいいではないか。突破口となりうる事例として、ミトコンドリアDNAが挙げられる。ミトコンドリアは人間の細胞小器官で、細胞が使うエネルギーを生み出している。ミトコンドリア自体も自前の遺伝子を持っており、それは細胞核の中のDNAとは完全に別物だ。ミトコンドリアのDNAに欠陥があると、さまざまな衰弱性の疾患になったり、致命的な疾患にさえつながったりする。現在の体外受精テクノロジーを使えば、「三人の親を持つ赤ちゃん」を生み出すことで、ミトコンドリア由来の遺伝病を克服することが技術的に可能だ。細胞核のDNAは父親と母親に由来するが、ミトコンドリアのDNAは別の人に由来する赤ん坊を作るのだ。二〇〇〇年にミシガン州ウェストブルームフィールドのシャロン・サーリネンは、健康な女の子の赤ん坊、アラナを出産した。アラナの核DNAは母親のシャロンと父親のポールに由来するが、ミトコンドリアのDNAは、別の女性のものだった。純粋に技術的な視点に立てば、アラナには生物学上の親が三人いることになる。一年後の二〇〇一年、アメリカ政府は安全上と倫理上の懸念から、この処置を禁じた[48]。

ところが二〇一五年二月三日、イギリスの議会はいわゆる「三人の親を持つ胚」法を可決し、国内でこの処置と、それに関連する研究を実施することを認めた[49]。現時点では、核DNAを取り換えることは技術的に実行困難で違法だが、もし技術的な問題が解決された暁には、欠陥のあるミトコンドリアDNAの交換を認めたのと同じ論理によって、核DNAについても同様のことをするのが許されそうに思える。

選別と取り換えの後に続く可能性のある次のステップは、修正だ。致命的な遺伝子を修正することがいったん可能になってしまえば、わざわざ他人のＤＮＡを挿入するまでもないではないか。なにしろ、たんに遺伝子コードを書き換え、変異を起こした危険な遺伝子を無害な遺伝子に変えられるのだから。だがその後、私たちは同じメカニズムを使って、命取りになる遺伝子ばかりでなく、致命的である度合いが低い疾患や、自閉症、知的障害、肥満などを引き起こす遺伝子を直し始めるかもしれない。我が子がそのようなものに苦しむのを望む人などいるだろうか？　あなたに娘ができるとして、利発で美しくて心優しい子である可能性が非常に高いものの、慢性のうつ病になることが遺伝子検査でわかったとしよう。試験管の中で素早く無痛の処置を行ない、長年に及ぶ悲惨な状態からその子を救いたいと、あなたは思わないだろうか？

そして、どうせその処置をするのなら、少しばかりその子の後押しをしてやらない手があるだろうか？　人生は健康な人々にとってさえ困難で苦しい。それならば、その小さな女の子が標準以上の強力な免疫系や、並外れた記憶力、とりわけ陽気な気質を持っていれば助けになる。そして、たとえ我が子にそれを望んでいなかったとしても、隣人たちが子供にそうしたものを与えていたとしたらどうだろう？　あなたは自分の子供に後れを取らせるだろうか？　また、子供に遺伝子操作をすることを政府が国民全員に禁じている間に、北朝鮮がそうした処置を実施して驚異的な天才や芸術家や運動選手を生み出し、私たちの天才や芸術家や運動選手をはるかに凌駕してしまったらどうだろう？　こんな具合に、私たちは小刻みに歩を進めながら、デザイナーベビーカタログへの道を進んでいくのだ。

どんなアップグレードも当初は治療として正当化される。遺伝子工学かブレイン・コンピューター・インターフェイスの実験をしている教授たちを見つけて、なぜそのような研究をしているのか訊いてみるといい。彼らはきっと、疾病を治すためにしている、と答えるだろう。「遺伝子工学の助けがあれば、癌に打ち勝つことができます。そして、脳とコンピューターを直接つなげられれば、統合失調症を治せます」と彼らは説明する。そのとおりかもしれないが、そこで終わるとはとうてい思えない。脳とコンピューターを首尾良くつなげられたら、私たちはそのテクノロジーを統合失調症の治療にだけ使うだろうか？　もし本気でそう信じている人がいたら、その人は脳とコンピューターについては非常に詳しいかもしれないが、人間の心や人間の社会については、ろくに知らないのだろう。私たちは、いったん重要な大躍進を遂げたら、新しいテクノロジーの利用を治療目的に制限して、アップグレードへの応用を完全に禁止することは不可能だ。

もちろん、人間は新しいテクノロジーの利用を制限できるし、実際に制限する。たとえば、優生学運動は第二次世界大戦後に人気が落ちたし、人間の臓器の売買は今や可能で、大きな利益をもたらしうるが、これまでのところ、まだそれほど行なわれていない。デザイナーベビーはいつの日かテクノロジーの面では実現可能になるかもしれないが、それは人を殺して臓器を摘出するのが可能なのと同じようなもので、大々的に行なわれることはないだろう。

私たちは、戦争についてはチェーホフの法則の呪縛から免れることができたのとちょうど同じように、他の活動分野でもその法則の束縛を脱することができる。舞台に登場した銃が、ついに発砲されずに終わることもあるのだ。だから、人類の新たな課題リストについて考えることが肝要になる。新しいテクノロジーの使用に関してある程度の選択肢があるからこそ、今何が起こっているのかを理解して、自ら決断を下し、今後の展開のなすがままになるのを避けるべきなのだ。

知識のパラドックス

二一世紀には人類は不死と至福と神性を目指して進むという予測に腹を立てたり、疎(うと)ましさを覚えたり、恐れをなしたりする人が少なからず出るかもしれないので、いくつか説明しておく必要がある。

第一に、不死と至福と神性を目指すというのは、二一世紀にほとんどの人が個人として実際にすることではない。人類が集団としてすることだ。大多数の人は、仮にこれらのプロジェクトで何かしら役割を演じるとしても、それはほんの些細なものにとどまるだろう。飢饉と疫病と戦争が以前よりも一般的でなくなったとしても、エリート層がすでに永遠の若さや神のような力を手に入れようとしている一方で、開発途上国や貧しい地区では、何十億という人が貧困や疾患や暴力に直面し続けるだろう。これは明らかに不当に見える。たとえ一人でも栄養不良で亡くなる子供や麻薬密売組織の抗争で亡くなる大人がいるかぎり、人類はそうした災難と戦うことに全力を傾けるべきだと主張することもできるだろう。最後の一振りの剣が鋤に作り変えられたときに初めて、私たちは次の大目標に心を向けるべきだ、と。だが、歴史はそのようには進まない。宮殿に暮らす人々はつねに、丸太小屋に住む人々とは違う課題リストを持っていたし、それは二一世紀にも変わりそうにない。

第二に、これは歴史的予測であり、政治的な声明書ではない。仮にスラムの住民の運命は脇に置いておくにしても、私たちが不死と至福と神性を目指すべきかどうかは、明白には程遠い。これら三つのプロジェクトを採用するのは、大きな誤りかもしれない。だが、歴史は大きな誤りだらけだ。人間の過去の記録と現在の価値観を考えると、私たちは不死と至福と神性を手に入れようとしそうだ——たとえそれで命を落とすことになっても。

第三に、手に入れようとするのと手に入れるのとは同じではない。歴史はしばしば誇大な希望によって形作られる。二〇世紀ロシア史は、不平等を克服しようとする共産主義の試みによっておおむね形作られたが、その試みは成功しなかった。私の予測は、人類が二一世紀に何を達成しようと試みるかに的を絞っているのであり、何の達成に成功するかが焦点ではない。私たちの将来の経済や社会や政治は、死を克服する試みによって方向づけられるだろう。だからといって、二一〇〇年には当然、人類が不死になるということではない。

そして、これが最も重要なのだが、第四に、この予測は、予言というよりも現在の選択肢を考察する方便という色合いが濃い。この考察によって私たちの選択が変わり、その結果、予測が外れたなら、考察した甲斐があったというものだ。予測を立てても、それで何一つ変えられないとしたら、どんな意味があるというのか。

天気のような複雑系には、私たちの予測にまったく影響されないものもある。それに対して、人間に関連した物事が展開する過程は、私たちの予測に反応する。それどころか、その予測が優れているほど、より多くの反応を引き起こす。したがって、逆説的な話だが、データを多く集め、演算能力を高めるほど、突飛で意外な出来事が起こる。私たちは知れば知るほど、予測ができなくなる。たとえば、想像してほしい。いつの日か、専門家たちが経済の基本法則を解明するとしよう。その日が来たら、銀行や政府、投資家、消費者はみな、この新知識を利用し始め、斬新な行動を取って競争相手よりも優位に立とうとする。なにしろ、斬新な行動につながらないのなら、新しい知識も使い道がないではないか。だが、遺憾ながら、みなが行動の仕方を変えたら、新しい経済理論も時代後れになってしまう。過去に経済がどう機能したかはわかるかもしれないが、現在どのように機能しているのかはもう理解できないし、将来の様子を理解することなど、望むべくもない。

　これは仮想の例ではない。一九世紀半ばに、カール・マルクスは見事な経済学的見識に到達した。彼はその見識に基づいて予測した。労働者階級（プロレタリアート）と資本家の争いはしだいに暴力的になり、最後には前者が必然的に勝利し、資本主義体制は崩壊するというのだ。イギリスやフランスやアメリカといった、産業革命の先鋒（せんぽう）だった国々で革命が始まり、それが全世界に拡がるとマルクスは確信していた。

　ところが、資本主義者も字が読めることをマルクスは忘れていた。最初はほんの一握りの信奉者だけがマルクスの言葉を真剣に受け止め、彼の著作を読んだ。だが、これらの社会主義の煽動者（せんどうしゃ）たちが支持者を集め、力をつけるにつれ、資本主義者たちは警戒した。彼らも『資本論』を読み、マルクス流の分析の道具や見識の多くを採用した。二〇世紀には、ホームレスの子供から大統領までもが、経済と歴史へのマルクス主義のアプローチを受け容れた。マルクス主義者による今後の見立てに猛烈に反発した筋金入りの資本主義者たちでさえ、マルクス主義の下した診断は利用した。ＣＩＡが一九六〇年代にヴェトナムやチリの状況を分析するときには、社会を階級に分けた。ニクソンやサッチャーが世界を眺めるときには、誰が重要な生産手段を支配しているかを自問した。一九八九年から九一年にかけてジョージ・ブッシュは共産主義の悪の帝国の終焉を目の当たりにしたが、九二年の選挙でビル・クリントンにあえなく敗れた。勝ちを収めたクリントンの選挙戦略は、「肝心なのは経済だよ、お馬鹿さん」という決まり文句に集約されていた。マルクスでもこれほどうまくは言えなかっただろう。

人々はマルクス主義による診断を採用しながら、それに即して自分の行動を変えた。イギリスやフランスといった国々の資本主義者は、労働者の境遇を改善し、彼らの国家意識を強化し、政治制度の中に取り込もうと奮闘した。そのおかげで、労働者が選挙で投票するようになって労働党が各国で次々に力を獲得したときにも、資本主義者たちは依然として枕を高くして眠ることができた。結果として、マルクスの予測は外れた。イギリス、フランス、アメリカなどの主要な工業国が共産主義革命に呑み込まれることはけっしてなく、プロレタリアート独裁は歴史のゴミ箱行きとなった。

これが歴史の知識のパラドックスだ。行動に変化をもたらさない知識は役に立たない。だが、行動を変える知識はたちまち妥当性を失う。多くのデータを手に入れるほど、そして、歴史をよく理解するほど、歴史は速く道筋を変え、私たちの知識は速く時代後れになる。

何世紀も前には、人間の知識はゆっくりと増えたので、政治と経済ものんびりとしたペースで変化した。今日、私たちの知識は恐ろしい速さで増大しており、理論上は、私たちは世の中をますますよく理解できてしかるべきだ。ところが、それとは正反対のことが起こっている。新しく見つかった知識のせいで、経済も社会も政治も、前より速く変化する。私たちは何が起こっているのかを理解しようとして、知識の蓄積を加速させる。するとそれは、なおさら速く大きな変動につながるばかりだ。その結果、現在を理解し、未来を予想する私たちの能力は低下の一途をたどる。一〇一六年には、一〇五〇年にヨーロッパがどうなっているかを予測するのは比較的容易だった。たしかに、あちこちで王朝が倒れ、未知の襲撃者が侵入し、天災に見舞われることはあるかもしれないが、一〇五〇年のヨーロッパが依然として王や聖職者に支配されており、農耕社会であり、居住者の大半が農民で、飢饉と疫病と戦争にひどく苦しみ続けるだろうことは明らかだった。それとは対照的に、二〇一六年の私たちには、二〇五〇年にヨーロッパがどうなっているか、想像もつかない。どのような政治制度になっているかや、求人市場がどのように構成されているかは不明だし、その居住者がどんな種類の体を持っているかすらわからない。

芝生小史

歴史が安定した規則に従わず、将来どのような道をたどるか予測できないとしたら、なぜ歴史を学ぶのか？　科学の主たる目的は、未来を予測することであるように思える場合が多い。気象学者は明日雨が降るか晴れるか予想することを期待されているし、経済学者は通貨の平価を切り下げると経済危機を避けられるか引き起こすかを知っていて当然だし、優れた医師は肺癌の治療には化学療法と放射線療法のどちらのほうが有効かを予見できる、という具合だ。同様に歴史学者は、私たちが祖先の賢明な決断に倣い、誤りを避けられるように、祖先の行動を詳しく調べることを求められる。だが、思いどおりにうまくいくことは、まずない。現在は過去と違い過ぎるからだ。第三次世界大戦が起こったら真似るために、第二次ポエニ戦争におけるハンニバルの戦術を学んでも時間の無駄だ。騎兵戦では成功した戦術も、サイバー戦争ではたいして役に立たないだろう。

もっとも、科学は未来を予測するだけのものではない。どの分野の学者も、私たちの視野を拡げようとすることが多く、それによって私たちの目前に新しい未知の未来を切り拓いてくれる。これは歴史学にはなおさらよく当てはまる。歴史学者はときおり予言を試みるものの（ろくに成功しない）、歴史の研究は、私たちが通常なら考えない可能性に気づくように仕向けることを何にもまして目指している。歴史学者が過去を研究するのは、過去を繰り返すためではなく、過去から解放されるためなのだ。

私たちは一人残らず、特定の歴史的現実の中に生まれ、特定の規範や価値観に支配され、特定の政治経済制度に管理されている。そして、この現実を当たり前と考え、それが自然で必然で不変だと思い込んでいる。私たちの世界が偶然の出来事の連鎖で生み出されたことや、歴史が私たちのテクノロジーや政治や社会だけでなく、思考や恐れや夢までも形作ったことを忘れている。過去の冷たい手が祖先の墓から伸び出てきて、私たちの首根っこをつかみ、視線をたった一つの未来に向けさせる。私たちは生まれた瞬間からその手につかまれているので、それが自分というものの自然で逃げようのない部分であるとばかり思い込んでいる。したがって、身を振りほどき、それ以外の未来を思い描こうとはめったにしない。

歴史を学ぶ目的は、私たちを押さえつける過去の手から逃れることにある。歴史を学べば、私たちはあちらへ、こちらへと顔を向け、祖先には想像できなかった可能性や祖先が私たちに想像してほしくなかった可能性に気づき始めることができる。私たちをここまで導いてきた偶然の出来事の連鎖を目にすれば、自分が抱いている考えや夢がどのように形を取ったかに気づき、違う考えや夢を抱けるようになる。歴史を学んでも、何を選ぶべきかはわからないだろうが、少なくとも、選択肢は増える。

世界を変えようとする運動は、歴史を書き換え、それによって人々が未来を想像し直せるようにすることから始まる場合が多い。労働者にゼネストを行なわせることであれ、女性に自分の体の所有権を獲得させることであれ、迫害されている少数者集団に政治的権利を要求させることであれ、あなたが何を望んでいようと、第一歩は彼らの歴史を語り直すことだ。あなたの語る新しい歴史は、次のように説く。「私たちの現状は自然でも永続的でもない。かつて、状況は違っていた。今日、私たちが知っているような不当な世界が誕生したのは、一連の偶然の出来事が起こったからにすぎない。私たちが賢明な行動を取れば、その世界を変え、はるかに良い世界を生み出せる」。だからマルクス主義者は資本主義の歴史を詳述する。フェミニストは家父長制社会の形成について研究する。アフリカ系アメリカ人は奴隷貿易というおぞましい行為を振り返る。彼らは過去を永続させることではなく、過去から解放されることを目指しているのだ。

壮大な社会革命について言えることは、日常生活の些末(さまつ)なレベルにも当てはまる。新居を建てることにした若いカップルは、前庭をきれいな芝生にするよう建築家に依頼するかもしれない。だが、なぜ芝生なのか？　「芝生は美しいから」とそのカップルは説明するかもしれない。だが、どうしてそう思うのだろう？　じつはその裏には、一つの歴史があるのだ。

石器時代の狩猟採集民は、自分たちの住む洞窟の入口に草を栽培したりしなかった。古代のアテネのアクロポリスやローマのカピトリウム神殿、エルサレムのユダヤ教の神殿、北京の紫禁城を訪れる人は、緑の草地に出迎えられることはなかった。個人の住宅や公共の建物の入口前に芝生を育てるという発想は、中世後期にフランスやイギリスの貴族の城館で誕生した。そして近代初期に、この習慣は深く根を下ろし、貴族階級の象徴となった。

手入れの行き届いた芝生を確保するには、土地もいれば、手間もかかった。芝刈り機や自動のスプリンクラーが登場する前は、なおさらだ。ところが芝生はその見返りに何一つ価値あるものを生み出さない。家畜を飼うことさえできない。芝を食べられたり踏みつけられたりしてしまうからだ。貧しい農民は貴重な土地や時間を芝生に浪費する余裕はなかった。したがって、大邸宅の玄関前を飾るこぎれいな芝生は、誰にも模造できないステータスシンボルだった。それは通りがかりの人全員に、「私は途方もない金持ちで有力者で、土地も農奴も唸るほど持っているので、この豪華絢爛な緑を維持することができる」と臆面もなく宣言していた。芝生が広くてきれいなほど、その主は大きな権力を手にしていた。どこかの君主を訪ねて、その芝の状態が芳しくなかったら、その君主が苦境に陥っている証拠だった。(50)

貴重な芝生はしばしば重要な祝典や社会的行事の舞台となり、それ以外のときには立ち入りが厳しく禁じられた。今日に至るまで、無数の宮殿や政府の建物や公共の場所には、「芝生への立ち入りを禁じる」といういかめしい看板が立っている。かつて私が学んだオックスフォード大学のカレッジでは、中庭全体が人の心をそそる広い芝地になっていたが、そこで歩いたり座ったりできるのは、一年に一日きりだった。それ以外の日にこの神聖な芝生を足で汚した学生は哀れにも、ただでは済まされなかった。

王宮や貴族の大邸宅は、芝生を権威の象徴に変えた。近代末期に王が権力の座から引きずり降ろされ、貴族がギロチンにかけられたときも、新しい大統領や首相たちは芝生をそのまま受け継いだ。議事堂や最高裁判所、大統領官邸、その他の公共建築は、きれいに刈り込まれた広大な芝生で、しだいに権力を誇示するようになった。同時に、芝生はスポーツの世界も席巻した。人類は何千年にもわたって、氷から砂漠まで、考えうる、ほとんどありとあらゆる種類の地表面で競技をしてきた。ところが過去二世紀間は、サッカーやテニスや野球など、本当に重要なスポーツは芝生の上で行なわれている。ただし、もちろんお金があれば、だ。リオデジャネイロのスラム街では、次世代のブラジル・サッカー界を担う子供たちが、砂や土の上で間に合わせのボールを蹴っている。だが、裕福な郊外では、金持ちの子供たちが手入れの行き届いた芝生の上でゲームを楽しんでいる。

こうして人類は、芝生を政治権力や社会的地位や経済的豊かさと同一視するようになった。だから、一九世紀に台頭してきた中産階級が芝生を熱心に取り入れたのも無理はない。最初、個人の住宅でそのような贅沢ができたのは、銀行家や弁護士や製造業の経営者などだけだった。ところが、産業革命のおかげで中産階級が拡大し、まずは芝刈り機が、続いて自動式のスプリンクラーが普及すると、急に厖大な数の世帯が家庭に芝生を持てるようになった。アメリカの郊外では、こざっぱりした芝生は、金持ちの贅沢から中産階級の必需品に変わった。

この時点で郊外生活の決まり事に、あらたな活動が加わった。日曜の朝、教会の礼拝に参列した後、多くの人が献身的に自宅の芝刈りをし始めたのだ。通りを歩いていると、芝生の広さと質を一目見れば、それぞれの家庭の豊かさや地位がわかった。家庭に何か問題が起こっている証として、前庭の芝生が荒れ放題になっていることほど確実なものはない。今日のアメリカでは、栽培植物で芝よりも普及しているものはトウモロコシと小麦しかないし、芝生産業[51]（芝生自体や肥料、芝刈り機、スプリンクラー、庭師）の売上は、毎年何十億ドルにものぼる。

芝生に熱狂したのはヨーロッパやアメリカだけではなかった。フランスのロワール渓谷にあるシャンボール城を訪れたことのない人でさえ、アメリカの大統領がホワイトハウスの芝生で演説しているところや、スタジアムの緑色のピッチで重要なサッカ

図6　ロワール渓谷のシャンボール城の芝生。国王フランソワ1世が16世紀前期に植えさせた。すべてはここから始まった。

図7　ホワイトハウスの芝生で行なわれた、イギリス女王エリザベス2世の歓迎式典。

図8　マラカナンスタジアムの芝生の上で、マリオ・ゲッツェが試合を決めるシュートを放ち、2014年のワールドカップ優勝をドイツにもたらす。

図9　小市民（プチブルジョア）の楽園。

ーの試合が行なわれているところ、アニメでホーマー・シンプソンとバート・シンプソンが芝刈りの順番をめぐって口論しているところを目にする。世界中の人々が芝生を権力や富や威信と結びつける。だから芝生は各地に広まり、今ではイスラム教世界の中心地さえ征服しかけている。カタールに建設されたばかりのイスラム美術館の脇に広がる堂々たる芝地は、アッバース朝のカリフ、ハールーン・アッラシードのバグダードよりもルイ一四世のヴェルサイユ宮殿をはるかに明確に思い起こさせる。その芝地を設計して造成したのはアメリカの企業で、アラビアの砂漠の中にある、一〇万平方メートルを超える芝生を緑に保つには、毎日莫大な量の真水が必要とされる。その一方で、ドーハやドバイの郊外では、中産階級の家庭が自分たちの芝生を鼻にかけている。彼らが白いローブや黒いヒジャーブをまとっていなかったなら、それを見た人は自分が中東ではなくアメリカの中西部にいると勘違いしてもおかしくない。

　芝生についてのこの小史を読んだあなたは、これから夢の家の建築を計画するとなったら、前庭に芝生を植えるかどうか、考え直してもいいかもしれない。もちろん、植えるかどうかは依然としてあなたの自由だ。だが、ヨーロッパの君主や資本主義の大立者やシンプソン一家から引き継いだ文化の重荷を振り落とし、日本の石庭や、何か斬新なものを考えたりするのもまたあなたの自由だ。歴史を学ぶ最高の理由がここにある。すなわち、未来を予測するのではなく、過去から自らを解放し、他のさまざまな運命を想像するためだ。もちろん、それは全面的な自由ではない。私たちは過去に縛られることは避けられないが、少しでも自由があるほうが、まったく自由がないよりも優る。

第一幕の銃

本書の随所に見られる予測は、今日私たちが直面しているジレンマを考察する試みと、未来を変えようという提案にすぎない。人類が不死と至福と神性を手に入れようとするだろうという予測は、家を建てる人が前庭に芝を植えることを望むだろうという予測と同じようなものだ。非常に可能性が高いように思える。だが、いったんそれを口に出して言えば、それ以外の選択肢についても考え始めることが可能になる。

人々が不死と神性を獲得する夢にまごつくのは、それがまったく馴染みがなくて、ありそうにないように思えるからではなく、それほどあけすけなのは珍しいからだ。とはいえ、それについて考え始めれば、たいていの人はそれがしごく妥当であることに気づく。そうした夢はテクノロジーの面では不遜ではあるものの、イデオロギーの面では少しも目新しくはない。世界は過去三〇〇年にわたって人間至上主義（ヒューマニズム）に支配されてきた。人間至上主義は、ホモ・サピエンスの生命と幸福と力を神聖視する。不死と至福と神性を獲得しようとする試みは、人間至上主義者の積年の理想を突き詰めていった場合の、論理上必然の結論にすぎない。その試みは、私たちが長い間ナプキンの下に隠していたものをテーブルの上に堂々と載せることになる。

だが私は、ここでテーブルの上に別のものを載せたい。銃だ。第一幕で登場し、第三幕で発射されることになっている銃だ。以下の数章では人間至上主義（人類の崇拝）がどのようにして世界を征服したかを論じる。とはいえ、人間至上主義の台頭は、その凋落（ちょうらく）の種も孕（はら）んでいる。人間を神にアップグレードする試みによって人間至上主義は必然的に行き着くところまで行くのだろうが、それは同時に人間至上主義に固有の欠点も暴露する。欠点のある理想を持って物事を始めた場合、その理想が実現に近づいたときになってようやくその欠点を思い知る羽目になることが多い。

私たちはこの過程が進んでいるところを高齢者病棟ですでに見ることができる。人命は神聖であるという、妥協の余地のない人間至上主義の信念のせいで、私たちは人を生き続けさせる。「このどこが神聖なのか？」と問わざるをえない哀れな状態に至るまで人を生き続けさせる。二一世紀には、同様のさまざまな人間至上主義の信念のせいで、私たちは人類全体に無理やり人間の限度を超えさせる可能性が高い。人間を神にアップグレードすることができる、まさにそのテクノロジーが、人間を時代後れにしかねない。たとえば、老化と死のメカニズムを理解して克服できるほど強力なコンピューターは、おそらく、ありとあらゆる課題で人間に取って代われるほど強力だろう。

したがって、二一世紀に本当に取り組むべきことは、この巻頭の長い章が示した内容よりもはるかに複雑になるだろう。現時点では、不死と至福と神性は私たちの課題リストの上位を占めているように見えるかもしれない。だが、これらの目標の到達に近づいたら、その結果として生じる大変動の数々のせいで、私たちは道を逸れ、まったく違う終着点へ向かう恐れがある。本章で説明した未来は、過去から見た未来にすぎない。つまり、過去三〇〇年にわたって世界を支配してきた考えや希望に基づいた未来だ。真の未来、すなわち、二一世紀の新しい考えや希望から生まれる未来は、それとは完全に異なるかもしれない。

こうしたことをすべて理解するためには過去を振り返り、ホモ・サピエンスとはいったい何者か、人間至上主義はどのようにして支配的な世界宗教になったのか、人間至上主義の夢を実現しようとすれば、なぜその崩壊を引き起こす可能性が高いかを詳しく調べてみる必要がある。それが本書の基本的構想だ。

本書の第1部では、ホモ・サピエンスと他の動物たちとの関係を取り上げ、どうして私たちの種が特別なのかを理解することを試みる。未来についての本がなぜこれほど動物に注意を向けるのか疑問に思う読者もいるかもしれない。だが、私の見るところでは、私たちの仲間である動物たちから始めなければ、人類の性質や未来について本格的に考察することはできない。ホモ・サピエンスは必死に忘れようとしているが、私たちも動物であることは動かし難い事実だ。そして、自らを神に変えようとしている今、自分の由来を思い出すことはなおさら重要になる。私たちが神となる未来を研究しようというのなら、動物としての自らの過去や、他の動物たちとの関係は無視しようがない。なぜなら、人間と動物の関係は、超人と人間の未来の関係にとって、私たちの手元にある最良のモデルだからだ。超人的な知能を持つサイボーグが普通の生身の人間をどう扱うか、みなさんは知りたいだろうか？　それなら、人間が自分より知能の低い仲間の動物たちをどう扱うかを詳しく調べるところから始めるといい。もちろんそれは完璧な比較にはならないが、たんに想像するのではなく実際に観察できる最良の手本となる。

本書の第2部は、この第1部の結論に基づき、ホモ・サピエンスが過去数千年間に作り上げた奇妙な世界と、現在の重大な岐路へと私たちを導いた道筋について考察する。ホモ・サピエンスはどのようにして人間至上主義の教義を信奉するようになったのか？　その教義によれば、森羅万象は人類を中心に回っており、人間はあらゆる意味と権威の源泉であるという。この教義はどのような経済的、社会的、政治的意味合いを持つか？　私たちの日常生活や芸術、私たちの最も奥底に秘められた欲望をどう形作るのか？

本書の最後に当たる第3部では、二一世紀初頭に戻ってくる。人類と人間至上主義の教義について得たはるかに深い理解に基づき、第3部では私たちの現在の苦境と、人類がたどりうるさまざまな未来を説明する。人間至上主義を実現する試みが、なぜその凋落につながりうるのか？　不死と至福と神性の探求が、人類への私たちの信頼の基盤をどうして揺るがすことになるのか？　この激動にはどのような前兆があり、私たちが日々下す決定に、それがどう反映されているのか？　そして、もし人間至上主義が本当に危機に瀕しているのだとしたら、何がそれに取って代われるのか？　この第3部は、たんなる哲学的思索やいいかげんな未来予想ではない。そこでは、スマートフォンやデートの慣行や求人市場を精査し、今後の動向の手掛かりを探る。

人間至上主義を心から信奉している人にとって、こうしたことはみな、はなはだ悲観的で憂鬱に聞こえるかもしれない。だが、結論を急がないにかぎる。歴史は、多くの宗教や帝国や文化が興っては衰えるのを目撃してきた。そのような大変動は必ずしも悪くはない。人間至上主義は三〇〇年にわたって世界を支配してきたが、これはそれほど長い時間ではない。ファラオは三〇〇〇年間エジプトに君臨したし、ローマ教皇はヨーロッパを一〇〇〇年間支配した。ラムセス二世の時代のエジプト人に、いつの日かファラオたちが地上から姿を消すと告げたら、その人はおそらく仰天し、「ファラオなしで私たちはどうして生きられようか？　誰が秩序と平和と正義を保証するのか?」と嘆くだろう。中世の人々に、数世紀のうちに神は死ぬと告げたら、彼らはぞっとして、「神なしで私たちはどうして生きられようか? 誰が人生に意味を与え、私たちを混沌(こんとん)から守ってくれるのか?」と嘆くだろう。

振り返ってみると、ファラオの失墜や神の死は、どちらも好ましい展開だった。人間至上主義の破綻もまた、有益かもしれない。人がたいてい変化を怖がるのは、未知のものを恐れるからだ。だが、歴史には一定不変の大原則が一つある。すなわち、万物はうつろう、ということだ。

第1部 ホモ・サピエンスが世界を征服する

人間と他のあらゆる動物との違いは何か？
私たちの種はどのようにして世界を征服したのか？
ホモ・サピエンスは並外れた生命体なのか、
それとも、ただの井の中の暴れ者にすぎないのか？

図10　ライオンを倒すアッシリアの王アッシュールバニパル。動物界の征服。

第2章 人新世

他の動物たちにしてみれば、人間はすでにとうの昔に神になっている。私たちはこれについてあまり深く考えたがらない。なぜなら私たちはこれまで、とりたてて公正な神でも慈悲深い神でもなかったからだ。ナショナルジオグラフィックチャンネルの番組を見たり、ディズニーの映画に行ったり、おとぎ話の本を読んだりすると、地球という惑星には主にライオンやオオカミやトラが住んでおり、彼らは私たち人間と対等な存在だという印象を受けてもおかしくない。ライオン・キングのシンバは森の動物たちを支配している。赤頭巾(ずきん)は大きくて悪いオオカミから逃れようとする。そして、『ジャングル・ブック』の小さなモーグリはトラのシア・カーンに勇敢に立ち向かう。だが現実には、動物たちはもうそこにはいない。私たちのテレビ番組や本、幻想や悪夢は相変わらず動物で満ちあふれているが、シンバやシア・カーンや大きくて悪いオオカミは地上から姿を消しつつある。この世界に住んでいるのは、主に人間とその家畜なのだ。

グリム兄弟や赤頭巾や大きくて悪いオオカミ縁（ゆかり）の地であるドイツには、今日、何頭のオオカミが住んでいるのか？　一〇〇頭に満たない（しかもその大半は、近年国境をこっそり越えたポーランドのオオカミだ）。それに対して、ドイツには五〇〇万頭の飼い犬がいる。合計するとおよそ二〇万頭のオオカミが依然として地球上を歩き回っているが、飼い馴らされた犬の数は四億頭を上回る。[1] 世界には四万頭のライオンがいるのに対して、飼い猫は六億頭を数える。アフリカスイギュウは九〇万頭だが、家畜の牛は一五億頭、ペンギンは五〇〇〇万羽だが、ニワトリは二〇〇億羽に達する。[2] 一九七〇年以来、生態系に対する意識が高まってきているにもかかわらず、野生動物の数は半減した（一九七〇年の時点でさえ、彼らが繁栄していたわけではない）[3]。一九八〇年にはヨーロッパには二〇億羽の野鳥がいた。二〇〇九年には一六億羽しか残っていなかった。同じ年にヨーロッパ人は、肉と卵のために一九億羽のニワトリを育てている。[4] 今日、世界の大型動物（体重が数キログラムを超えるもの）の九割以上が、人間か家畜だ。

学者は地球の歴史を更新世（こうしんせい）、鮮新世（せんしんせい）、中新世（ちゅうしんせい）のような年代区分に分ける。公式には、私たちは完新世（かんしんせい）に生きている。とはいえ、過去七万年間は、人類の時代を意味する人新世（じんしんせい）と呼ぶほうがふさわしいかもしれない。なぜなら、この期間にホモ・サピエンス

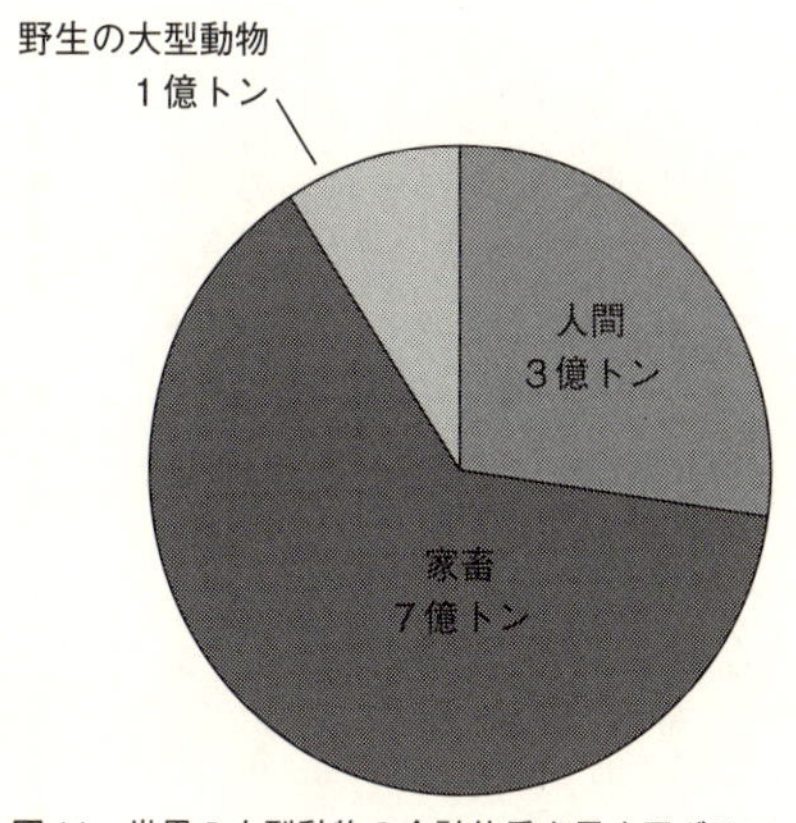

図11　世界の大型動物の合計体重を示す円グラフ。

は地球の生態環境に他に類のない変化をもたらす、最も重要な存在となったからだ。[5]

これは前例のない現象だ。およそ四〇億年前に生命が登場して以来、一つの種が単独で地球全体の生態環境を変えたことはなかった。生態環境の大変動や大量絶滅は何度となく起こったが、それらは特定のトカゲやコウモリや真菌の活動が原因ではなく、気候の変動や構造プレートの運動、火山の爆発、小惑星の衝突といった強大な自然の力によって引き起こされたものだった。

今日私たちは、大規模な火山爆発や小惑星の衝突による致命的な危険に再びさらされていると恐れる人もいる。ハリウッドのプロデューサーたちは、そうした不安につけ込んで莫大なお金を稼いでいる。とはいえ、現実にはそのような危険は微々たるものだ。大量絶滅は何千万年に一度程度しか起こらない。たしかに、大型の小惑星がおそらく今後一億年間に地球に衝突するだろうが、来週の火曜日にそれが起こる可能性は非常に低い。私たちは小惑星を恐れる代わりに、自分自身を恐れるべきだ。

なぜなら、ホモ・サピエンスがゲームのルールを書き直してしまったからだ。このサル目の一つの種が単独で、七万年の間に前代未聞の形で徹底的に全地球の生態系を変えてのけたのだった。私たちが与える影響は、氷河時代や地殻運動の影響とすでに肩を並べている。私たちの影響はあと一〇〇年のうちに、六五〇〇万年前に恐竜を一掃した小惑星の影響を超えかねない。

その小惑星は地球上の進化の道筋を変えたが、進化の根本的なルールには手を出さなかった。そのルールは四〇億年前に最初の生き物が現れて以来、不変だった。この長い歳月を通して、ウイルスであろうと恐竜であろうと、生物は自然選択の普遍の原理に従って進化してきた。そのうえ生命は、どれほど奇妙で不思議な形態を取ろうと、有機の領域にずっととどめられていた。サボテンであろうがクジラであろうが、有機化合物でできていた。ところが今や人類は、自然選択に替えて知的設計を採用し、有機の領域から無機の領域へと生命を拡げるところまで来ている。

たとえこのような将来の見通しは脇に置き、過去七万年間を振り返るだけでも、人新世が空前の形で世界を変えたことは明らかだ。小惑星の衝突や構造プレートの運動や気候変動は世界中の生命体に影響を与えてきたかもしれないが、その影響は地域ごとに異なった。地球が単一の生態系を成したことは一度もない。それは、緩やかに結びついた多くの生態系の集合だった。地殻運動で北アメリカ大陸が南アメリカ大陸とつながると、南アメリカの有袋動物の大半は絶滅したが、オーストラリアのカンガルーには有害な影響は出なかった。最新の氷河期が二万年前に最盛期を迎えたとき、ペルシア湾のクラゲと東京湾のクラゲは、ともに新しい気候に適応せざるをえなかった。とはいえ、これら二つの個体群の間には何のつながりもなかったので、それぞれが異なる形で反応し、別の方向へと進化した。

それに対して、サピエンスは地球を独立したさまざまな生態系ゾーンに分けていた壁を打ち壊した。人新世には、この惑星は初めて単一の生態学的単位となった。オーストラリアとヨーロッパとアメリカの気候と地勢は相変わらず異なるが、世界中の生き物は人間のせいで、距離や地理とは無関係に絶えず交じり合っている。木の小舟のか細い流れとして始まったものが、飛行機や石油タンカーや巨大な貨物船の奔流にまでなり、あらゆる海を縦横に渡り、すべての島と大陸を結びつけている。その結果、たとえばオーストラリアの生態環境は、この大陸の海岸や砂漠にあふれるヨーロッパの哺乳動物やアメリカの微生物を考慮に入れずに理解することはもはやできない。過去三〇〇年間に人間がオーストラリアにもたらしたヒツジや小麦、ネズミ、インフルエンザウイルスは今日、この大陸原産のカンガルーやコアラよりも、その生態環境にはるかに大きな影響力を持っている。

だが、人新世は過去数世紀間の新奇な現象ではない。すでに何万年も前、私たちの石器時代の祖先が東アフリカから世界中に拡がったとき、住み着いたすべての大陸と島の動植物相を変えたからだ。彼らは世界の他の全人類種や、オーストラリアの大型動物の九割、アメリカの大型哺乳動物の七五パーセント、地球上の全大型陸生哺乳動物のおよそ半分を絶滅に追い込んだ――それもすべて、最初の小麦畑の作付けをしたり、最初の金属器を作ったり、最初の文書を書いたり、最初の硬貨を造ったりする前に。[6]

主に大型動物が犠牲になったのは、数が比較的少なく、繁殖に時間がかかったからだ。たとえば、マンモス（絶滅した）とウサギ（生き延びた）を比べてみよう。マンモスの群れには、せいぜい数十頭の個体しかおらず、毎年二頭程度の割合でしか子供が生まれなかった。したがって、地元の人間の部族が毎年マンモスを三頭仕留めただけで死亡数が誕生数を上回り、数世代のうちにマンモスは姿を消しただろう。それに対して、ウサギは子沢山だ。たとえ人間が毎年何百匹も捕らえたとしても、絶滅には追い込めなかった。

もちろん、私たちの祖先はマンモスを絶滅させるつもりだったわけではない。自分たちの行動の結果を自覚していなかっただけだ。マンモスやその他の大型動物の絶滅は、進化の時間スケールで測れば急速だったかもしれないが、人間の感覚ではゆっくり、徐々に起こった。人はせいぜい七、八〇年しか生きなかったが、絶滅の過程には何世紀もかかった。古代のサピエンスはおそらく、毎年のマンモス猟（殺す数はせいぜい二、三頭）と、この毛むくじゃらの巨獣の消滅とのつながりに気づかなかったのだろう。昔を懐かしむ老人が、耳を疑う子供たちに、「わしが若い時分には、今日びより、うんと多くのマンモスがいたんだがな。マストドンや巨大なヘラジカにしてもそうさ。それに、もちろん、部族の長(おさ)たちは正直で、子供たちは年寄りを敬ったものだ」とでも言うのが関の山だったかもしれない。

ヘビの子供たち

人類学や考古学の証拠を見ると、太古の狩猟採集民はおそらくアニミズムの信奉者だったことがわかる。彼らは、人間を他の動物と隔てるような本質的な溝はないと信じていたのだ。世界、すなわち地元の河川の流域と周囲の山系は、そこの居住者全員のもので、誰もが共通の規則に従った。そうした規則には、関係する存在すべての間での絶え間ない交渉が含まれていた。人々は動物や木や石、さらには妖精や魔物や死者の霊と言葉を交わした。このコミュニケーションの網（ウェブ）から、人間やゾウ、オークの木、霊を等しく拘束する価値観や規範が出現した[7]。

アニミズムの世界観は、現代まで生き延びてきた一部の狩猟採集コミュニティを依然として支配している。その一つが南インドの熱帯林に暮らすナヤカの人々だ。彼らを数年にわたって研究した人類学者のダニー・ナヴェの報告によれば、ナヤカの人々が密林を歩いていて、トラやヘビやゾウのような危険な動物に出くわすと、次のように語りかけるという。「お前は森に住んでいる。私もこの森に住んでいる。お前は食べ物を求めてここに来たし、私も木の根や塊茎を採りにここに来た。お前を傷つけに来たわけではない」

かつて、ナヤカの人が一人、「いつも独りで歩くゾウ」と彼らが呼んでいるオスのゾウに殺された。だが彼らは、インドの森林局の役人たちがそのゾウを捕獲するのに協力することを拒んだ。彼らはナヴェに、こう説明した。そのゾウは以前、別のオスのゾウととても親しくしており、いつもいっしょに歩き回っていた。ある日、森林局がそのゾウを捕獲し、それ以来、「いつも独りで歩くゾウ」は腹を立て、荒々しくなった。「もしあなたが配偶者を連れ去られたら、どんな気持ちになります？　このゾウは、まさにそんなふうに感じているのです。あの二頭は夜に離れ離れになり、別々の道を行くことがありました……が、朝にはいつもまた、いっしょになりました。ところがある日、このゾウは相棒が倒れ、横たわるのを目にしました。もし二頭がいつもいっしょにいるのに、誰かが一頭を撃ったら、もう一頭はどう感じるでしょう？」[8]

そのようなアニミズムの態度は、多くの先進工業国の人には馴染みがない。私たちのほとんどは、動物を自分たちとは本質的に異なる、劣った存在と自動的に見なす。これは、私たちの最古の伝統でさえ、狩猟採集時代の終焉よりも何千年も後に生み出されたからだ。たとえば旧約聖書は、紀元前一〇〇〇年紀に書かれ、その中の最古の物語は、紀元前二〇〇〇年紀の現実を反映している。だが中東では、狩猟採集民の時代はそれより七〇〇〇年以上前に終わっている。したがって、聖書がアニミズムの信仰を拒絶し、聖書で唯一のアニミズムの物語が不吉な警告として冒頭に登場することは、少しも意外ではない。聖書は長い書物で、奇跡や不思議なことや驚嘆するべきことで満ちている。それにもかかわらず、動物が人間との会話を始めるのは、禁断の知恵の木の実を食べるようにヘビがイヴをそそのかすときだけだ（バラムのロバも少しだけ口を利くが、神からのメッセージをバラムに伝えているにすぎない〔「民数記」第22章28・30節〕）。

エデンの園では、アダムとイヴは採集民として暮らしていた。エデンの園からの追放は、農業革命と目を見張るほどよく似ている。怒れる神は、アダムに野生の果実を集め続けるのを許さず、「顔に汗を流してパンを得る」(「創世記」第3章19節)ことを運命づけた。だとすれば、聖書の動物たちが、エデンの園の、農業以前の時代にしか人間と話さなかったのは、偶然ではないかもしれない。聖書はこのエピソードからどんな教訓を引き出しているか? それは、ヘビの言うことを聞いてはならない、動物や植物と話すのを避けるのがたいてい最善である、ということだ。話したりすれば、災難を招くだけだから。

とはいえ、この聖書の話には、より深く、より古い意味の層がある。セム語派のほとんどの言語で、「イヴ」は「ヘビ」を意味する。あるいは、「メスのヘビ」という意味さえ持つ。聖書に出てくる私たちの祖先の母の名前は、古代のアニミズムの神話を隠しているのだ。その神話によれば、ヘビは私たちの敵ではなく、祖先ということになる。(9) 多くのアニミズムの文化では、人間は動物の子孫だと信じられており、その動物はヘビやその他の爬虫類の場合もある。オーストラリアのアボリジニのほとんどは、虹ヘビが世界を創造したと信じている。アランダ族とディエリ族の人は、自分たちの部族は原始のトカゲあるいはヘビに端を発すると言い切る。トカゲやヘビが人間に姿を変えたというのだ。(10) じつは、現代の西洋人も自分たちが爬虫類から進化したと考えている。私たち全員の脳は、爬虫類の脳を核として構築されているし、体の構造は事

図12　システィナ礼拝堂に描かれた、ミケランジェロの「原罪と楽園追放」。人間の上半身を持ったヘビが、一連の出来事を引き起こす。「創世記」の最初の2章は神の独白だらけ（「神は言われた……神は言われた……神は言われた……」）だが、第3章でようやく会話が出てくる。イヴとヘビの会話だ（「蛇は女に言った……女は蛇に答えた……」）。人間と動物との間で交わされたこの唯一の会話が、人間の堕落とエデンの園からの追放につながる。

実上、爬虫類の体の修正版だからだ。

「創世記」の作者たちは、イヴの名前に古代のアニミズム信仰の名残をとどめたかもしれないが、それ以外の痕跡は細心の注意を払って隠した。「創世記」では、人間はヘビの子孫であるとする代わりに、無生物から神によって創造されたとしている。ヘビは私たちの祖先ではなく、私たちをそそのかして、天にまします我らが父に背かせる。アニミズムの信奉者が人間も動物の一種にすぎないと考えていたのに対して、聖書によれば、人間は無類の被造物で、自分の中に獣性を認めようとするいかなる試みも、神の力と権威を否定することになる。事実、近代の人間は、自分たちは本当に爬虫類から進化したことを発見したとき、神に叛逆し、神の言葉に耳を傾けるのをやめた。あるいは、神の存在を信じることさえなくなった。

祖先の欲求

聖書も、そこに示された、人間は独特であるという信念も、農業革命の副産物だった。この革命によって、人間と動物の関係は新しい段階に入ったのだった。農業が始まると、新たな大量絶滅の波が引き起こされたが、それよりなお重大なのは、地球上に完全に新しい生命体、すなわち家畜が誕生したことだ。当初、この展開はあまり重要ではなかった。人間が飼い馴らすことができた哺乳動物や鳥の種は二〇に満たず、無数の種が「野生」のまま残っていたからだ。ところが、何百年、何千年と月日が流れるうちに、家畜という新奇な生命体が優勢になった。今日、大型動物の九割以上が家畜化されている。

だが悲しいかな、家畜化された種は、種全体としては無比の成功を収めたものの、その代償として、個体としては空前の苦しみを味わう羽目になった。動物界はこれまで何億年にもわたって多くの種類の苦痛や苦難を経験してきたが、農業革命は完全に新しい種類の苦しみを生み出し、その苦しみは時とともに悪化の一途をたどった。

　一見しただけでは、家畜は野生動物や祖先と比べてはるかに良い暮らしをしているように思えるかもしれない。家畜のブタの原種である野生のイノシシは、毎日食べ物や水、雨風を凌ぐ場所を探して過ごし、ライオンや寄生生物や洪水に絶えず脅かされている。それに対して家畜のブタは、食べ物も水も住み処も人間に与えてもらい、病気も治療してもらい、捕食者や天災からも守ってもらえる。たしかに、ほとんどのブタは遅かれ早かれ食肉処理場送りになる。とはいえ、それで彼らの運命が野生のイノシシの運命より悪くなるのだろうか？　人間に殺されるよりもライオンに貪り食われるほうがましなのか？　鋼鉄の刃よりもワニの歯のほうが致命的でないのか？

　家畜の運命をとりわけ苛酷なものにしているのは、死に方だけではなく、何よりも、その生き方だ。古代から今日まで、二つの競合する要因が家畜の生活状況を形作ってきた。人間の欲望と動物の欲求だ。たとえば、人間は肉を得るためにブタを育てるが、安定した肉の供給を確保したければ、ブタが長期的に生き延びて繁殖するようにしなければならない。理論上は、そのおかげで動物は極端に残忍な行為から守られてしかるべきだった。農民がきちんと面倒を見てやらなければ、飼っているブタは子供を残さずにすぐに死に、農民は飢えてしまう。

あいにく、人間は家畜の生存と繁殖を確保しながらでさえ、さまざまな形で家畜にはなはだしい苦しみを与えうる。問題の根源は、家畜が野生の祖先から受け継いだ多くの身体的、情動的、社会的欲求が、人間の農場では余分になった点にある。農民は経済的損失を被ることなく、日常的にそうした欲求を無視する。家畜を狭い檻や囲いに閉じ込め、角や尾を切り取り、母親を子から引き離し、選択的に交配して奇怪な生き物を創り出す。動物たちはひどく苦しむが、それでも生き続け、数を増す。

それは最も基本的な自然選択の原理に反するのではないか？　進化の理論によれば、あらゆる本能や衝動や情動は生存と繁殖のためにのみ進化したことになる。もしそうなら、家畜の継続的な繁殖は、彼らの真の欲求がすべて満たされた証ではないのか？ブタが生存と繁殖にとって本当に必要とする以外の「欲求」を持っているなどということが、どうしてありうるだろう？

あらゆる本能や衝動や情動は、生存と繁殖の進化圧に応じるために進化したというのは、たしかに正しい。ただし、そうした圧力が突然消えたからといって、それが形成してきた本能や衝動や情動までいっしょに消えてなくなるわけではない。少なくとも、ただちには。これらの本能や衝動や情動は、生存と繁殖にはもう役立たないとしても、依然として動物の主観的経験を形作り続ける。動物にとっても人間にとっても同様に、農業は選択圧をほとんど一夜にして変えてしまったが、彼らの身体的、情動的、社会的衝動は変えなかった。もちろん、進化はけっしてじっと立ち止まりはしないから、農業が登場してからの一万二〇〇〇年間も、人間と動物を改変し続けてきた。たとえば、ヨーロッパと西アジアの人間は、牛乳を消化する能力を進化させ、一方、牛は人間への恐れを失い、今日では野生の祖先よりもはるかに多くの乳を出す。とはいえ、これらは表面的な変化にすぎない。牛やブタや人間の奥深くにある感覚や情動の構造はどれもみな、石器時代からほとんど変わっていない。

現代の人間はどうしてこれほど甘いものが好きなのか？　二一世紀初頭の今、私たちは生き延びるためにアイスクリームやチョコレートをお腹にたらふく詰め込む必要はないのだが、石器時代の祖先が甘い果実や蜂蜜を見つけたとき、最も賢明なのは、なるべく多くをなるべく速く食べることだったからだ。どうして若い男性は無謀な運転をしたり、荒々しい口論を始めたり、インターネット上の機密サイトをハッキングしたりするのか？　なぜなら彼らは、今日では不要で、有害でさえあるかもしれないものの、七万年前には進化の上でとても理に適っていた、古代の遺伝子の命令に従っているからだ。命の危険も顧みずにマンモスを追う若い狩猟者は、競争相手を尻目に光彩を放ち、地元の美女の配偶者になれた。そして、そのマッチョな遺伝子が今なお私たちにつきまとっているのだ。(11)

まさにそれと同じ進化の論理が、人間が管理する農場のブタたちの生活を形作っている。彼らの祖先のイノシシたちは、野生の世界で生き延び、繁殖するためには、広範な縄張りを歩き回り、環境に馴染み、罠(わな)や捕食者に用心する必要があった。さらに、仲間のイノシシと意思を疎通させ、協力し、経験豊かな長老格のメスたちが支配する複雑な集団を形成する必要もあった。進化圧を受けた結果、野生のイノシシたち(とりわけメスのイノシシ)は、非常に知能が高くて社会的な動物となり、活発な好奇心や、仲間と接触を持ったり、遊んだり、うろつき回ったり、周囲を探検したりしたいという強い欲求を特徴とするに至った。珍しい変異を持って生まれ、環境や他のイノシシに無関心なメスは、生き延びたり繁殖したりすることがおぼつかなかった。[12]

イノシシの子孫である家畜のブタは、知能と好奇心と社会的技能を受け継いだ。[12]家畜のブタはイノシシと同じで、じつにさまざまな声や匂いの合図を使って意思を疎通させる。母ブタは自分の子ブタの独特の甲高い鳴き声を認識するし、子ブタのほうも、生後二日ですでに母親の呼び声を他のメスブタの声と区別する。[13]ペンシルヴェニア州立大学のスタンリー・カーティス教授は、ハムレットとオムレットと名づけた二頭のブタが鼻先で特製のレバーを操作できるように訓練した。すると二頭はほどなく、単純なコンピューターゲームの学習と実行で霊長類と肩を並べられるようになることがわかった。[14]

今日、工場式農場のメスブタの大半は、コンピューターゲームはやらない。人間の

図13　妊娠ブタ用クレートに閉じ込められたメスブタたち。この非常に社会的で知能の高い動物は、まるですでにソーセージででもあるかのように、このような境遇で一生のほとんどを過ごす。

主人によって、たいてい幅六〇センチメートル、奥行き二メートルほどの狭い妊娠ブタ用檻(クレート)に押し込められている。金属の棒でできたクレートの床はコンクリートで、妊娠中のブタは向きを変えることも、横たわって寝ることもできない。歩くことなど問題外だ。このような境遇で三か月半過ごした後、わずかに広いクレートに移され、そこで出産し、子ブタたちに授乳する。自然な環境では子ブタは一〇～二〇週間、乳を吸うが、工場式農場では二～四週間以内に無理やり離乳させられ、母親から引き離されて出荷され、太らされて殺される。母親はただちに再び妊娠させられ、妊娠ブタ用クレートに戻されて、次のサイクルに入る。典型的なメスブタは、このサイクルを五〜一〇回繰り返した後、自分も屠られる。近年、こうしたクレートは欧州連合やアメリカの一部の州では使用が制限されているが、他の多くの国では広く使われており、何千万頭もの繁殖用のメスブタがほぼ一生をその中で過ごしている。

飼い主は、メスブタが生存と繁殖に必要とするものはすべて世話する。ブタは十分な食糧を与えられ、予防接種をしてもらい、雨風から守られ、人工的に受精させられる。客観的な視点に立てば、ブタはもう、周囲を探検したり、他のブタと接触したり、自分の子供たちと絆(きずな)を結んだりしなくていいし、歩く必要さえない。だが、主観的な視点に立てば、メスブタは依然としてこれらすべてをしたいという非常に強い衝動を感じているし、その衝動が満たされなければ、ひどく苦しむ。妊娠ブタ用クレートに閉じ込められたメスブタはたいてい、激しい欲求不満と極端な絶望を交互に見せる。[15]

進化心理学は次のような基本的教訓を与えてくれる。何千世代も前に形作られた欲求は、現在それが生存と繁殖にもう必要でない場合にさえ、主観的に感じられ続ける。悲惨なことに、農業革命のおかげで、人間は家畜の主観的欲求を無視しながらもその生存と繁殖を確保する力を得たのだった。

生き物はアルゴリズム

ブタのような動物が欲求や感覚や情動の主観的世界を現に持っていると、どうすれば確信できるのか？　私たちは動物を擬人化してしまってはいないだろうか？　つまり、子供が人形も愛情や怒りを感じると信じているように、人間ではないものに人間の特性を持たせてはいないだろうか？

じつは、ブタが情動を持つと考えても、彼らを擬人化することにはならない。なぜなら、情動は人間ならではの特性ではないからだ。情動はあらゆる哺乳動物（そして鳥類のすべてと、おそらく一部の爬虫類、さらには魚類までも）が共有している。すべての哺乳動物は、情動的な能力と欲求を進化させた。そして、ブタは哺乳動物だから、彼らにも情動があると推定して差し支えない(16)。

生命科学者たちは過去数十年間に、情動は詩を書いたり交響曲を作曲したりするためだけに役立つ、何らかの謎めいた霊的現象ではないことを証明した。じつは、情動は生化学的なアルゴリズムで、すべての哺乳動物の生存と繁殖に不可欠だ。これは何を意味するのか？　まず、アルゴリズムとは何かを説明するところから始めよう。これには重大な意義がある。それは、この重要な概念がこの後の多くの章で登場するからだけではなく、二一世紀がアルゴリズムに支配されるだろうからでもある。「アルゴリズム」は、私たちの世界で間違いなく最も重要な概念だ。私たちの生活と将来を理解したければ、アルゴリズムとは何か、そして、アルゴリズムが情動とどう結びついているかを理解するために全力を挙げるべきだ。

アルゴリズムとは、計算をし、問題を解決し、決定に至るために利用できる、一連の秩序立ったステップのことをいう。アルゴリズムは特定の計算ではなく、計算をするときに従う方法だ。たとえば、二つの数の平均を求めたければ、単純なアルゴリズムを使うことができる。そのアルゴリズムは次のように定められている。「ステップ1――二つの数を足し合わせる。ステップ2――その和を2で割る」。4と8を入力すれば、6という答えが出る。117と231であれば、174という答えが得られる。

もっと複雑な例には、料理のレシピがある。野菜スープを作るためのアルゴリズムは、次のように書かれているかもしれない。

1 鍋で半カップの油を熱する。
2 タマネギ4個をみじん切りにする。
3 そのタマネギを1の鍋に入れ、黄金色になるまで炒(いた)める。
4 ジャガイモ3個を一口大に切り、鍋に加える。

5　キャベツ1個をざく切りにし、鍋に加える。
……

　このアルゴリズムには、何十回も繰り返し従うことができる。少しずつ違う野菜を使えば、少しずつ違うスープができる。だが、アルゴリズムは同じままだ。
　レシピそのものは、スープを作ることができない。レシピを読んで、定められた一連のステップに従う人が必要になる。だが、このアルゴリズムに自動的に従う機械を作ることはできる。そうすれば、その機械に油と水と電気と野菜を与えるだけで、自動的にスープを作ってもらえる。スープ製造機はあまり見かけないが、飲み物の自動販売機ならおそらくあなたも見慣れているだろう。そうした販売機にはたいてい、硬貨の投入口やカップの取り出し口があり、ボタンが何列も並んでいる。最初の列はコーヒー、紅茶、ココアなどのボタンだ。次の列には、「砂糖　なし」「砂糖　スプーン1杯」「砂糖　スプーン2杯」などと書かれている。三列目には、「ミルク」「ミルクなし」などという表示がある。人がやって来て、投入口から硬貨を入れ、「紅茶」「砂糖　スプーン1杯」「ミルク」のボタンを押す。すると販売機が動き出し、厳密な手順を踏む。カップの中にティーバッグを入れ、熱湯を注ぎ、スプーン一杯分の砂糖とミルクを加えると、でき上がり！　淹れたての紅茶が出てくる。これも一つのアルゴリズムだ[17]。

生物学者たちは過去数十年間に、ボタンを押して紅茶を飲む人もアルゴリズムであるという確固たる結論に至った。自動販売機よりもはるかに複雑なアルゴリズムであることに疑いの余地はないが、それでもやはり、一つのアルゴリズムなのだ。人間は紅茶をカップに淹れて出すアルゴリズムではないが、自分の子供という複製を生み出す（適切な組み合わせでボタンを押せば、新しい自動販売機を生み出す自動販売機のようなものだ）。

自動販売機を制御しているアルゴリズムは、機械的な仕掛けと電気回路によって機能する。人間を制御しているアルゴリズムは、感覚や情動や思考によって機能する。そして、それとまさに同じ種類のアルゴリズムが、ブタやヒヒ、カワウソ、ニワトリを制御している。たとえば、次のような生存の問題について考えてほしい。あるヒヒが、木にバナナがなっているのを見つけたが、近くにライオンが潜んでいることにも気づいた。ヒヒはバナナのために命を危険にさらすべきだろうか？

これを煎じ詰めれば、ヒヒがバナナを食べなかったときに飢えて死ぬ確率と、ライオンに捕まる確率を計算する数学的問題になる。ヒヒはこの問題を解くためには、多くのデータを考慮に入れる必要がある。私はバナナからどれだけ離れているか？　ライオンからの距離は？　私はどれほど速く走れるか？　ライオンはどれほど速く走れるか？　ライオンは目覚めているか、眠っているか？　ライオンは飢えているように見えるか、満腹のように見えるか？　バナナは何本あるか？　バナナは大きいか、小さいか？　青いか、熟しているか？　ヒヒはこうした外部のデータに加えて、自分の体内の状態についての情報も考えなければならない。自分が飢え死にしかけていれば、どれほど分が悪くても、バナナを手に入れるためにあらゆる危険を冒すことが理に適っている。逆に、今食事を済ませたばかりで、バナナはデザートのようなものにすぎないのなら、わざわざ危ない橋を渡る必要などあるだろうか？

こうした変数や確率をすべて評価し、天秤にかけるためには、ヒヒは自動販売機を制御しているものよりもはるかに複雑なアルゴリズムを必要とする。だが、正しい計算をしたときの報いも、その複雑さに見合うほど、桁違いに大きい。その報いとは、ヒヒの生存にほかならない。危険を過大評価するアルゴリズムを持つ臆病なヒヒは飢えて死に、そのような意気地なしのアルゴリズムを形成した遺伝子も、そのヒヒととともに消滅する。危険を過小評価するアルゴリズムを持つ向こう見ずなヒヒはライオンの餌食となり、その無鉄砲な遺伝子も、次の世代に引き継がれず仕舞いになる。これらのアルゴリズムは自然選択による絶え間ない品質管理を受ける。確率を正しく計算する動物だけが、子孫を残す。

とはいえ、これはみな非常に抽象的な話だ。ヒヒはいったいぜんたい、どうやって確率を計算するのか？　耳に挟んでいた鉛筆を手に取り、尻ポケットから手帳を取り出し、計算機を使いながら、走る速さやエネルギーレベルを計算し始めることなどありえない。じつは、ヒヒの体全体が計算機なのだ。私たちが感覚や情動と呼ぶものは、じつはアルゴリズムにほかならない。ヒヒは空腹を感じ、ライオンを目にすると恐れと震えを感じ、バナナを見ると唾が湧いてくるのを感じる。ヒヒは一瞬のうちに感覚や情動や欲望がどっと湧き起こるのを経験するが、これこそヒヒの計算の過程以外の何物でもない。計算の結果は感情として表れる。ヒヒは突然、気分が高揚し、毛が逆立ち、筋肉が緊張し、胸が膨らむのを感じ、大きく息を吸い込んで、「行け！　うまくやってのけられるぞ！　目指せ、バナナを！」と突進する。逆に、恐れに打ちのめされ、肩を落とし、胸がむかつき、膝ががくがくし、「ママ！　ライオンだ！　助けて！」と叫ぶかもしれない。二つの確率が拮抗し、決め難いときもある。これも感情となって表れる。ヒヒは混乱し、煮え切らない。「行こう……いや、駄目だ……やっぱり、行こう……やめよう、無理だ……いまいましい！　どうしたらいいんだ！」

次の世代に遺伝子を伝えるためには、生存の問題を解決するだけでは十分ではない。動物は繁殖の問題も解決する必要があり、これもまた、確率計算に基づく。自然選択は、繁殖の確率を求める迅速なアルゴリズムとして情欲と嫌悪感を進化させた。美は「繁栄する子孫を残せる可能性が高い」ことを意味する。女性が男性を見て、「わぁ！

図14　オスのクジャクと男性。これらの画像を眺めると、プロポーションや色、大きさに関するデータが、あなたの生化学的アルゴリズムに処理され、その結果、あなたは魅力や反感を覚えたり、無関心になったりする。

なんて素敵なんでしょう！」と思ったときや、メスのクジャクがオスのクジャクを見て、「まぁ！　なんてすごい羽！」と思ったときには、自動販売機と似たようなことをしている。男性（あるいはオス）の体が反射した光が、女性（あるいはメス）の目の網膜に当たると、厖大な歳月をかけて進化が磨きをかけたこの上なく強力なアルゴリズムが作動する。そのアルゴリズムはほんの数ミリ秒のうちに、男性（あるいはオス）の外見上のわずかな手掛かりを繁殖の確率に変換し、結論に達する。

「おそらくこれは、優れた遺伝子を持つ、とても健康で繁殖力の高い男性（あるいはオス）だろう。彼を配偶者に選べば、私の子供も健康と優れた遺伝子に恵まれる見込みがおおいにある」。もちろん、この結論は言葉や数字ではなく、性的魅力の虜になった激しいうずきとして表現される。メスのクジャクやたいていの女性は、紙とペンを使ってそうした計算はしない。たんに計算結果を感じるだけだ。

ノーベル経済学賞の受賞者たちでさえ、ペンと紙と計算機を使って下す決定はほんのわずかしかない。配偶者やキャリアや居住地などにかかわる、人生でもとりわけ重要な選択も含め、私たちが下す決定の九九パーセントは、感覚や情動や欲望と呼ばれるじつに精密なアルゴリズムによってなされる。[18]

こうしたアルゴリズムはあらゆる哺乳類と鳥類（そして、おそらく一部の爬虫類、さらには一部の魚類）の生活を制御しているので、人間やヒヒやブタが恐れを感じるときには、脳の同じような領域で同じような神経学的作用が起こる。したがって、おびえた人間や、おびえたヒヒや、おびえたブタは、おそらく同じような経験をしているのだろう。[19]

当然ながら、そこには違いもある。ブタはホモ・サピエンスの特徴である、極端な思いやりと残虐性も、果てしない星空を見上げる人間を圧倒する驚異の念も経験しないようだ。私たちには馴染みのないブタの情動など、おそらく逆の例もあるだろうが、当然ながら私にはそれらを挙げることはできない。とはいえ、あらゆる哺乳動物が共有している中核的な情動が一つある。母親と幼児との絆だ。実際、それが哺乳動物という名前のもとになっている。「mammal（哺乳動物）」という単語は、ラテン語で「乳房」を意味する「mamma」に由来する。哺乳動物の母親は、子供をとても大切に思っているので、子供が乳を吸うのを許す。哺乳動物の子供の側も、母親と絆を結びたいという圧倒的な欲求を感じ、母親のそばにとどまる。野生の世界では、母親との絆を結べなかったブタや牛や犬の子供は、たいてい、そう長くは生き延びられない。最近まで、それは人間の子供にしても同じだった。逆に、メスのブタや牛や犬が、珍しい変異のせいで自分の子供たちに関心を持てないと、長く快適な一生を送れるかもしれないが、遺伝子を次の世代に伝えることはできない。同じ論理がキリンやコウモリ、クジラ、ヤマアラシにも当てはまる。他の情動についても論じることはできるが、哺乳動物の子供は母親の世話がなければ生き延びられないので、母親の愛情と母子間の強い絆があらゆる哺乳動物の特徴であることは明らかだ[20]。

科学者がこれを認めるまでには長い年月がかかった。心理学者が、人間の間でさえ親子の情動的絆の重要性を疑っていたのは、それほど前のことではない。二〇世紀の前半には、フロイト理論の影響があったにもかかわらず、支配的だった行動主義学派は、親子関係は物質的フィードバックによって形作られ、子供が必要としているのは主に食べ物と住み処と医療であり、子供が親と絆を結ぶのは、こうした物質的必要性を親が満たすからにすぎないと主張した。思いやりや抱擁やキスを求める子供は、「甘やかされている」と考えられた。親に抱き締められたりキスされたりした子供は、愛情に飢えた、利己的で自信のない大人に育つと、保育の専門家は警告した。(21)

一九二〇年代に子育てに関する権威の一人だったジョン・ワトソンは、「けっして[自分の]子供を抱き締めたり、子供にキスしたりしてはならない。けっして膝に座らせてはならない。どうしても必要なら、子供たちがおやすみなさいと言うときに、一度だけ額にキスするにとどめる。そして、朝は握手をすればいい(22)」と厳しく意見した。一般向けの育児誌「赤ん坊の養育(インファント・ケア)」は、子育ての秘訣(ひけつ)は規律を維持し、子供の物質的欲求を日々の厳格なスケジュールに即して満たすことだと説明した。一九二九年のある記事は、もし赤ん坊が通常の授乳時間になる前に泣いて授乳を求めたら、「泣きやませるために抱いたり、揺すって宥(なだ)めたりしてはいけません。授乳の時刻きっかりになるまでは、授乳してはなりません。赤ん坊は、ごく幼い赤ん坊でさえ、泣いても差し障りはありませんから(23)」と指導している。

一九五〇年代と六〇年代になってようやく、専門家の間ではこの厳格な行動主義の理論を捨てることでしだいに意見がまとまり、情動的欲求がどれほど重要であるかが認められた。心理学者のハリー・ハーロウは一連の有名な(そして、ぞっとするほど残忍な）実験を行なった。彼はサルの赤ん坊を誕生直後に母親から引き離し、狭いケージの中に隔離した。哺乳瓶を取りつけた、母親代わりの針金の人形と、哺乳瓶のついていない、柔らかな布で覆われた人形のどちらかを選ばせると、サルの赤ん坊は、授乳してくれないものの布をまとった代理母に懸命にしがみついた。

これらの赤ん坊ザルたちは、ジョン・ワトソンや「インファント・ケア」誌の専門家たちが見落としていたことを知っていた。哺乳動物は食べ物だけでは生きられないのだ。彼らは情動的な絆も必要としている。何百万年にも及ぶ進化によって、サルは情動的絆作りに対する圧倒的な欲求を、あらかじめ組み込まれた。彼らはまた、金属製の硬いものよりも、柔毛に覆われた柔らかいものとのほうが情動的絆を形成しやすいという想定も、進化によって刻み込まれた（だからこそ人間の幼児も、食卓用のナイフ、フォーク、スプーンの類や、石、木のブロックなどよりも、人形や毛布や布切れなどに愛着を抱く可能性のほうがはるかに高い）。情動的絆に対する欲求があまりにも強いので、ハーロウのサルの赤ん坊たちは、哺乳瓶のついた金属製の代理母を捨て、その欲求に応じてくれそうに見える唯一のものに注意を転じた。だが悲しいことに、布の代理母は彼らの愛着にけっして応えてくれなかったので、サルたちは深刻な心理的問題や社会的問題に苦しみ、神経過敏で非社交的な大人になった。

今日、二〇世紀初頭の子育ての助言を振り返ると、私たちは理解に窮する。子供たちに情動的欲求があり、彼らの心身の健全性が、そうした欲求を食べ物と住み処と医療の必要性と同様に満たしてやることにかかっているのを、専門家たちが見落とすなどということがどうしてありえたのか、と問わずにはいられない。それなのに、相手が他の哺乳動物となると、私たちはこの明白な事実を相変わらず否定し続ける。歴史を通して、農民たちはジョン・ワトソンや「インファント・ケア」誌のように、ブタや牛やヤギの子供の物質的欲求は世話してやる一方で、情動的な欲求は無視する傾向にあった。たとえば、食肉産業と酪農の作業の両方が、哺乳類の世界の最も根本的な情動的絆を断つことに基づいている。飼い主は繁殖用のブタや乳牛を何度も妊娠させる。ところが、子ブタや子牛は生後間もなく母親から引き離され、一度も母親の乳を吸ったり、母親の舌や体の温かい触感を経験したりすることなく、日々を送ることが多い。ハリー・ハーロウが数百頭のサルにしたことを、食肉産業と酪農産業は毎年何十億頭もの動物に対してしているのだ[24]。

農耕の取り決め

飼い主たちは自分の行動をどのように正当化したのか？　狩猟採集民は自分が生態系に与えている害を自覚することは稀だったのに対して、農耕民は自分のしていることとを百も承知していた。自分たちが家畜を利用し、人間の欲望や気まぐれのなすがままにしていることを知っていた。彼らはこの行動を、新しい有神論の宗教の名において正当化した。そうした宗教は、農業革命に続いて雨後の筍のように出現し、広まっていった。有神論の宗教は、世界はさまざまな生き物から成る議会ではなく、偉大な神々あるいは唯一神が支配する神政国家だと主張し始めた。私たちは普通、これを農業と結びつけることはないが、有神論の宗教は、少なくとも当初は農業と直結した企てだったのだ。ユダヤ教、ヒンドゥー教、キリスト教といった宗教の神学や神話や礼拝はもともと、人間と栽培・作物化された植物と家畜化された動物との関係を中心としていた[25]。

たとえば、旧約聖書に記されている時代のユダヤ教は、農民と羊飼いを対象としていた。戒律の大半は、農耕と村落での暮らしに関する掟で、主要な祭日は収穫を祝うものだった。今日の人々は、古代エルサレムの神殿というと、純白のローブをまとった祭司が敬虔な巡礼者を迎える大きなシナゴーグ〔ユダヤ教の礼拝堂〕の類を思い浮かべるだろう。聖歌隊が美しい旋律で神を称える歌を歌い、香が焚かれて芳香があたりに漂っている。だが現実には、食肉処理場とバーベキュー店を併せたものに近い様相を呈していた。巡礼者は手ぶらではやって来なかった。彼らは次から次へとヒツジやヤギ、ニワトリ、その他の動物を連れてきて、それが神の祭壇で生贄にされ、その後、調理され、人々に振る舞われた。聖歌隊の歌声は、子牛や子ヤギなどの鳴き声に掻き消されて、ほとんど聞こえなかっただろう。血の染みついた服をまとった祭司は、生贄たちの喉を掻き切り、ほとばしる血を壺に集め、祭壇に流しかける。香の芳香は固まった血やあぶり焼きにされる肉の匂いと混じり合い、黒いハエが群れを成して至る所をブンブン飛び回る（たとえば、「民数記」第28章、「申命記」第12章、「サムエル記上」第2章を参照のこと）。自宅の前庭でバーベキューをして祭日を祝う現代のユダヤ人一家は、シナゴーグで聖書の言葉を学ぶことに時間を費やす正統派の家族よりも、聖書時代の気風によほど近い。

旧約聖書時代のユダヤ教のような有神論の宗教は、新しい宇宙論に即した神話を通して農耕経済を正当化した。それ以前、アニミズムの宗教は個性豊かな役者たちが数限りなく登場する壮大な京劇のようにこの世界を描き出していた。ゾウとオークの木、ワニと川、山とカエル、魔物と妖精、天使と悪魔などが、この森羅万象のオペラでそれぞれ役割を担っていた。有神論の宗教は、その脚本を書き換え、世界を、人間と唯一神というたった二人の主要登場人物しかいないイプセン風の殺風景なドラマに作り変えた。天使と悪魔は偉大な神々の使いと僕となり、この変遷をなんとか生き延びた。ところが、アニミズムのキャスト残り（すべての動植物と自然現象）は、物言わぬ舞台装置と化した。たしかに、一部の動物は何かしらの神と結びつけられ、多くの神は動物の特徴を備えていた。たとえば、エジプトの神アヌビスはジャッカルの頭を持っているし、イエス・キリストでさえ、しばしば子ヒツジとして描かれた。とはいえ古代のエジプト人は、アヌビスと、村に忍び込んでニワトリを襲う普通のジャッカルを難なく区別できたし、動物を屠るキリスト教徒が、自分がナイフをあてがっている子ヒツジをイエスと取り違えることもけっしてなかった。

私たちは普通、有神論の宗教は偉大な神々を神聖視すると考えている。だが、その宗教が人間をも神聖視していることは忘れがちだ。以前、ホモ・サピエンスは何千もの役者から成るキャストの一人にすぎなかった。それが、有神論の新しいドラマの中では、サピエンスが主人公になり、森羅万象がサピエンスを中心に回り始めた。

一方、神々は二つの関連した役割を与えられた。第一に、神はサピエンスのどこがそれほど特別で、なぜ人間が他のすべての生き物を支配し、利用するべきなのかを説明する。たとえばキリスト教では、人間が他の被造物の支配権を持っているのは、その権限を造物主に与えられたからだとされている。そのうえ、キリスト教によれば、神は人間だけに不滅の魂を与えたという。この不滅の魂の運命がキリスト教の世界観の要(かなめ)であり、動物には魂がないので、動物はただのエキストラにすぎないことになる。こうして人間は森羅万象の頂点を極める一方、他の生き物はすべて脇に押しやられてしまった。

第二に、神々は人間と生態系との間を取り持たなければならなかった。アニミズムの世界では、誰もが他の誰とも直接話をした。もし、カリブーやイチジクの木、雲、岩に何かを求める必要があったら、自ら相手に語りかけた。ところが、有神論の宗教の世界では、人間以外の存在はすべて黙らされてしまった。したがって、人間はもう木や動物と話すことができなかった。それでは、木にもっと多くの実をならせてもらったり、牛にもっと多くの乳を出してもらったり、雲にもっと多くの雨を降らせてもらったり、イナゴに作物に近づかないでいてもらったりしたかったら、どうすればいいのか？　ここで神々の出番となる。神々は、雨や豊作や保護をもたらすことを約束してくれた。ただしそれは、見返りに人間が何かをしたときに限られる。これこそが農耕の取り決めの真髄だった。神々は作物や家畜を守り、生産高を増やし、それと引き換えに、人間は収穫を神と分かち合わなければならなかった。この取り決めは当事者の双方にとって都合が良かったが、それ以外の生態系が割を食う羽目になった。

今日、ネパールでは女神ガディマイの敬虔な信者が、バリヤプールの村で五年ごとにこの女神の祭日を祝う。二〇〇九年には二五万頭もの動物が生贄としてガディマイに捧げられ、それまでの記録を塗り替えた。イギリスから訪れていたジャーナリストに、地元の運転手はこう説明した。「何かほしいものがあれば、女神への捧げ物を持ってここに来ます。そうすれば、五年以内に夢がすべてかなうのです(26)」

有神論の神話の多くは、この取り決めの詳細を説明している。メソポタミアのギルガメシュの叙事詩には、次のような記述がある。神々が大洪水を起こして世界を破壊したとき、人間と動物がほとんど死に絶えた。そのときになってようやく、軽率な神々は彼らに捧げ物をする人間が誰も残っていないことに気づいた。彼らは空腹と苦悩で気も狂わんばかりだった。幸い、エンキという神の先見の明のおかげで、一家族だけ人間が生き残っていた。エンキは熱心な信者であるウトナピシュティムに、家族やさまざまな動物たちと大きな四角い木の船に避難するよう命じてあった。洪水が引くと、このメソポタミア版のノアは方舟（はこぶね）から出てきて、真っ先に動物を何頭か生贄にして神々に捧げた。すると、この叙事詩によれば、偉大な神々がこぞってそこへ群がったという。「神々は香りを嗅ぎつけた／神々は芳（かぐわ）しい香りを嗅ぎつけた／神々は供え物の周りにハエのように群がった」[27]。メソポタミア版の一〇〇〇年以上後に書かれた聖書の大洪水の話も、こう報告している。方舟を離れた直後、「ノアは主のために祭壇を築いた。そしてすべての清い家畜と清い鳥のうちから取り、焼き尽くす献げ物として祭壇の上にささげた。主は宥めの香りをかいで、御心に言われた。『人に対して大地を呪うことは二度とすまい』」（「創世記」第8章20〜21節）と。

この洪水の話は、農耕世界の創設神話となった。もちろん、現代の環境保護論の捻（ひね）りを加えることもできる。私たちは、自分の行動が全生態系を台無しにしかねないことや、人間は自分以外の被造物を守る責務を神に与えられていることを、その大洪水から学びうるのだろう。とはいえ、伝統的な解釈では、洪水は人間の優越と動物の無価値の証と見られていた。そうした解釈に従えば、動物の権益ではなく神々と人間の共通の権益を守るために生態系全体を救うよう、ノアは命じられたことになる。人間以外の生き物には本質的な価値はなく、彼らは私たちのためだけに存在しているというわけだ。

なにしろ神は、「地上に人の悪が増し」たとき、「わたしは人を創造したが、これを地上からぬぐい去ろう。人だけでなく、家畜も這うものも空の鳥も。わたしはこれらを造ったことを後悔する」（「創世記」第6章5・7節）と思ったのだから。聖書は、ホモ・サピエンスが犯した罪に対する罰として、あらゆる動物を滅ぼしてもまったく差し支えないと考えている。まるでキリンやペリカンやテントウムシの存在は、人間が不品行をしたらすっかり目的を失ってしまうかのようではないか。神がホモ・サピエンスを創造したことを悔やみ、この罪深いサルを地上から消し去り、それからダチョウやカンガルーやパンダの戯れを永遠に楽しむ筋書きを、聖書は想像できなかった。

それでも有神論の宗教は、動物に優しい信念もいくつか持っている。神々は人間に動物界の支配権を与えはしたものの、その権力には責任も伴っていた。たとえばユダヤ人は、家畜にも安息日には休むのを許したり、彼らに無用の苦しみを引き起こすのを避けたりするように命じられていた（とはいえ、利害が衝突したときにはいつもきまって、人間の権益が動物の権益に優先したが[28]）。

タルムード〔ユダヤ教の口伝律法とその注解をまとめた聖典〕のある話では、屠場へ連れていかれる途中で子牛が逃げ出し、ラビ・ユダヤ教〔西暦七〇年のエルサレム第二神殿崩壊から現代に至るまで続いている、ラビを中心とするユダヤ教の主流派〕の創始者の一人である、ラビのイェフダ・ハナシのもとに逃げ込んだ。子牛はラビのふんわりしたローブに首を差し入れ、泣きだした。ところがラビは子牛を押しのけ、「行け。お前はまさにこの目的のために創造されたのだ」と言った。ラビがまったく情けを見せなかったので、神は彼を罰し、彼は痛みを伴う病に一三年にわたって苦しんだ。その後、ある日一人の召使がラビの家を掃除していたときに、生まれたばかりのネズミを数匹見つけ、外に掃き出し始めた。ラビのイェフダは無力のネズミたちを救うために駆け寄り、召使に放っておくように言いつけた。「主はすべてのものに恵みを与え／造られたすべてのものを憐れんでくださいます」（「詩編」第145章9節）というのがその理由だ。ラビがネズミたちに憐れみを見せたので、神もラビに憐れみを見せ、病が治った[29]。

　他の宗教、とくにジャイナ教と仏教とヒンドゥー教は、動物たちになおさら強い共感を示してきた。これらの宗教は、人間とそれ以外の生態系とのつながりを強調する。主要な倫理的戒律は、どんな生き物も殺すのを避けることだった。聖書の「殺してはならない」（「出エジプト記」第20章13節）という戒律が人間にしか当てはまらなかったのに対して、古代インドのアヒンサー（非暴力）の原理は、生きとし生けるもののいっさいに及ぶ。ジャイナ教の僧侶は、この点に関してとくに心を配っている。虫を吸い込まないように、いつも白い布で口を覆っているし、外を歩くときは箒を持ち歩き、通り道にいるアリや甲虫はどれもそっと脇にのける。[30]

それでもジャイナ教と仏教とヒンドゥー教を含め、農耕宗教はすべて、人間の優位性と動物の利用（食肉とすることや、たとえ肉を食べないにしても、乳を搾ったり、筋力を利用したりすること）を正当化する方法を見つけた。そのどれもが、生き物には自然のヒエラルキーがあるので、一定の制限を遵守するかぎり、人間には他の動物を管理したり利用したりする資格があると主張した。たとえばヒンドゥー教では、牛が神聖視され、牛肉を食べることは禁じられているが、酪農業を正当とする究極の根拠も与えられている。牛は気前の良い生き物なので、乳を人間と分かち合いたいと明確に切望しているというのだ。

こうして人間は「農耕の取り決め」に同意した。この取り決めでは、森羅万象の支配者が人間に他の動物の支配権を与えた。ただし、人間が神々や自然や動物たちに対して特定の義務を果たすことが条件だった。万物の間のそのような協定の存在を信じるのは容易だった。なぜなら、そのような協定は、農耕生活の日常的手順を反映していたからだ。

狩猟採集民は、自分が優越した存在だとは考えていなかった。それは、生態系への自分たちの影響を自覚することがめったになかったためだ。典型的な生活集団は数十人から成り、厖大な数の野生動物に囲まれており、それらの動物の欲求を理解し、尊重することに生存がかかっていた。狩猟採集民は、シカが何を夢見ているのかや、ライオンが何を考えているのかを、絶えず自問しなければならなかった。さもないと、シカを狩ったり、ライオンから逃れたりできなかった。

それに対して農耕民は、人間の夢と考えに制御され形作られる世界に住んでいた。人間は依然として嵐や地震などの恐るべき自然の力にさらされていたものの、他の動物の願望に左右されることがぐんと減った。農耕民の男の子は、馬に乗ったり、牛に引き具をつけたり、強情なロバに鞭打ったり、ヒツジを牧草地に連れていったりする方法を、早々に身につけた。そのような日々の活動が、物事の自然な秩序あるいは天の意思を反映していると信じるのは容易で魅力的だった。

このように、農業革命は経済革命であると同時に宗教革命でもあった。新しい種類の経済的関係が、動物の残酷な利用を正当化する新しい種類の宗教的信念とともに出現した。この古代の過程は、わずかに残っている狩猟採集民のコミュニティが農耕を採用するたびに、今日でもなおお目にできる。近年、インド南部のナヤカの狩猟採集民が、牛を飼ったり、ニワトリを育てたり、チャノキを栽培したりするなど、農作業を一部採用した。すると、驚くまでもないが、彼らは動物に対して新しい態度を身につけ、家畜（と作物）に対しては、野生の生き物に対してとは非常に異なる見方をするようになった。

ナヤカの言語では、固有の性格を持った生き物は、「マンサン」と呼ばれる。人類学者のダニー・ナヴェに詳しい調査を受けたナヤカの人々は、ゾウはみなマンサンだと述べた。「私たちは森に住んでいて、彼らも森に住んでいます。私たちはみなマンサンです……クマもシカもトラも。森の動物全員が」。家畜の牛は？「牛は違います。どこへ行くにも、連れていってやらなければなりません」。ニワトリは？「あれは数に入りません。マンサンではありません」。森の木は？「マンサンです。木は本当に長い間生きますから」。では、チャノキは？「ああ、あれは茶葉を売って、必要なものを店で買えるように育てています。だから、マンサンではありません[31]」

敬意を受けてしかるべき、感覚のある生き物から、ただの資産へという動物の降格が、牛とニワトリで止まることはめったになかった。ほとんどの農耕社会は、さまざまな階級の人々を資産であるかのように扱い始めた。古代のエジプトや聖書時代のイスラエルや中世の中国では、些細な違反や罪を犯しただけで、人を奴隷にしたり、拷問にかけたり、死刑に処したりするのが一般的だった。農場の運営について農耕民が牛やニワトリに相談しなかったのとちょうど同じように、王国の管理について支配者は農耕民に意見を求めようなどとは夢にも思わなかった。そして、民族集団や宗教的コミュニティどうしが衝突したときには、しばしば双方が相手の人間性を剝奪した。「他者」を人間より下等の獣として描くことが、彼らをそのように扱うことに向けての第一歩だった。こうして農場は新しい社会の原型となった。そこには、うぬぼれた主人や、搾取するのがふさわしい劣等人種、絶滅させる機が熟した野生動物、こうした役柄の割り当て全体に祝福を与える、天上の偉大な神がみな揃(そろ)っていた。

五〇〇年の孤独

近代の科学と産業の台頭が、人間と動物の関係に次の革命をもたらした。農業革命の間に、人間は動植物を黙らせ、アニミズムの壮大なオペラを人間と神の対話劇に変えた。そして科学革命の間に、人類は神々まで黙らせた。この世界は今や、ワンマン・ショーになった。人類はがらんとした舞台に独りで立ち、独白し、誰とも交渉せず、何の義務も負わされることなしに途方もない力を手に入れた。物理と化学と生物学の無言の法則を解読した人類は、今やそれらを好き勝手に操っている。

太古の狩猟採集民がサバンナに出ていくときには、野生の牛の助けを求め、牛は狩猟者に何かを要求した。古代の農耕民が自分の牛に乳を多く出してもらいたいときには、天の偉大な神に助けを求め、神は条件を提示した。だが、ネスレ社の研究開発部門の白衣をまとった職員が乳製品の生産量を増やしたいときには、遺伝学を研究する――が、遺伝子が何か見返りを求めることはない。

もっとも、狩猟採集民や農耕民にはそれぞれの神話があったのとちょうど同じように、研究開発部門の人々にも独自の神話がある。彼らの最も有名な神話は、知恵の木とエデンの園の伝説を厚かましくも盗用するものの、事件の舞台をリンカンシャーのウールズソープ・マナーの園に移している。この神話によれば、アイザック・ニュートンがリンゴの木の下に座っていたときに、熟したリンゴが一つ、頭の上に落ちてきたという。ニュートンは、なぜリンゴが横や上に動かずに、真っ直ぐ下に落ちたのかを考え始めた。この探究によって彼は引力と古典力学の法則を発見するに至った。

ニュートンの話は知恵の木の神話を逆転させる。エデンの園では、ヘビがドラマの幕を開け、人間をそそのかして罪を犯させ、彼らに対する神の激怒を招いた。アダムとイヴは、ヘビにも神にもおもちゃにされた。それに対して、ウールズソープの園では、人間が唯一の行動主体だ。ニュートン自身は信仰の篤(あつ)いキリスト教徒で、物理の法則の研究よりも聖書の研究にはるかに多くの時間を捧げていたとはいえ、彼が開始に貢献した科学革命は、神を脇へ押しのけた。ニュートンの後継者たちが登場して自らの「創世記」を書いたときには、もう神もヘビもお呼びではなかった。ウールズソープの園は自然の機械的な法則によって管理されており、それらの法則を読み解く企ては完全に人間だけのものだった。たしかにその話はニュートンの頭にリンゴが落ちることから始まるが、リンゴは故意にそうしたわけではなかった。

エデンの園の神話では、人間は好奇心を抱き、知識を得たいという願望を持ったために罰せられる。神は彼らを楽園から追放する。一方、ウールズソープの園の神話では、誰もニュートンを罰しない。むしろ正反対だ。人類は好奇心のおかげでこの世界の理解を深め、より強力になり、テクノロジーの楽園に向かってさらに一歩前進する。世界中の無数の教師がニュートンの神話を語って聞かせ、好奇心を奨励し、私たちは十分な知識を手に入れさえすれば、この地上に楽園を創造できることを示唆する。

実際には、神はニュートンの神話にさえ登場している。ニュートンその人が神なのだ。バイオテクノロジーやナノテクノロジーなど、科学の果実が熟したときには、ホモ・サピエンスは神の力を獲得し、聖書の知恵の木へと完全に回帰する。太古の狩猟採集民は、たんなる動物の種の一つにすぎなかった。農耕民は自らを森羅万象の頂点と考えた。科学者たちは人間を神へとアップグレードするだろう。

農業革命が有神論の宗教を生み出したのに対して、科学革命は人間至上主義の宗教を誕生させ、その中で人間は神に取って代わった。有神論者が神を崇拝するのに対して、人間至上主義者は人間を崇拝する。自由主義や共産主義やナチズムといった人間至上主義の宗教を創始するにあたっての基本的な考えは、ホモ・サピエンスには、世界におけるあらゆる意味と権威の源泉である無類で神聖な本質が備わっているというものだ。この宇宙で起こることはすべて、ホモ・サピエンスへの影響に即して善し悪しが決まる。

有神論が神の名において伝統的な農耕を正当化したのに対して、人間至上主義は人間の名において現代の工場式農業を正当化してきた。工場式農業は人間の欲求や気まぐれや願望を神聖視する一方で、それ以外はすべて軽んじる。工場式農業は動物には真の関心をまったく持たない。動物には人間性の持つ神聖さがないからだ。また、神を少しも必要としない。現代の科学とテクノロジーによって、人間は古代の神々をはるかに凌ぐ力を与えられているからだ。科学のおかげで、現代の企業は牛やブタやニワトリを、伝統的な農耕社会で一般的だった状態よりもなおさら厳しい状態に置くことが可能になった。

古代エジプト、ローマ帝国、中世の中国では、人間は生化学や遺伝学、動物学、疫学について初歩的な事柄しか理解していなかった。そのため、彼らが動物を操作する力は限られていた。当時、ブタや牛やニワトリは家々の間を自由に動き回り、ゴミの山や近くの森で食べ物を探した。もし野心的な農民が狭苦しい小屋に何千頭もの動物を押し込めようとしたら、おそらく致命的な感染症が起こり、すべての動物ばかりか多くの村人も命を落としていただろう。神官にもシャーマンにも神にも、それは防ぎようがなかったはずだ。

だが、現代の科学が感染症と病原体と抗生物質の秘密を解明してしまうと、工業化された檻や囲いや小屋の実現が可能になった。予防接種や薬剤、ホルモン、殺虫剤、セントラル空調システム、自動給餌機の助けを借りることで、今や何万というブタや牛やニワトリを幾列も整然と並んだ窮屈なケージに詰め込み、肉や牛乳や卵を前例のないほど効率的に生産することができる。

そのような慣行は、近年、人間と動物の関係を人々が見直し始めたため、しだいに批判にさらされるようになってきた。私たちは突然、いわゆる「下等な生き物」の運命に、今までにない関心を見せている。それはひょっとすると、私たち自身が「下等な生き物」の仲間入りをしそうだからかもしれない。もしコンピュータープログラムが人間を超える知能と空前の力を獲得することがあれば、私たちはそのようなプログラムを人間以上に高く評価し始めるべきなのか？　たとえば、ＡＩは自らの必要や欲求を満たすために、人間を搾取したり、さらには殺しさえしたりしてもいいのだろうか？　もし、ＡＩのほうが優れた知能と力を持っているにもかかわらず、それがけっして許されるべきでないとしたら、人間がブタを搾取したり殺したりするのがどうして倫理に適うのか？　人間には高い知能と大きな力に加えて、何らかの不思議な輝き（スパーク）があり、そのおかげで、ブタやニワトリ、チンパンジー、コンピュータープログラムのどれとも一線を画しているのか？　もしそうなら、その輝きはどこに由来するのか、そして、ＡＩがそれを絶対に獲得しえないと私たちが確信しているのはなぜか？　もしそのような輝きがないとすれば、コンピューターが知能と力で人間を超えた後にさえ、人間の命に特別な価値を持たせ続ける理由があるだろうか？　実際、そもそも人間にこれほど高い知能とこれほど大きな力があるのはいったい何のおかげなのか？　そして、人間以外のものがいつか私たちに肩を並べ、私たちを超える可能性はどれほどあるのか？

　次の章では、私たちと動物との関係をさらに深く理解するためだけではなく、未来には何が私たちを待ち受けており、人間と超人との関係がどのようになりそうかを正しく認識するためにも、ホモ・サピエンスの性質と力を詳しく考察する。

第３章　人間の輝き

人間がこの世界でいちばん強力な種であることは疑いようもない。ホモ・サピエンスは、自分がひときわ高い道徳的地位を享受し、人間の命はブタやゾウやオオカミの命よりもはるかに価値があるとも考えたがる。だが、果たしてそれが正しいかは、それほど明白ではない。力は正義なり、なのだろうか？　たんに人間の集団のほうがブタの集団よりも強力だから、人間の命はブタの命よりも貴重なのか？　アメリカはアフガニスタンよりもはるかに強力だ。それならば、アメリカ人の命はアフガニスタン人の命よりも本質的な価値が大きいことになるのだろうか？

実際問題として、アメリカ人の命のほうが高く評価されて<u>いる</u>。平均的なアフガニスタン人と比べて、平均的なアメリカ人の教育と健康と安全には、ずっと多くのお金が注ぎ込まれている。アメリカ国民が殺害されたら、アフガニスタン国民が殺害されたときよりもはるかに激しい国際的な抗議が湧き起こるだろう。とはいえ、これは一般に、地政学的な力の均衡の不当な結果にすぎないと受け止められている。アフガニスタンはアメリカとは比べ物にならないほど小さな影響力しか持たないかもしれないが、トラボラの山中に住む子供の命は、ビバリーヒルズに住む子供の命と少しも遜色がないほど神聖だと考えられている。

それとは対照的に、私たちはブタの子供よりも人間の子供を優遇するときには、これは生態的な力の均衡よりも何か深いものを反映していると信じたがる。人間の命のほうが何かしら根本的な形で本当に優っていると信じたがる。私たちサピエンスは、自分たちの巨大な力の源泉であるだけではなく、特権的な地位を道徳的な面から正当化してくれもするような、何か不思議な特性を私たちが享受している、と自らに語るのが大好きだ。では、その人間特有の輝きとは何なのか?

伝統的な一神教なら、サピエンスだけが不滅の魂を持っていると答える。肉体は衰え、やがて朽ちるが、魂は救済あるいは永遠の断罪に向かって旅を続け、楽園で永久に続く喜びを経験するか、あるいは地獄で未来永劫、悲惨な状態にとどまる。ブタやその他の動物は魂を持たないので、この壮大なドラマには参加しない。彼らはほんの数年生きるだけで、それから死んで無に帰する。したがって私たちは、儚いブタよりも人間の不滅の魂にはるかに多く気を遣うべきなのだ。

これは幼稚園で語られるおとぎ話ではなく、二一世紀初頭の今も、何十億という人間と動物の生活を形作り続けている、はなはだ強力な神話だ。人間には不滅の魂があるが、動物はただの儚い肉体にすぎないという信念は、私たちの法律制度や政治制度や経済制度の大黒柱だ。この信念によって、たとえば、人間が食物のために動物を殺したり、さらにはたんなる楽しみのためにさえ殺したりしても、まったく差し支えない理由の説明がつく。

ところが、最新の科学的発見はみな、この一神教の神話をきっぱりと否定している。たしかに、研究室での実験で、この神話の一部が正しいことが裏づけられてはいる。まさに一神教信者の言うとおり、動物たちには魂はない。これまでどれほど労を惜しまず念入りに調べてみても、ブタやラットやアカゲザルなどには、魂らしきものなどほんのわずかでも見つかったためしがない。残念ながら、同様の実験によって、一神教神話の第二の、そしてずっと重要な部分、すなわち、人間には現に魂があるという部分も切り崩されている。科学者たちはホモ・サピエンスに何万という奇怪な実験を行ない、私たちの心臓や脳を隅から隅まで調べてきた。だが、これまでのところ、不思議な輝きは見つかっていない。ブタとは違ってサピエンスには魂があるという科学的証拠は皆無なのだ。

もしそれのみだったなら、科学者たちはこれからも探し続ける必要があるだけのことだと主張できるかもしれない。もし、まだ魂が見つからないのなら、探すにあたって注意力が足りなかったからだ、と。ところが生命科学者たちが魂の存在を疑っているのは、証拠がないからだけではなく、魂という考えそのものが、進化の最も根本的な原理に反するからでもある。敬虔な一神教信者の間で、進化論がとどまる所を知らない憎しみを引き起こすのは、この矛盾のせいだ。

チャールズ・ダーウィンを怖がるのは誰か？

二〇一二年のあるギャラップ世論調査によると、ホモ・サピエンスが神の介入をいっさい受けずに、自然選択だけによって進化したと考えるアメリカ人はわずか一五パーセントしかおらず、三二パーセントが、人間は何百万年も続く過程の中で、先行する生き物から進化したかもしれないが、神がそのショー全体を演出したと主張し、四六パーセントが、まさに聖書に書かれているとおり、過去一万年間のある時点で、神が人間を現在の形で創造したと信じているという。大学で数年学んでも、こうした見方にはまったく影響が出ない。同じ調査で、学士号を持つ大学卒業生の四六パーセントが聖書の創造物語を信じているのに対して、神の監督を少しも受けずに人間が進化したと考える人はわずか一四パーセントであることがわかった。修士号や博士号を持つ人でさえ、その二五パーセントは聖書を信じており、私たちの種は自然選択が独力で生み出したと答えたのはわずか二九パーセントだ[1]。

学校が進化を教えるのが非常に下手なのは歴然としているにもかかわらず、宗教の熱烈な信者は依然として、進化はまったく教えるべきではないと言い張る。あるいは、子供たちにはインテリジェント・デザインも教えるように要求する。インテリジェント・デザインという考え方によれば、あらゆる生き物は何らかのより高度な知性（別名「神」）の設計によって創造されたという。「両方の理論を教え、どちらを選ぶかは子供たちに自ら決めさせろ」と熱烈な信者たちは言う。

進化論はなぜそのような異議を招くのだろう？　相対性理論や量子力学を気にする人など、誰もいないようなのに。物質やエネルギー、空間、時間についての代替理論に子供たちがさらされるように政治家が求めないのはどうしたことか？　なにしろ、アインシュタインやヴェルナー・ハイゼンベルクの奇怪な理論に比べれば、ダーウィンの考えは一見するとたいした脅威を与えるようには思えないのだから。進化論は適者生存の原理に基づいている。それは（退屈な、とは言わないまでも）明快で単純な発想だ。一方、相対性理論と量子力学は、時間と空間は歪めることができる、無から何かが現れうる、猫が生きていると同時に死んでいることがありうる、などと主張する。これは私たちの常識を嘲笑うものだが、誰も無垢な学童をこうしたけしからぬ考えから保護しようとはしない。なぜか？

相対性理論に腹を立てる人がいないのは、この理論は私たちが大切にしている信念のどれとも矛盾しないからだ。空間や時間が絶対的なものか相対的なものかなど、ほとんどの人は気にもかけない。空間や時間を曲げることが可能だとあなたが考えているのなら、お好きなように。どうぞ曲げてください、私の知ったことではありません、というわけだ。それとは対照的に、ダーウィンは私たちから魂を奪った。もしあなたが進化論を本当に理解していたら、魂が存在しないことも理解できているはずだ。この考えにぞっとするのは敬虔なキリスト教徒やイスラム教徒だけではない。何一つ明確な宗教的教義は持っていないものの、人間の一人ひとりに、一生を通じて変わることもなければ、死さえ無傷で生き延びられもする、不滅の個人的本質が備わっていると信じている、多くの世俗的な人々にしても同じだ。

「individual（個人）」という言葉の文字どおりの意味は、「分割することのできないもの」ということだ。したがって、私は「個人」であると言えば、私の真の自己が、別々の部品の組み合わせではなく、一体不可分のものであることを意味する。分割することのできないこの本質は、何も失わず、何も吸収せず、この一瞬から次の一瞬へと持続するとされている。私の肉体や脳は、ニューロンが発火し、ホルモンが流れ、筋肉が収縮するなか、絶え間ない変化の過程を経ている。私の人格や願望や人間関係はけっして一定のままではなく、何年、何十年とたつうちには、すっかり変わってしまいうる。だが、そうした変化のいっさいとは裏腹に、私は生まれてから死ぬまで、そして望むらくは死後も、同じ人間であり続ける。

私の真の自己は分割することのできない、不変で、不滅かもしれない本質であるという考えを、進化論は残念ながら退ける。進化論によると、以下のようになる。ゾウやオークの木から細胞やＤＮＡ分子まで、あらゆる生物学的存在は、結合と分離を絶え間なく繰り返す、もっと小さく単純な部分から成る。ゾウも細胞も、新しい結合と分裂の結果として、徐々に進化した。分割することも変えることもできないものが、自然選択を通じて現れるはずがない。

たとえば人間の目は、水晶体や角膜や網膜といった、無数のもっと小さな部分が集まってできたきわめて複雑な器官だ。目は、こうした構成要素をすべて備えて、どこからともなく突然出現したわけではない。厖大な歳月をかけて、少しずつ進化した。私たちの目は、一〇〇万年前に生きていたホモ・エレクトスの目ととてもよく似ている。四〇〇万年前に生きていたアウストラロピテクスの目とは、そこまでは似ていない。一億五〇〇〇万年前に生きていたドリオレステスの目とは非常に異なる。そして、何億年も前にこの惑星に生息していた単細胞生物とは何の共通点もないようだ。

とはいえ、単細胞生物でさえも、明暗を区別し、どちらか一方に向かって移動するのを可能にする微小な細胞器官を持っている。そのような太古の感覚器官から人間の目に至る道は長く、曲がりくねっているとはいえ、何億年もの時間をかけられるなら、一歩一歩前進してついには踏破できる。それが可能なのは、目が多くの異なる部分からできているからだ。もし数世代ごとに、小さな変異のせいで角膜が前より少し湾曲するなど、それらの部分の一つにわずかな変化が起これば、何百万世代も経るうちには、そのような変化が積み重なって人間の目を生み出しうる。仮に目が一体不可分のもので、構成要素をまったく持たなかったなら、自然選択で進化することはけっしてありえなかっただろう。

だから進化論は魂という考えを受け容れられない——少なくとも「魂」が、分割することのできない、不変の、不滅かもしれないものを指しているとしたら。そのようなものは、漸進的な進化からは生じえない。自然選択が人間の目を生み出せたのは、目がさまざまな部分からできているからだ。だが、魂には構成要素がない。もしサピエンスの魂がホモ・エレクトスの魂から一歩一歩進化したのだとしたら、それらはいったいどのようなステップなのか？　魂には、ホモ・エレクトスのものよりもサピエンスのもののほうが進化している部分があるのか？　だが、魂には構成要素はない。

人間の魂は進化したのではなく、ある輝かしい日に最初から完璧な形で現れたと主張する人がいるかもしれない。だが、その輝かしい日とは、いったいいつのことか？　人類の進化を詳細に眺めてみると、その日を見つけるのは、ばつが悪いほど難しい。

人間は一人残らず、男性の精子と女性の卵子が結合した結果誕生した。初めて魂を持って生まれた赤ん坊を想像してほしい。その赤ん坊は両親にとてもよく似ているが、その子には魂があり、親にはない。親よりも角膜が少し余計に湾曲している赤ん坊が生まれることは、私たちの持つ生物学的知識で確実に説明できる。たった一つの遺伝子でわずかな変異が起これば、そのような変化は起こりうる。だが、魂のかけらすら持たない親から不滅の魂を持つ子供が生まれることは、生物学では説明できない。変異が一回あれば、あるいは、数回起こったとしても、死さえ含め、ありとあらゆる変化にも耐えるような本質を、ある動物に与えることが果たして可能なのか？

というわけで、魂の存在は進化論と両立しえない。進化は変化を意味し、永久不変のものを生み出すことはできない。進化の視点に立つと、人間の本質と呼べるものに最も近いのは、私たちのＤＮＡだが、ＤＮＡ分子は永遠不滅のものの座ではなく、変異の媒体だ。これに恐れをなす人は多く、彼らは魂を捨てるよりも進化論を退ける道を選ぶ。

証券取引所には意識がない理由

人間の優位を正当化するときに持ち出される説には、地球上のあらゆる動物のうち、意識ある心を持っているのはホモ・サピエンスだけだというものもある。だが、心は魂とは完全に別物だ。心は神秘的な不滅のものではない。目や脳のような器官でもない。心は、苦痛や快楽、怒り、愛といった主観的経験の流れだ。これらの精神的な経験は、感覚や情動や思考が連結して形作っている。感覚や情動や思考は、一瞬湧き起こったかと思えば、たちまち消える。すると他の経験が去来し、束の間起こってはすぐに去っていくことを繰り返す（それについてじっくり考えるときには、その経験を感覚や情動や思考といった別個のカテゴリーに分類しようとすることが多いが、実際には、みな混ざり合っている）。このように経験が激しく入り乱れて意識の流れを構成している。永久不変の魂とは違い、心は多くの部分を持ち、絶えず変化しており、それが不滅だと考える理由はまったくない。

魂とは一つの物語であり、それを受け容れる人もいれば退ける人もいる。それに対して、意識の流れは私たちがどの瞬間にも直接経験する具体的な現実だ。この世でこれほど確かなものはない。その存在は疑いようもない。疑念の虜になり、「主観的経験は本当に存在するのか？」と自問したときにさえ、その疑念を経験していることには確信が持てる。

この心の流れを構成する意識的経験とは、いったい何なのか？　どの主観的経験にも根本的な特徴が二つある。感覚と欲望だ。ロボットやコンピューターには意識がないのは、どちらも無数の能力を持つにもかかわらず、何も感じないし、何も渇望しないからだ。ロボットにはエネルギーセンサーがあって、電池が切れそうになると中央処理装置に信号を送るかもしれない。するとそのロボットは、電気のコンセントに向かい、自分でプラグを差し込み、電池を再充電するかもしれない。とはいえ、この過程では終始、ロボットは何も経験しない。一方、エネルギーを使い果たした人間は空腹を覚え、この不快な感覚を止めることを渇望する。だから私たちは、人間は意識ある存在で、ロボットはそうでないと言うし、飢えと疲労で倒れるまで人間を働かせるのは犯罪であるのに対して、電池が切れるまでロボットを働かせても、道徳的に非難されることはない。

では、動物たちは？　彼らには意識があるのか？　彼らは主観的経験をするのか？　疲労で倒れるまで馬を働かせるのは許されるのか？　すでに指摘したとおり、現在では生命科学は、すべての哺乳類と鳥類、そして少なくとも一部の爬虫類と魚類には感覚と情動があると主張している。ところが、最新の理論は、感覚と情動は生化学的なデータ処理アルゴリズムであるとも主張している。ロボットやコンピューターは主観的経験をせずにデータを処理することが知られているが、動物も同じようにしているのだろうか？　じつは人間の場合でさえ、感覚と情動の脳回路の多くは、完全に無意識にデータを処理し、行動を起こすことができる。だから、空腹感や恐れ、愛情、忠誠心といった、動物が持っていると私たちが見なす感覚と情動のいっさいの陰には、主観的経験ではなく無意識のアルゴリズムだけが潜んでいるのかもしれない[2]。

この説を支持したのが、近代哲学の父ルネ・デカルトだ。感じたり渇望したりするのは人間だけで、他の動物はみな、ロボットや自動販売機にも似た、心を持たない自動機械である、とデカルトは一七世紀に主張した。犬は人間に蹴られても、何も経験しない。何一つ感じたり望んだりせずに、ブーンという音を立てながらコーヒーを淹れる自動販売機とちょうど同じで、犬は自動的に尻込みし、吠える。

この説は、デカルトの時代には広く受け容れられていた。一七世紀の医師や学者は、麻酔も使わず、良心の咎めも感じずに、犬を生きたまま解剖し、内臓の働きを観察した。彼らはそのような行為をまったく問題視しなかった。私たちが自動販売機の蓋を開けて、歯車やコンベヤーを観察することに後ろめたさを感じないのとまったく同じだ。二一世紀初頭の今でさえ、動物には意識がない、あるいはせいぜい、非常に異なる劣った種類の意識があるにすぎないと言う人は大勢いる。

動物には私たちのものに似た意識ある心があるかどうかを判断するためには、まず、心の機能の仕方と心が果たす役割をもっとよく理解しなくてはならない。どちらもきわめて難しい問題だが、少し時間をかける価値がある。心は後の数章で主役を務めるからだ。心とは何かを知らなければ、ＡＩなどの新しいテクノロジーの持つ意味合いを余すところなく捉えることはできない。だから、動物の心という具体的な問題はひとまず脇に置き、心と意識の全般について科学でわかっていることを詳しく調べてみよう。私たちには取りつきやすいだろうから、人間の意識の研究から引いてきた例に的を絞り、それから動物に戻り、人間について言えることは、柔毛や羽毛に覆われた私たちの仲間についても言えるかどうかを問うことにする。

率直に言って、心と意識について科学にわかっていることは驚くほど少ない。意識は脳内の電気化学的反応によって生み出され、心的経験は何かしら不可欠なデータ処理機能を果たしているというのが現在の通説だ(3)。とはいえ、脳内の生化学的反応と電流の寄せ集めが、どのようにして苦痛や怒りや愛情の主観的経験を生み出すのかは、誰にもまったく想像がつかない。一〇年後か五〇年後には、しっかり説明がつくかもしれない。だが二〇一六年の時点では、そのような説明は得られていないから、それははっきり認識しておかなくてはいけない。

たしかに科学者は、機能的磁気共鳴画像法（ｆＭＲＩ）によるスキャンや、埋め込んだ電極、その他の高性能の装置を使い、脳内の電流とさまざまな主観的経験との相関や、さらには因果関係さえも突き止めてきた。彼らは脳の活動ぶりを見るだけで、人が目覚めているか、夢を見ているか、熟睡しているかを知ることができる。人の目の前に、意識的に知覚できるかできないかぎりぎりの短い時間、画像を映し出し、

（本人には訊かずに）その人が画像を知覚したかどうかを判定できる。個々のニューロンを特定の心的内容と結びつけることさえやってのけ、たとえば、「ビル・クリントン」ニューロンや「ホーマー・シンプソン」ニューロンを発見した。「ビル・クリントン」ニューロンがオンになっているときには、その人はこのアメリカの第四二代大統領について考えている。その人にホーマー・シンプソンの画像を見せれば、その名前のついたニューロンが発火する。

個々のニューロンよりも少し範囲を広げると、特定の脳領域で電気の嵐が発生した場合には、その人がおそらく怒りを感じていることを、科学者たちは知っている。この嵐が収まり、別の領域が活性化すると、その人は愛を感じていることがわかる。それどころか、科学者は適切なニューロンを電気的に刺激して、怒りや愛の感情を誘発することさえできる。だが、電子が一か所から別の場所へ移動すると、いったいどのようにしてビル・クリントンの主観的イメージや、怒りや愛の主観的感情が生まれるのか？

最も一般的な説明は以下のとおりだ。脳は非常に複雑な器官で、八〇〇億を超えるニューロンが結びついて無数の入り組んだ網状組織を形成している。そして、何十億ものニューロンが何十億もの電気信号をやりとりすると、主観的な経験が出現する。個々の電気信号の送信と受信は単純な生化学的現象だが、そうした信号の間で相互作用が起こると、はるかに複雑なもの、すなわち意識の流れが生まれる。同じような動的な現象は他の多くの分野でも見られる。一台の自動車の動きは単純な活動だが、何百万もの自動車が同時に動いて相互作用すると、交通渋滞が起こる。一株の売買は単純そのものだが、何百万もの投機家が何百万もの株を売買すると、専門家さえも唖然となるような経済危機につながりうる。

だがこの説明は何の説明にもなっていない。問題がなんとも厄介であることを認めているにすぎない。ある種の現象（何十億もの電気信号があちこち伝わっていること）が、まったく異なる種類の現象（怒りや愛の主観的経験）をどうして生み出すのかについて、何一つ見識を示してくれない。交通渋滞や経済危機のような他の複雑なプロセスになぞらえるのは間違っている。交通渋滞はなぜ起こるのか？　一台の自動車を追うだけでは、けっして理解できない。渋滞は、多くの自動車の相互作用から生じる。自動車Aが自動車Bの動きに影響を与え、自動車Bが自動車Cの進路を遮り……という具合だ。とはいえ、関与している自動車すべての動きと、自動車どうしの影響を調べれば、交通渋滞の全容を描き出せる。「だが、こうした動きのいっさいが、どうやって交通渋滞を生み出したのか？」と問うのは無意味だろう。なぜなら、「交通渋滞」は、このさまざまな出来事の特定の集合を指して私たち人間が使うことにした抽象的な言葉にすぎないからだ。

それに対して、「怒り」は何十億もの脳の電気信号を簡潔に言い表すために私たちが使うことにした抽象的な言葉ではない。怒りは、人々が電気について少しでも知るようになるよりもずっと昔から馴染みのある、すこぶる具体的な経験だ。「怒ったぞ!」と私が言うときには、とても明確な感情を指している。ニューロンの化学的反応が電気信号を生じさせ、何十億もの同じような反応が何十億ものさらなる信号を生じさせる様子を記述したとしても、「だが、これらの何十億もの出来事が集まって、怒りという私の具体的な感情をどうやって生み出すのか?」と問う価値は依然として残る。

何千台もの自動車が東京の通りをのろのろと進むとき、私たちはそれを交通渋滞と呼ぶが、そこから巨大な東京の意識が生まれて、渋谷の繁華街の上空高くを漂い、「おやおや、私は渋滞してしまったようだ」などと独り言を言ったりはしない。何百万もの人が何十億もの株を売るとき、私たちはそれを経済危機と呼ぶが、巨大なウォール街の霊が、「くそ。危機に陥ったらしい」などとぼやくことはない。厖大な数の水分子が空で集まれば、私たちはそれを雲と呼ぶが、雲の意識が出現して、「雨を降らせたい気分だ」などと告げることはない。それならば、何十億もの電気信号が私の脳の中を動き回ると心が出現し、「頭にきた!」と感じるのはどうしたわけか? 二〇一六年の時点で、私たちには見当もつかない。

したがって、この考察を読んだあなたが困惑し、途方に暮れたとしても、心配無用。きっと大勢の人が同じように感じているだろうから。一流の科学者たちでさえ、心と意識の謎を読み解く段階には程遠い。科学の素晴らしい点の一つは、科学者が何か知らないときには、あらゆる種類の仮説や推測を試すことができるとはいえ、最後には自分の無知をあっさり認められることだ。

生命の方程式

科学者は、脳の電気信号の集まりがどうやって主観的経験を生み出すのかを知らない。それ以上に重要なのだが、そのような現象にはどのような進化上の利点がありうるのかも、科学者は知らない。それは生命についての私たちの理解にとって、最大の泣き所だ。人間には足がある。私たちの祖先は足のおかげで、何百万世代にもわたってウサギを追いかけ、ライオンから逃げることができたからだ。人間には目がある。私たちの祖先は目のおかげで、気の遠くなるような歳月にわたって、ウサギがどちらに向かっているかや、ライオンがどちらから向かってくるかを見て取れたからだ。だが、人間はなぜ空腹や恐れの主観的経験をするのか？

先頃、生物学者たちはごく単純な答えを出した。私たちは空腹や恐れを感じなかったら、わざわざウサギを追いかけたりライオンから逃げたりしなかっただろうから、主観的経験は私たちの生存に不可欠だ。人間はライオンを見かけたら、なぜ逃げたのか？　それは、怖かったから、逃げたのだ。このように、主観的経験で人間の行動は説明がついた。とはいえ今日、科学者たちは、はるかに詳細な説明を提供してくれる。人がライオンを見かけると、目から脳へと電気信号が伝わる。入ってきた信号で特定のニューロンが刺激されて反応し、さらに多くの信号を発する。その信号に他のニューロンが次々に刺激され、今度はそれらのニューロンが信号を発する。十分な数の適切なニューロンが十分な速さで繰り返し発火すれば、副腎に命令が送られて体中にアドレナリンが行き渡り、心臓は鼓動を速めるよう指示される一方、運動中枢のニューロンは脚の筋肉に信号を送り、筋肉は伸びたり縮んだりし始め、人はライオンから逃げ出す。

　皮肉にも、この過程をうまく叙述するほど、意識的な感情を説明するのが難しくなる。脳をよく理解するほど、しだいに心が余分に思えてくる。あちらへこちらへと伝わる電気信号によって全システムが機能しているのなら、いったいぜんたい、なぜ私たちは恐れを感じる必要まであるのか？　一連の電気化学的反応が目の神経細胞から脚の筋肉の動きにまで、はるばるつながっているのなら、なぜこの連鎖に主観的経験を加えるのか？　主観的経験は何をしているのか？　無数のドミノ牌が、主観的経験を少しも必要とすることなしに次から次へと倒れていけるのだ。なぜニューロンは、互いに刺激し合うため、あるいは副腎にアドレナリンを分泌し始めるよう命じるために感情を必要とするのか？　実際、筋肉の動きやホルモンの分泌を含めて、身体的活動の九九パーセントが意識的な感情をまったく必要とせずに起こる。それならばなぜ残る一パーセントの場合に、ニューロンや筋肉や腺にはそのような感情が必要なのか？

私たちに心が必要なのは、心が記憶を保存したり、計画を立てたり、完全に新しいイメージやアイデアを自発的に生み出したりするからだと主張する人もいるかもしれない。ただ外部の刺激に反応しているだけではないのだ。たとえば、人がライオンを見かけたとき、その人は捕食者を目にして自動的に反応したりはしない。一年前に伯母がライオンに食われたことを思い出す。ライオンに八つ裂きにされるのはどんな感じかを想像する。親を失った我が子の運命を予想する。だから人は感じる。事実、外部からの直接の刺激ではなく、心そのものの主導によって多くの連鎖反応が始まる。たとえば、以前にライオンに襲われた記憶が自然に頭に浮かび、その人はライオンの危険について考え始めるかもしれない。それから、その人は部族の人々を全員集めて知恵を出し合い、ライオンを怖がらせて追い払う斬新な方法を考えつくかもしれない。

だが、ちょっと待ってほしい。こうした記憶や想像や思考とはみな、何なのか？

どこに存在するのか？　現在の生物学の説によれば、私たちの記憶や想像や思考は、どこか高い所にある非物質的な領域に存在したりはしないという。じつはそれらも、何十億というニューロンによって発せられる厖大な数の電気信号だ。したがって、記憶や想像や思考を考慮に入れるときにさえ、何十億というニューロンを通過して副腎や脚の筋肉の活動で終わる一連の電気化学的反応から、依然として逃れられないのだ。

この長く曲がりくねった旅路のどこかに、一つのニューロンの活動と次のニューロンの反応との間に心が介入して、二番目のニューロンが発火するべきかどうかを決める段階が、一つでもあるのだろうか？　他の粒子の先行する動きによってではなく恐れの主観的経験によって引き起こされる、何か物質的な動きがあるだろうか――たとえそれが、たった一つの電子の動きであったとしても？　もしそのような動きがないのなら、そして、どの電子も、前に別の電子が動いたから動くのなら、なぜ私たちは恐れを経験する必要があるのか？　私たちには手掛かりの一つすらない。

哲学者たちはこの謎を要約し、次のような厄介な質問にまとめた。脳で起こらないことで、心で起こることは何か？　もし、ニューロンの大規模なネットワークで起こること以外、心の中で起こることが何もなければ、私たちはなぜ心を必要とするのか？　逆に、もし神経ネットワークで起こること以上のことが心で本当に起こっているのなら、それはいったいどこで起こっているのか？　仮に私があなたに、ホーマ

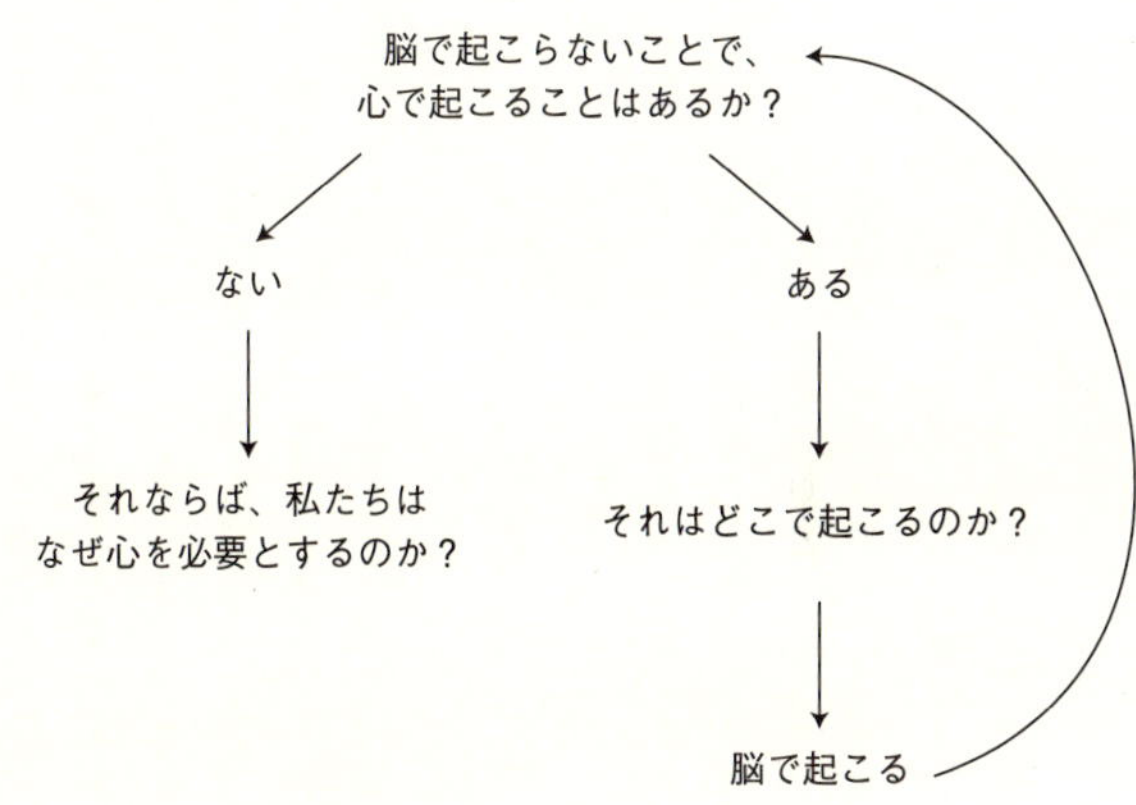

ー・シンプソンはビル・クリントンとモニカ・ルインスキーのスキャンダルについてどう思ったか訊いたとしよう。あなたはおそらく、これまでそんなことは一度も考えたことがないだろうから、今あなたの心は以前は関係なかった二つの記憶を融合させる必要があり、ホーマーがビールを飲みながら、大統領が例の「私はあの女とは性的関係は持たなかった」というスピーチをテレビで観ているところでも想像するかもしれない。この融合は、どこで起こるのだろう?

脳科学者のなかには、多くのニューロンの相互作用によって生み出された「グローバルワークスペース」で起こると主張する人もいる[4]。とはいえ、「ワークスペース」という言葉はただの比喩だ。この比喩の背後には、どんな現実があるのか?　さまざまな情報は実際にはどこで出合って融合するのか？　現在の仮説によれば、それは観念的な五次元世界のような場所では断じて起こらないらしい。じつは、たとえばこれまで結びついていなかった二つのニューロンが突然互いに信号を発し合い始めた場所で起こる。新しいシナプス〔ニューロンどうしの接合部〕が、ビル・クリントンのニューロンとホーマー・シンプソンのニューロンとの間に形成される。だが、もしそうなら、二つのニューロンが結合するという物理的な出来事に加えて、なぜ記憶の意識的経験まで必要なのか？

この疑問は数学の言葉で問い直すことができる。今日では、生き物はアルゴリズムであり、アルゴリズムは数式で表せるというのが定説になっている。数字と数学記号を使えば、自動販売機が一杯の紅茶を淹れるのにたどる一連の手順や、ライオンの接近に驚いた脳が踏む一連のステップを書き表せる。もしそうなら、そして、意識的経験が何か重要な機能を果たすなら、そのような経験には数学的な表現があるに違いない。なぜなら、それはアルゴリズムの不可欠な部分だからだ。恐れのアルゴリズムを書いて、「恐れ」を一連の厳密な計算に分解したら、「これだ。計算プロセスの第九三ステップこそが、恐れの主観的経験だ！」と指摘できていいはずだ。だが、数学の広大な領域に、主観的経験を含むアルゴリズムなどあるのだろうか？　これまでのところ、そのようなアルゴリズムはまったく知られていない。数学とコンピューター科学の分野で厖大な知識が得られているにもかかわらず、私たちが創り出したデータ処理システムのうち、機能するために主観的経験を必要としたり、苦痛や快楽、怒り、愛を感じたりするものは一つとしてない(5)。

　ことによると、私たちは自分自身について考えるために主観的経験を必要としているのだろうか？　サバンナを歩き回りながら生存と繁殖の可能性を計算している動物は、自分の行動と決定を自分自身に示したり、ときには他の動物にも伝えたりしなければならない。脳は自らの決定のモデルを生み出そうとすると、無限の堂々巡りに陥る。すると、あら不思議！　このループから、意識がひょっこり現れる。

　五〇年前ならこの説明は妥当に聞こえたかもしれないが、二〇一六年の今は、そうはいかない。グーグルやテスラといったいくつかの企業が自動運転車を造っており、そのような自動車はすでに道路を走っている。自動運転車を制御するアルゴリズムは、他の自動車や歩行者、交通信号、路面の窪み(くぼ)などについて、毎秒何百万もの計算を行なう。きちんと赤信号で停まり、障害物をよけ、他の自動車と安全な間隔を保つ——まったく恐れを感じることなしに。自動運転車は自らを考慮に入れ、自分の計画と要求を周りの自動車に伝える必要もある。もし急に進路を右に変えることにしたら、他の自動車の動きに影響を与えるからだ。自動運転車はそれをすべて難なくこなす——まったく意識もなしに。なにも自動運転車が特別なわけではない。他の多くのコンピユータープログラムも自らの行動を考慮に入れるが、そのどれ一つとして意識を発達させてはいないし、何一つ感じたり望んだりしない[6]。

心を説明できず、心が果たす役割がわかっていないのなら、あっさり切り捨ててしまえばいいではないか。科学の歴史には、捨て去られた概念や仮説が累々と横たわっている。たとえば、光の動きを説明しようとした近代初期の科学者たちは、「エーテル」と呼ばれる物質の存在を前提とした。エーテルが宇宙空間を満たしており、光はエーテルの波であると考えたのだ。ところが、どれだけ調べてみてもエーテルが存在するという証拠は得られず、その一方で、もっと優れた代替の仮説が考え出された。その結果、エーテルは科学のゴミ箱の中に投げ込まれた。

同様に、人間は何千年にもわたって神を使っておびただしい自然現象を説明してきた。雷を落とすのは?　神。雨を降らせるのは?　神。地球に生命を誕生させたのは?　神。だが過去数世紀の間、科学者たちは神が存在するという実験的証拠を何一つ見つけられないなか、落雷や降雨や生命の起源については、はるかに詳細な説明を現に発見してきた。その結果、哲学のいくつかの下位分野を除けば、専門家の査読がある科学雑誌に載る論文のうちには、神の存在を真剣に受け止めているものは一篇もない。歴史学者は第二次世界大戦で連合国が勝ったのは神が味方についていたからだ

図15　一般道路を走るグーグルの自動運転車。

とは主張しないし、経済学者は一九二九年の経済危機を神のせいにはしないし、地質学者は神の意思を持ち出して構造プレートの運動を説明したりはしない。

魂も同じ運命に見舞われた。私たちの行動と決定はすべて自分の魂から生じると、人々は何千年にもわたって信じてきた。ところが、それを支持する証拠がなく、はるかに詳細な代替の説が出てきたため、生命科学は魂を見捨てた。多くの生物学者や医師が、一個人としては魂の存在を信じ続けるかもしれない。とはいえ彼らも、真面目な科学雑誌で魂について書くことはけっしてない。

心も科学のゴミ箱に放り込まれた魂や神やエーテルの仲間入りをするべきかもしれないのではないか？　なにしろ、顕微鏡を通して苦痛や愛の経験を目にした人は誰一人いないし、主観的経験の入り込む余地のまったくない、苦痛と愛の非常に詳細な生化学的説明があるのだから。とはいえ、心と魂との間には（そして、心と神との間にも）決定的な違いがある。不滅の魂の存在は純粋に推測であるのに対して、苦痛の経験は直接的で非常に明確な現実の現象だ。私は、釘を踏んだら痛みを感じることには、（今のところ、それを科学的に説明できないとしても）一〇〇パーセント自信がある。それに対して、もし傷口からばい菌が入って壊疽で死んだとしたら、私の魂が存在し続けるかどうかは確信が持てない。死後も魂が存在し続けるという話はとても興味深く、慰めとなるので、喜んで信じたい気もするが、それが真実であるという直接の証拠を私は一つも持っていない。だが、どんな科学者も痛みや疑いといった主観的感情は絶えず経験しているので、その存在は否定のしようがない。

心と意識を捨て去るには、その存在ではなく関連性を否定するという手もある。科学者のなかには、ダニエル・デネットやスタニスラス・ドゥアンヌのように、脳の活動を研究すれば、主観的経験を持ち出さなくても、関連する疑問にはすべて答えられると主張する人もいる。だから科学者は、「心」「意識」「主観的経験」といった言葉を安心して自分たちの語彙や論文から削除できるというわけだ。とはいえ、今後の章で見るように、現代の政治や倫理の体系は主観的経験の上に成り立っており、脳の活動にだけ注目して解決できる倫理的ジレンマはほとんどない。たとえば、拷問や強姦はどこが悪いのか？　純粋に神経学的な視点に立てば、人間が拷問されたり強姦されたりするときには、脳の中で特定の生化学的反応が起こり、さまざまな電気信号が一群のニューロンから別の一群のニューロンへと伝わっているわけだ。そのどこが悪いなどと言えるのか？　現代人の大半が拷問や強姦について倫理的嫌悪感を抱くのは、そこに主観的経験がかかわっているからだ。もし、主観的経験には関連がないと主張したい科学者がいたら、主観的経験をいっさい引き合いに出さずに、拷問や強姦が悪い理由を説明するという難題に直面するだろう。

最後に、次のような立場を取る科学者もいる。意識は現実のもので、重大な道徳的・政治的価値を持つかもしれないが、生物学的機能は何一つ果たさない。意識は特定の脳の作用の、生物学的には無用な副産物だ。ジェットエンジンは騒々しい音を立てるが、その騒音が飛行機を前に進めるわけではない。人間は二酸化炭素を必要としないが、息をするたびに、空気中の二酸化炭素を増やす。同様に、意識は複雑な神経ネットワークの発火によって生み出される、一種の心的汚染物質だ。意識は何もしない。ただそこに存在するだけであるというのだ。もしこれが正しければ、何億年にもわたって無数の生き物が経験してきた苦痛や快楽は、ただの心的汚染物質にすぎないことになる。これはたとえ正しくないとしても、たしかに一考に値する。だが、二〇一六年の時点で現代科学が提供できる意識の仮説のうち、これが最高のものであるとは、なんと驚くべきことだろう。

ことによると、生命科学はこの問題を間違った角度から眺めているのかもしれない。生命科学では、生命とはデータ処理に尽きる、生き物は計算を行なって決定を下す機械である、と考えられている。とはいえ、生き物とアルゴリズムとの間のこの類似性は、私たちを誤った方向に導きかねない。一九世紀の科学者たちは、脳と心を、まるで蒸気機関であるかのように説明した。なぜ蒸気機関なのか？　なぜなら、それが当時の最新テクノロジーであり、列車や船や工場の動力源だったので、人間が生命を説明しようとしたとき、生命も蒸気機関と類似した原理で機能しているに違いないと思い込んでいたからだ。心と体はパイプやシリンダー、弁、ピストンでできており、それが圧力を高めたり解き放ったりし、動きや行動を生み出す。そのような考え方は、フロイトの心理学にさえ深遠な影響を与えた。そのため、心理学の専門用語の多くには、機械工学から借りてきた概念が依然としてたっぷり含まれている。

たとえば、次のようなフロイト派の主張を考えてほしい。「軍は性衝動を、軍事侵略の燃料として利用する。軍は性衝動がまさに頂点に達する年頃の若い男性を入隊させる。そして、兵士が実際に性行為を行なってその圧力をすべて解き放つ機会を制限するので、兵士たちの中に圧力がしだいに蓄積していく。それから軍は、その行き所のない圧力を別の方向に向け、軍事侵略の形で解き放たせる」。これこそまさに、蒸気機関の機能の仕方だ。高温の蒸気を密閉した容器に閉じ込める。蒸気の圧力がしだいに高まってきたら、急に弁を開いてその圧力を、あらかじめ定められた方向に解放し、列車や織機を動かす。軍隊に限らず、ありとあらゆる活動分野で、私たちは自分の中に圧力(プレッシャー)がたまっているとしばしば不平を言い、それを「発散させ」ないと、爆発するかもしれないと恐れる。

二一世紀の今、人間の心を蒸気機関にたとえるのは子供じみて見える。今日、私たちはそれと比べ物にならないほど高性能のテクノロジー、すなわちコンピューターを持っているので、人間の心を、圧力を調節する蒸気機関ではなくデータを処理するコンピューターであるかのように説明する。だが、この新しいたとえも、けっきょく幼稚なものなのかもしれない。なにしろ、コンピューターには心がないからだ。コンピューターは、バグがあるときでさえ何も渇望しないし、インターネットは独裁的な政権が一国をまるごとウェブから切り離しても痛みを感じない。それならばなぜ、心を理解するためのモデルとしてコンピューターを使うのか？

もっとも、コンピューターには何の感覚も欲求もないというのは本当に確かなのだろうか？　そして、コンピューターはたとえ現時点では感覚も欲求も持たないとしても、十分複雑になったら、意識を発達させるかもしれないのではないか？　もしそれが起こったら、私たちはどうやって確かめればいいのか？　コンピューターがバスの運転手や教師や精神科医に取って代わったときには、コンピューターは感情を持っているかや、心を持たないアルゴリズムのただの集まりにすぎないのかなどを、私たちはどうすれば突き止められるのか？

人間に関してなら、私たちは今日、意識される心的経験と意識されない脳の活動を区別できる。私たちは意識を理解する段階には程遠いとはいえ、科学者たちはすでに、意識の電気化学的シグネチャー（特徴的なしるし）の一部を突き止めるのに成功している。突き止めるにあたっては、人が何かを意識していることを報告するときにはいつもそれを信用できるという前提から出発した。次にこの前提に基づいて、人が意識があると報告するたびに現れ、無意識状態の間はけっして現れない特定の脳のパターンを分離することができた。

科学者たちはこれによって、たとえば、一見すると植物状態の脳卒中患者が完全に意識を失ってしまったのか、たんに体を動かしたり口を利いたりする能力を失っただけなのかを判定できる。もし、見てすぐそれとわかる意識のシグネチャーを患者の脳が示せば、その患者はたとえ動いたり話したりすることができなくても、おそらく意識があるのだろう。実際、最近神経科学者たちはｆＭＲＩの画像法を使ってそのような患者たちとの意思の疎通を成功させた。患者たちにイエスかノーで答えられる質問をし、イエスならテニスをしているところを想像し、ノーなら自宅内を動き回る様子を思い描くように指示した。患者がテニスをしているところを想像すると（つまり「イエス」）、運動野が活性化し、「ノー」のときには空間的記憶にかかわる脳領域が活性化した。[7]

これはすべて人間ではとてもうまくいくが、コンピューターの場合はどうなのか？シリコンベースのコンピューターの構造は、炭素ベースの人間の神経ネットワークとは大違いなので、人間の意識のシグネチャーは、コンピューターには当てはまらないかもしれない。私たちは悪循環に陥ってしまったようだ。人が意識があると報告するときにはそれが信用できるという前提を出発点とすれば、私たちは人間の意識のシグネチャーを突き止められ、そうしたシグネチャーを使って人間には本当に意識があると「証明する」ことができる。だが、もしＡＩが自分には意識があると自己報告したら、私たちはそれを鵜呑み（うの）みにするべきなのだろうか？

これまでのところ、私たちにはこの問題に対する妥当な答えがない。哲学者たちがすでに何千年も前に気づいていたように、私たちは自分以外の人に心があると、反論の余地がないまでに証明することはけっしてできない。実際、他人の場合には、私たちはただ、意識があると推定しているだけで、本当に意識があると確実に知ることはできない。ひょっとしたら、全宇宙の中で何かを感じる生き物は唯一私だけで、他の人間と動物はすべて、心を持たないただのロボットなのか？　ことによると、私は夢を見ており、出会う人はみな、夢に出てくる人物にすぎないのか？　もしかしたら、私はバーチャル世界の中に閉じ込められていて、私が目にする生き物はすべて、ただのシミュレーションなのか？

現在の科学の定説によれば、私の経験することはどれも、脳の中の電気的活動の結果であり、したがって、「リアルな」世界とは私には区別のしようがないバーチャルな世界をまるごとシミュレートすることは、理論上は実行可能だという。そう遠くない将来、私たちが実際にそのようなことをするだろうと信じている脳科学者もいる。考えてみると、それはすでに行なわれているかもしれない——あなたに。もしかしたら、今は二二一六年で、あなたは退屈したティーンエイジャーであり、原始的で胸躍る二一世紀初頭の世界をシミュレートする「バーチャル世界」のゲームに夢中になっているのかもしれない。この筋書きの実現可能性が少しでもあると認めれば、数学によってなんとも恐ろしい結論へと導かれる。現実の世界は一つしかないのに対して、考えうるバーチャル世界の数は無限なので、あなたがその唯一の現実の世界に暮らしている確率はゼロに近い。

科学の大躍進のうち、他人にも自分と同じような心があるかどうかという、悪名高いこの「他我問題」を克服してのけたものは一つもない。これまで学者たちが思いついた最善のテストは「チューリングテスト」と呼ばれるものだが、それは社会的慣習しか検討しない。チューリングテストでは、コンピューターに心があるかどうかを判判定するために、コンピューターと本物の人間を、どちらがどちらとは知らずに同時に相手にして言葉を交わす。何でも好きな質問をしたり、ゲームや議論をしたりしていいし、なれなれしく戯れることさえしてかまわない。時間も好きなだけかけられる。それから、どちらがコンピューターでどちらが人間かを判断する。もし区別できなかったり、判断を誤ったりしたら、そのコンピューターはチューリングテストに合格し、本当に心を持っているものとして扱われるべきであるということになる。とはいえ、もちろんそれは本物の証明とは言えない。自分のもの以外にも心があると認めるのは、社会的・法的慣習にすぎないのだ。

チューリングテストは一九五〇年に、コンピューター時代の創始者の一人であるイギリスの数学者アラン・チューリングが考案した。彼は同性愛者であったが、当時のイギリスでは同性愛は違法だった。一九五二年、チューリングは同性愛行為のかどで有罪とされ、化学的去勢処置を強制的に受けさせられた。二年後、彼は自殺した。チューリングテストは、一九五〇年代のイギリスですべての同性愛者が日常的に受けざるをえなかったテスト、すなわち、異性愛者として世間の目を欺き通せるかというテストの焼き直しにすぎなかった。チューリングは、人が本当はどういう人間なのかは関係ないことを、自分自身の経験から知っていた。肝心なのは、他者に自分がどう思われているかだけなのだった。チューリングによれば、コンピューターは将来、一九五〇年代の同性愛者とちょうど同じようになるという。コンピューターに現実に意識があるかどうかは関係ない。肝心なのは、人々がそれについてどう思うかだけなのだ。

実験室のラットたちの憂鬱な生活

心とは何かを検討し、じつは心についてはほとんどわかっていないことを知ったところで、人間以外の動物に心があるかという疑問に戻ることにしよう。犬をはじめ、いくつかの動物は、チューリングテストの修正版に間違いなく合格するだろう。あるものに意識があるかどうかを私たちが判定しようとするときにたいてい探し求めるのは、数学の才能や優れた記憶力ではなく、私たちと情動的な関係を結ぶ能力だ。武器や自動車、あるいは下着に対してさえ深い情動的な愛着を抱くようになる人もときにはいるが、そうした愛着は一方的で、関係に発展することはけっしてない。犬は人間との情動的関係を結ぶことができる事実を踏まえて、犬の飼い主のほとんどは、犬は心を持たない自動機械などではないと確信している。

とはいえ、懐疑的な人はそれで満足するはずもなく、情動はアルゴリズムであり、既知のアルゴリズムのうちには、機能するために意識を必要とするものはないことを指摘する。動物が複雑な情動的行動を見せるときにはいつも、それが、非常に手の込んだ、それでいて非意識的なアルゴリズムの産物ではないと証明することはできない。この主張は、もちろん人間にも当てはめられる。自分には意識があると報告することを含め、人間のすることはすべて、理論上は、非意識的アルゴリズムの働きかもしれない。

それでも私たちは人間の場合、自分には意識があると誰かが報告したときにはいつも、それを信じることができる。この最低限の仮定に基づいて、今日私たちは意識の存在を示す脳のシグネチャーを識別でき、今度はそれを体系的に使って意識のある状態と意識のない状態を区別できる。もっとも、動物の脳は人間の脳と多くの特徴を共有しているので、意識のシグネチャーの理解が深まれば、それを使って、動物には意識があるのか、いつ意識があるのかを突き止められるかもしれない。もし犬の脳が、意識ある人間の脳と同じようなパターンを示せば、犬には意識があるという有力な証拠になるだろう。

サルやマウスを使った初期段階のテストからは、少なくともサルとマウスの脳は意識のシグネチャーを現に示すことがわかっている。(8)ところが、動物の脳と人間の脳の違いを考え、私たちが意識の秘密をすべて解き明かす段階には依然として程遠いことも考慮すると、懐疑的な人を満足させられる決定的なテストが開発されるのは何十年も先かもしれない。それまでは、誰が立証責任を負うべきなのか？ 犬は、意識があることが立証されるまでは、心を持たない機械と考えるのか、誰かが説得力ある反証を見つけるまでは、意識ある生き物として犬を扱うのか？

二〇一二年七月七日、神経生物学と認知科学の一流の専門家がケンブリッジ大学に集まり、「意識に関するケンブリッジ宣言」に署名した。そこにはこうあった。「人間以外の動物には、意識ある状態の神経解剖学的基盤と、神経化学的基盤と、神経生理学的基盤が、意図的行動を見せる能力とともに備わっていることを、さまざまな証拠が一致して示している。したがって、これらの証拠は、意識を生じさせる神経基盤を人間のみが有しているわけではないことを示している。すべての哺乳類と鳥類を含め、また、タコをはじめとするその他多くの生物を含め、人間以外の動物も、こうした神経基盤を有している」[9]。この宣言は、他の動物には意識があるとまでは言っていない。なぜなら、まだ動かぬ証拠を欠いているからだ。だがこれにより、意識がないと考えている人に立証責任が移されたのだ。

科学界の風向きの変化に応じて、二〇一五年五月、ニュージーランドは議会が動物福祉修正法を可決し、世界各国の先頭を切って、動物は感覚のある生き物であると認定した。動物には感覚があることを認め、畜産業などでは動物の福祉に適切な注意を払うことが今や義務づけられていると、この法には明記されている。これは人間よりもヒツジのほうがはるかに多い国（人間は四五〇万人、ヒツジは三〇〇〇万頭）においては、じつに重大な内容だ。その後、カナダのケベック州も同様の法を可決したし、他にも追随しそうな国がある。

多くの企業も動物は感覚のある生き物だと認めているが、皮肉にも、そのせいで実験室での不快な試験に動物たちがさらされることが多い。たとえば、製薬会社は抗うつ薬を開発するときに、ラットを使うのがごく普通だ。広く使われている手順に、次のようなものがある。ラットを一〇〇匹（これだけの数を使うのは、統計的信頼性を得るため）、水の入ったガラスの容器に一匹ずつ入れる。ラットは容器の内側を登って逃げ出そうと何度も試みるが、うまくいかない。ほとんどのラットが一五分後には諦めて動かなくなる。容器の中を漂うばかりで、周囲の状況に無関心になる。

次に別のラットを一〇〇匹、容器に放り込むが、一四分後、彼らが絶望する直前に水から掬い出す。体を乾かして、餌をやり、少し休ませてから、また容器に放り込む。今度は、ほとんどのラットが二〇分間諦めずに奮闘する。なぜ一回目よりも六分余計に頑張るのか？　それは、過去の成功の記憶が脳内で何らかの生化学物質の分泌を促してラットに希望を与え、絶望の到来を遅らせるからだ。この物質を単離できさえしたら、抗うつ薬として人間に使えるかもしれない。だが、どの瞬間にもラットの脳にはおびただしい種類の化学物質があふれている。どうすれば適切な物質を特定できるか？

そのためには、それまでのテストに参加していないラットを新たに何グループも用意する。そしてそれぞれのグループに、抗うつ薬として期待の持てそうな化学物質を一種類ずつ注射する。それからラットを水に放り込む。Aという化学物質を注射したラットが一五分もがいただけで元気を失えば、Aはリストから抹消できる。Bという化学物質を注射したラットが二〇分間手足をばたつかせ続ければ、ＣＥＯと株主たちに連絡し、大発見をしたかもしれないことを告げる。

懐疑的な人は、このような描写全体がラットを必要以上に擬人化している、と異議を唱えるかもしれない。ラットは希望も絶望も経験しない、素早い動きを見せるときもあれば、じっとしているときもあるが、けっして何も感じてはいない、非意識的アルゴリズムに動かされているだけだ、というのだ。だが、もしそうなら、こうした実験のいっさいに何の意味があるというのか？　向精神薬は人間の行動だけではなく、何よりも人間の感情にも変化を引き起こすことを目的としている。患者が神経科医の所に行き、「先生、この憂鬱から抜け出せるような薬をください」と頼むときには、相変わらず気がふさいだまま手足をばたつかせるような結果につながる機械的な刺激

図16　左：希望を持っているラットがガラスの容器から脱出しようと奮闘しているところ。右：希望をすべて失ったラットが、容器の中でぼんやりと浮かんでいるところ。

を望んではいない。患者は陽気な気分になりたいのだ。製薬会社がそのような魔法の薬の開発に役立てようとしてラットを使った実験を行なうのは、ラットの行動には人間のものと同じような情動が伴うことを前提にしているからこそだ。そして実際、これは精神医学の研究所では一般的な前提だ。(10)

自己意識のあるチンパンジー

人間の優越性を崇めめる試みは、他にもある。ラットや犬やその他の動物には意識があることは認めるものの、人間とは違って彼らには自己意識がないと主張するのもその一つだ。動物は憂鬱や幸福、空腹や充足は感じるかもしれないが、自己という概念は持っておらず、自分が感じる憂鬱や空腹が、「私」と呼ばれる唯一無二のものに属している自覚はない、というのだ。

この考え方は一般的ではあるが、理解し難い。犬は空腹を感じると、肉に食らいつき、他の犬に食べ物を提供したりはしない。近所の犬たちが尿をかけた木の臭いを犬に嗅がせると、それが自分の尿の臭いか、隣家の可愛いラブラドルレトリバーのものか、それともどこかの知らない犬のものか、たちどころにわかる。犬は自分の臭いと、交尾相手や競争相手の候補の臭いとでは、見せる反応の仕方がまるで違う。(11) それならば、彼らには自己意識がないというのは、どういう意味なのだろう?

もう少し手の込んだ主張もある。自己意識にはさまざまなレベルがあるというのだ。人間だけが、過去と未来のある永続的な自己として自分を理解しており、それは、人間だけが言語を使って過去の経験と未来の行動をじっくり考えられるからかもしれない。他の動物たちは永遠の現在に存在している。過去を思い出したり、未来の計画を立てたりしているように見えるときでさえ、じつは現在の刺激や束の間の衝動に反応しているにすぎない。(12) たとえば、冬に備えて木の実を隠すリスは、前の冬に感じた空腹を本当に思い出しているのでもなければ、将来について考えているのでもない。束の間の衝動に従っているだけで、その衝動の由来や目的は念頭にない。だから、まだ冬を越したことがなく、冬を覚えているはずのない幼いリスたちでさえ、夏と秋に木の実を隠しておくのだ。

とはいえ、過去や未来の出来事を自覚するのには言語を持つことがなぜ必要条件でなくてはならないのかは不明だ。人間が言語を使って過去や未来の出来事を自覚すると言っても、ろくな証明にならない。人間は愛や恐れを表現するのにも言語を使うが、他の動物は言葉を使わずに愛や恐れを経験できるだろうし、表現することさえ可能かもしれない。実際、人間自身も、言葉にせずに過去や未来の出来事を自覚することはよくある。とくに、夢を見ている状態では、言語によらない物語をまるごと自覚することがあり、目覚めたときにはそれを言葉で描写するのに苦労する。

オウムやアメリカカケスといった鳥を含め、少なくとも一部の動物が個々の出来事を覚えていたり、未来に起こりうる事態のために意識的に計画を立てたりすることが、さまざまな実験からうかがわれる(13)。もっとも、これを疑いの余地がないまでに立証することはできない。動物がどれほど高度な行動を見せようと、それは心の中で意識されているイメージではなく脳内の無意識のアルゴリズムから生じると、懐疑的な人はいつでも主張できるからだ。

この問題を浮き彫りにするためには、スウェーデンのフールヴィック動物園にいるオスのチンパンジーのサンティノの例を考えるといい。サンティノは飼育場での退屈を紛らすために、胸の躍るような娯楽を考え出した。動物園の来園者に石を投げつけるのだ。それ自体には、独自性はないに等しい。腹を立てたチンパンジーは、しばしば石や木の枝、さらには糞さえも投げるからだ。ところがサンティノは、あらかじめ自分の行動を計画していた。朝早く、動物園の開園時間のずっと前に、サンティノは怒っている気配を少しも見せずに、石を集めて積み上げておく。ガイドや来園者は間もなく、サンティノを警戒しなくてはいけないことを学んだ。とりわけ、彼が石の山の近くに立っているときは。そのため、彼は標的にする人を見つけるのがしだいに難しくなった。

二〇一〇年五月、サンティノは新しい戦略で対応した。彼は早朝、就寝場所から藁（わら）を持ってきて、飼育場の壁のそばに置いた。そこは来園者がたいていチンパンジーを見に集まる場所の近くだった。彼はそれから石を集め、藁の下に隠した。一時間ほどして最初の来園者たちが近づいてくると、サンティノは涼しい顔を保ち、苛立ちも攻撃性も、片鱗（へんりん）さえ見せなかった。犠牲者となる人々が絶好の距離まで寄ってきたときにようやく、サンティノは突然隠し場所から石をつかみ取って投げつけ、恐れをなした人間たちは慌てて散り散りに逃げだした。二〇一二年の夏には、サンティノは軍拡競争を加速させ、藁の下だけではなく、木の幹や建物をはじめ、隠し場所にふさわしい所にはどこにでも石を隠すようになった。

それにもかかわらず、このサンティノでさえ懐疑的な人は満足させられない。あちこちに石を隠している午前七時に、来園した人間たちめがけて正午に石を投げるのがどれほど面白いかサンティノが想像していると、どうして確信しうるのか？　ひょっとすると彼は、冬を一度も経験していない幼いリスが「冬に備えて」木の実を隠しているのとちょうど同じように、何らかの非意識的アルゴリズムに動かされているのではないか？(14)

同様に、オスのチンパンジーが何週間も前に痛めつけられた競争相手を攻撃していても、本当に過去の侮辱の仕返しをしているのではない、と懐疑的な人は言う。彼は束の間の怒りの感情に反応しているだけであり、その感情の原因は、彼には理解のしようがない。我が子がライオンに脅かされているのを目にした母親ゾウが、命の危険も顧みずに突進するのは、その子が、自分が何か月も育ててきた愛する我が子であることを思い出したからではなく、ライオンに対する理解し難い敵愾心に駆り立てられているからだ。そして、飼い主が帰宅したときに犬が喜んで飛び跳ねるときには、赤ん坊の頃から餌を与えたり抱き締めてくれたりした人だとわかったからではない。説明できない激しい喜びに圧倒されているにすぎない。(15)

私たちにはこうした主張を立証することも反証することもできない。それらはじつは、他我問題の変種だからだ。私たちは意識を必要とするアルゴリズムにはまったく馴染みがないので、動物がすることは何であれ、意識的な記憶や計画ではなく非意識的アルゴリズムの産物と見なせる。だから、サンティノの場合にも、真の疑問は立証責任にまつわるものだ。サンティノの行動は、どのように説明できる可能性が最も高いか？　彼が将来のために意識的に計画を立てていると考えるべきで、それに同意しない人はみな、反対の証拠を提供するべきなのか？　それとも、チンパンジーは非意識的アルゴリズムに動かされており、彼が意識的に感じるのは、石を藁の下に隠したいという謎めいた衝動だけだと考えるほうが妥当なのか？

そして、たとえサンティノが過去を覚えておらず、未来を想像しないとしても、彼には自己意識がないということになるのだろうか？　なにしろ私たちは、人が一生懸命に過去を思い出したり未来について夢見たりしていないときにさえ、自己意識があると考えているのだから。たとえば、人間の母親が、往来の激しい道路に幼い我が子がよちよち足を踏み入れようとしているのを目にしたら、立ち止まって過去や未来について考えたりしない。先程の母親ゾウとちょうど同じように、彼女も駆けつけて我が子を救おうとするだろう。それならば、ゾウについてと同じことを彼女についてもなぜ言わないのか？　すなわち、「迫りくる危険から自分の赤ん坊を救うために母親が駆けだしたとき、まったく自己意識を持たずにそうした。彼女は束の間の衝動に動かされていたにすぎない」と。

同様に、最初のデートで熱烈なキスをしている若いカップルや、傷ついた戦友を救うために激しい敵の砲火の中へ突っ込んでいく兵士、猛烈な筆の動きで傑作を描いている画家を考えてほしい。そのうちの一人として、立ち止まって過去や未来についてじっくり考えることはない。それならば、彼らには自己意識がないのか？　そのときの彼らの状態は、過去の実績や将来の計画について選挙演説を行なっているときの政治家の状態に劣るのか？

賢い馬

二〇一〇年、科学者たちはラットを使った並外れて感動的な実験を行なった。彼らは一匹のラットを小さなケージに閉じ込め、それをずっと大きなケージに入れ、別のラットが大きなケージの中を自由に動き回れるようにした。閉じ込められているほうのラットは「遭難信号」を発した。すると、自由なラットも不安とストレスを感じている様子を見せた。ほとんどの場合、自由なラットは閉じ込められている仲間を助けにかかり、何度か試みるうちに、ケージの扉を開けて中のラットを解放することにたいてい成功した。研究者たちは、今度は大きなケージの中にチョコレートも置いて、実験を繰り返した。自由なラットは今や、閉じ込められた仲間を解放するか、チョコレートを自分だけで楽しむかという選択を迫られた。多くのラットは、まず仲間を救い出し、チョコレートを分かち合った(ただし、もっと利己的に振る舞うラットもかなりの数にのぼったので、卑劣なラットもいることがわかった)。

懐疑的な人は、自由なラットが閉じ込められた仲間を助けたのは、共感からではなく、苛立たしい「遭難信号」を止めるためにすぎなかったと主張して、実験の結果を退けた。ラットは自分が経験している不快感に動機づけられており、その感覚を止める以上のことをしようとしていたわけではないというのだ。そうかもしれない。だが、私たち人間についても完全に同じことが言える。私が物乞いにお金をあげるときには、物乞いの姿を目にすることで自分が経験している不快感に反応しているのではないか? 私は本当にその物乞いのことを気遣っているのか、それとも、自分の気分を良くしたいだけなのか?[16]

私たち人間は、本質的にはラットや犬、イルカ、チンパンジーとそれほど違わない。彼らと同じで、私たちも魂を持たない。私たちと同じで、彼らも意識を持っているし、感覚と情動の複雑な世界も持っている。もちろん、どの動物にもその動物ならではの特性や才能がある。人間にも人間ならではの特別な能力がある。動物は私たちの体を柔毛で覆っただけにすぎないなどと想像し、必要以上に擬人化するべきではない。そうした擬人化は科学としてお粗末であるだけでなく、動物を彼らにふさわしい形で理解したり評価したりする妨げにもなる。

二〇世紀の初頭、「賢いハンス」と呼ばれる馬がドイツで有名になった。ハンスはドイツの町や村を巡りながら、ドイツ語の驚くべき理解力や、なおさら素晴らしい数学の技能を披露した。「ハンス、4×3はいくつ?」と訊かれると、ハンスは蹄で地面を一二回踏み鳴らした。「20－11はいくつ?」と書かれた紙を見せられると、ハンスはいかにもプロイセン風の見事な正確さで九回足を踏み鳴らした。

一九〇四年、ドイツの教育委員会はこの一件を調査するために、心理学者を長とする特別な科学的評議会を設置した。サーカスの支配人と獣医各一人を含む一三人の評議員は、これはペテンに違いないと確信していたが、どれだけ一生懸命に調べてみても、ごまかしやいかさまは一つも見つからなかった。ハンスを飼い主から引き離し、見ず知らずの人に質問させても、ハンスはほとんど正解した。

一九〇七年に心理学者のオスカル・プフングストが新たに調査を始め、ついに真実を明るみに出した。じつはハンスは、質問者のボディランゲージや表情を注意深く観察して、正しい答えを出していたのだった。4×3はいくつかと訊かれたとき、蹄を特定の回数だけ踏み鳴らすことを質問者が期待しているのを、ハンスは過去の経験から知っていた。そこで蹄で地面を叩き始め、その人の様子を一心に見守る。叩く回数が正解に近づくにつれて、質問者はしだいに緊張し、ハンスが答えの数に達する瞬間、その緊張が頂点に達する。ハンスはそれを、その人の姿勢や表情から読み取ることができた。そこで踏み鳴らすのをやめて見守っていると、驚きや笑いによってその緊張が解ける。こうしてハンスは、自分が正解したことを知る。

「賢いハンス」は、人間が誤って動物を擬人化し、実際に持っているものよりもはるかに驚くべき能力を動物が持っているとしてしまう例として挙げられることが多い。ところが、じつはハンスの教訓はそれとは正反対だ。この一件は、私たちが動物の擬人化によって、動物の認知的能力をたいてい過小評価し、人間以外の生き物の特有の能力を無視することを実証している。数学に関しては、ハンスはとても天才とは言えない。八歳の子供でも、ずっと計算が上手だろう。とはいえ、ボディランゲージから情動と意図を推定する能力の点では、彼は真の天才だった。もし私が中国人に４×３はいくつかと中国語で訊かれても、その人の表情やボディランゲージを観察しているだけでは、一二回足を踏み鳴らすことはとうていできないだろう。ハンスにこの能力が備わっていたのは、馬たちが通常、ボディランゲージで意思を疎通させるからだ。もっとも、ハンスのどこが非凡かと言えば、それは彼がその方法を使って仲間の馬ばかりではなく、馴染みのない人間たちの情動や意図まで読み解けたことだ。

もし動物たちがそれほど賢いのなら、なぜ馬が人間を荷車につないだり、ラットが

図17　1904年に才能を披露している「賢いハンス」。

私たちを使って実験を行なったり、イルカが私たちにジャンプして輪をくぐらせたりしないのか？　ホモ・サピエンスには、他のすべての動物を支配することを可能にする、何か独特の能力があることは間違いない。ホモ・サピエンスは他の動物とは完全に異なる次元に存在している、人間は魂や意識のような独特の本質を持っている、といったうぬぼれた見方を退けたところで、私たちはようやく、現実のレベルに降りていって、私たちの種を優位に立たせる具体的な心身の能力について考察することができる。

たいていの研究では、道具の製作や知能が人類の台頭にとってとりわけ重要だったとされている。他の動物も道具を作るが、この分野では人間が彼らを遠く引き離していることに疑問の余地はほとんどない。知能に関しては、話はそこまで明快ではない。まるごと一つの業界が、知能の定義と測定に打ち込んでいるが、意見の一致を見るにはまだ程遠い。幸い私たちは、その地雷原に足を踏み入れなくていい。知能をどう定義しようと、知能も道具の製作もそれだけではサピエンスによる世界征服を説明できないことは明白そのものだからだ。知能の定義はたくさんあるが、その大半に従えば、人間は一〇〇万年前にはすでに、当時の動物のなかで最も知能が高く、道具製作の世界チャンピオンでもあったはずなのに、実際には相変わらず取るに足りない生き物でしかなく、周囲の生態系にはほとんど影響を及ぼしていなかった。知能と道具製作以外の、何か重要な特徴を明らかに欠いていたのだ。

やがて人類がこの惑星を支配するに至ったのは、ことによると、特定の難しい第三の重要な材料のおかげではなく、たんに、より高度な知能とさらに優れた道具製作能力を発達させたからなのだろうか？　そうは思えない。歴史的記録物を調べると、個々の人間の知能や道具製作能力と、私たちの種全体の力との間には、直接の相関関係が見られないからだ。二万年前、平均的なサピエンスはおそらく、今日の平均的なサピエンスよりも知能が高く、道具製作技能も優っていただろう。現代の学校や雇用者は、ときおり私たちの能力を検査するかもしれないが、どれだけ成績が悪くても、福祉国家が基本的な必要をつねに満たしてくれる。石器時代には、人は日々、一瞬一瞬、自然選択にテストされており、その無数のテストに一度でも落ちれば、たちまち命を失った。ところが、石器時代の祖先は優れた道具製作能力を持ち、頭が切れ、感覚がはるかに鋭かったにもかかわらず、今日の人類とは比べ物にならないほど弱かった。

人類はその後の二万年間に、石を先端につけた槍でマンモスを狩る段階から、宇宙船で太陽系を探索する段階まで進んだが、それは進化のおかげで手先が器用になったり脳が大きくなったりしたからではない（今日の私たちの脳のほうが、じつは小さいらしい）[17]。むしろ、私たちの世界征服における決定的な要因は、多くの人間どうしを結びつける能力だった[18]。今日、人間は地球を完全に支配しているが、それは個々の人間が個々のチンパンジーやオオカミよりもはるかに利口だったり手先が器用だったりするからではなく、ホモ・サピエンスが大勢で柔軟に協力できる地球上で唯一の種だからだ。知能と道具製作も明らかにとても重要だった。だが、もし人間が大勢で柔軟に協力することを学んでいなかったら、私たちの悪賢い脳や器用な手は依然として、ウランの原子核ではなく燧石を割っていただろう。

もし協力がカギなら、アリやハチは私たちよりも何百万年も前に集団で協力することを学んでいながら、なぜ私たちよりも先に核爆弾を開発しなかったのか？　それは、彼らの協力には柔軟性が欠けているからだ。ハチは非常に高度な形で協力するが、社会体制を一夜にして作り変えることはできない。巣が新たな脅威あるいは機会に直面しても、ハチはたとえば女王バチをギロチンにかけて共和制国家を打ち立てることはできない。

ゾウやチンパンジーなどの社会的な哺乳動物は、ハチよりもはるかに柔軟に協力するが、それは少数の仲間や家族の間に限られている。彼らの協力は、直接の関係に基づいている。もし私がチンパンジーで、あなたもチンパンジーで、私があなたと協力したかったら、私はあなたを直接知っている必要がある。あなたはどんなチンパンジーなのか？　親切なチンパンジーなのか？　邪悪なチンパンジーなのか？　もしあなたを知らなかったら、いったいどうしてあなたと協力などできようか？　私たちの知るかぎりでは、無数の見知らぬ相手と非常に柔軟な形で協力できるのはサピエンスだけだ。私たちが地球という惑星を支配しているという事実は、不滅の魂や何か独特の意識ではなく、この具体的な能力で説明できる。

革命万歳！

歴史を振り返ると、大規模な協力の決定的重要性を裏づける証拠がたっぷり見つかる。勝利はほぼ例外なく、協力が上手だった側が得た。ホモ・サピエンスと他の動物たちとの戦いだけではなく、人間の異なる集団どうしの争いでもそうだった。たとえば、ローマがギリシアを征服したのは、ローマ人のほうが脳が大きかったからでも、優れた道具製作技術を持っていたからでもなく、効果的に協力できたからだ。歴史を通して、統制の取れた軍隊が、まとまりのない大軍を楽々打ち破り、結束したエリート層が無秩序な大衆を支配してきた。たとえば一九一四年には、ロシアの三〇〇万の貴族と役人と実業家が、一億八〇〇〇万の農民と労働者に君臨していた。ロシアのエリート層が、協力して自らの共通利益を守る術を知っていたのに対して、一億八〇〇〇万の一般人は、効果的に結集することができなかった。実際、エリート層は、底辺の一億八〇〇〇万の人々がけっして協力することを覚えないようにしておくために、精力の大半を傾けていた。

革命を起こすには、数だけでは絶対に足りない。革命はたいてい、一般大衆ではなく運動家の小さなネットワークによって始まる。もし革命を起こしたければ、「どれだけの数の人が私の考えを支持しているか？」と自問してはならない。その代わりに、「私の支持者のうちには、効果的に共同できる者がどれだけいるか？」と問うといい。ついにロシア革命が勃発したのは、一億八〇〇〇万の農民と労働者が皇帝に対して立ち上がったからではなく、一握りの共産主義者が適切なときに適切な場所に身を置いたからだ。ロシアの上流階級と中流階級が少なくとも三〇〇〇万人を数えていた一九一七年に、共産党〔当時の名称はロシア社会民主労働党で、一九一八年にロシア共産党に改称〕の党員はわずか二万三〇〇〇人だった(19)。それにもかかわらず、共産党員たちは自らを巧みに組織したので、広大なロシア帝国を掌握できた。ロシアの支配権が皇帝の衰弱した手と、革命指導者ケレンスキーの臨時政府の、これまた危うい手からするりと抜け落ちたとき、共産党員たちは機敏にそれをつかみ取り、ブルドッグが骨に食らいつくように、権力の手綱をしっかりと握った。

共産党員は一九八〇年代末までその手を緩めなかった。彼らは効果的な組織のおかげで七〇年以上も権力の座にとどまっていたが、やがてその組織にひびが入り、ついに倒れた。一九八九年一二月二一日、ルーマニアの共産主義独裁者ニコラエ・チャウシェスクは、首都ブカレストの中心部で大規模な政権支援集会を催した。それに先立つ数か月間に、ソヴィエト連邦が東ヨーロッパの共産主義政権への支援を打ち切り、ベルリンの壁が崩壊し、ポーランド、東ドイツ、ハンガリー、ブルガリア、チェコスロヴァキアを革命が席巻した。だが、一九六五年以来ルーマニアを支配してきたチャウシェスクは、一二月一六日から一七日にかけて国内の都市ティミショアラで彼の統治に対する暴動が起こっていたにもかかわらず、その大津波に耐えられると信じていた。チャウシェスクは対策の一環として、民衆の大多数が依然として彼を敬愛している（あるいは少なくとも恐れている）ことをルーマニア国民と全世界に証明するために、ブカレストで大規模な集会を開く手筈を整えた。ガタの来た共産党の機関は、八万人を動員して町の中央広場を埋め尽くし、ルーマニア中の国民にあらゆる活動をやめてラジオやテレビの中継を視聴するよう指示した。

一見すると熱狂的な群衆の声援を受けながら、チャウシェスクは過去数十年間に何十回となくしたように、広場を見下ろすバルコニーに上がった。夫人のエレナや党首脳、ボディガードの一団の中央に立ったチャウシェスクは、機械的に拍手する群衆にとても満足している様子で、彼のトレードマークである陰鬱な演説を始めた。ところがそのとき、とんでもないことが起こった。あなたもYouTubeでそのときの光景を目にすることができる。「Ceauşescu's last speech（チャウシェスクの最後の演説）」で検索するだけで、歴史が作られる瞬間が見られる[20]。

YouTubeの動画では、チャウシェスクがまたしても長たらしい話を始めて、「ブカレストにおけるこの偉大な催しの発起人と主催者諸君に感謝し、それを――」と言いかけたところで急に沈黙し、目を大きく見開き、信じられないという顔で凍りつく。彼はついにその文を言い終えることはなかった。その瞬間に、一つの世界がまるごと崩壊するところが見られる。聴衆のうちの誰かが野次を飛ばしたのだ（大胆にも野次を飛ばしたその最初の人物が誰なのか、今日でもまだ議論は尽きない）。続いて、一人、また一人と野次を飛ばし、ものの数秒のうちに群衆は口笛を吹いたり、罵詈雑言を浴びせたり、「ティミショアラ！　ティミショアラ！」と連呼したりし始めた。

　これはすべてルーマニアのテレビで実況され、国民の四分の三が胸をドキドキさせながら画面に釘付けになった。悪名高い秘密警察セクリターテが放送の停止をただちに命じたが、テレビ局の現場チームがそれに服従せず、放送はほんのしばらく中断されただけだった。カメラマンはカメラを空に向け、バルコニーの党首脳の慌てぶりが視聴者の目に映らないようにしたが、音響係は音を拾い続け、技術者は九〇秒ほどの中断の後に放送を続行した。群衆が野次を飛ばすなか、チャウシェスクは問題がまるでマイクのせいであるかのように、「アロー！　アロー！　アロー！」と叫んだ（ルーマニア語の「アロー」は英語の「ハロー」に相当する呼びかけの言葉）。エレナ夫人は「静かに！　静かに！」と聴衆を叱り始めたが、やがてチャウシェスクが振り向き、「お前こそ、静かに！」と怒鳴りつけた。その声は、万人の耳に届いた。それからチャウシェスクは、広場の興奮した群衆に懇願するように、「同志たちよ！　同志たちよ！　静かにしたまえ、同志たちよ！」と訴えた。

　だが、同志たちは静かにする気にはならなかった。ブカレストの中央広場を埋めた八万の人々が、毛皮の帽子を被ってバルコニーに立っている老人よりも自分たちのほうがはるかに強力だと気づいたとき、共産主義国家ルーマニアは脆くも崩れた。とは

図18　1つの世界が崩壊した瞬間。我が目、我が耳を信じられず、呆然とするチャウシェスク。

いえ、真に驚愕(きょうがく)するべきなのは、体制が崩壊した瞬間ではなく、その体制が何十年もまんまと生き延びてきたことだ。革命はどうしてこれほど稀なのか？　一般大衆が長年にわたって拍手喝采し、バルコニーの男の命じるままに行動するなどということがなぜあるのか？　理論上はいつでも突進していってその男を八つ裂きにできるというのに。

チャウシェスクとその一派が二〇〇〇万のルーマニア人を四〇年間支配できたのは、三つの不可欠な条件を満たしていたからだ。第一に彼らは、軍や職種別組合、さらにはスポーツ協会まで、あらゆる協力ネットワークを忠実な共産党員の役人に管理させた。第二に、反共産主義の協力の基盤となりかねない競合組織は、政治的なものであれ経済的なものであれ社会的なものであれ、いっさい創設させなかった。第三に、ソ連や東ヨーロッパの共産党どうしの支援に依存していた。これらの共産党は、ときおり緊張関係に陥ることはあったものの、困ったときは助け合ったり、少なくとも外部の者に社会主義の楽園に首を突っ込ませないようにしたりした。こうした状況下で、二〇〇〇万のルーマニア国民は、エリート支配階層によってあれほど苦難や苦しみを味わわせられたにもかかわらず、効果的な反抗勢力を組織できなかった。

チャウシェスクが権力の座からついに転落したのは、ようやくこれら三つの条件がどれ一つ満たされなくなったときだった。一九八〇年代後期にソ連による保護が停止されると、各国の共産主義政権はドミノ牌のように倒れ始めた。八九年一二月には、チャウシェスクは外部の支援をまったく期待できなくなっていた。それどころか、近隣諸国の革命によって地元の反抗勢力が勇気づけられる始末だった。また、共産党自体が内部分裂を起こして張り合い始めていた。穏健派は手後れになる前にチャウシェスクを辞めさせて改革を開始することを望んだのだった。さらに、ブカレストでの集会を催し、テレビで実況中継させることで、チャウシェスク本人が革命派に、自らの力に気づき、彼に対抗して結集する絶好の機会を与えてしまった。テレビで中継するほど迅速に革命を拡げる方法が他にあるだろうか？

とはいえ、バルコニーに立つ気の利かない組織者の手から滑り落ちた権力は、広場にいた一般大衆には渡らなかった。彼らは数は多く、熱狂的だったが、自らを組織する方法を知らなかった。だから、一九一七年のロシアでと同様、権力はしっかりした組織を持っていることが唯一の取柄である、政界関係者の小さな一団へと流れた。ルーマニアの革命は、自称「救国戦線評議会」（じつはこの名称は、共産党の穏健派のカムフラージュにすぎなかった）にハイジャックされた。この戦線には、抗議行動を行なっている大衆とは、真のつながりはなかった。救国戦線評議会を動かしていたのは党の中堅役員であり、彼らを率いていたのは、共産党中央委員会の元委員で、宣伝部門の長を一時務めたイオン・イリエスクだ。イリエスクと救国戦線評議会の同志たちは、民主的な政治家という看板を掲げ、ありとあらゆる機会を捉えては、自分たちこそこの革命の指導者だと公言し、長い経験と古くからの仲間のネットワークを利用して国の支配権を手に入れ、資源を着服した。

共産主義政権下のルーマニアでは、国家がほとんどすべてを所有していた。民主主義のルーマニアは、国家の資産をたちまち民有化し、バーゲンのような安値で元共産党員たちに払い下げた。彼らだけが状況を理解しており、共同してせっせと私腹を肥やした。国のインフラや天然資源を管理していた政府企業は、党の元役員たちに処分価格で売却され、下級党員は住宅やアパートをただ同然の価格で購入した。

イオン・イリエスクはルーマニアの大統領に選出され、彼の一派は大臣や議員、銀行の取締役、富豪になった。今日まで国を牛耳るルーマニアの新たなエリート層は、主に元共産党員とその親族から成る。ティミショアラやブカレストで命を危険にさらした一般大衆は、残りかすで我慢するしかなかった。協力する術も、自分たちの利益を守ってくれる効率的な組織を生み出す方法も知らなかったからだ(21)。

二〇一一年のエジプト革命も似たような運命をたどった。一九八九年にテレビがやったことを、二〇一一年にはフェイスブックとツイッターがやった。一般大衆はこれらの新しいメディアの助けを借りて活動を調整したので、何千何万という人が適切なタイミングで通りや広場に殺到し、ムバラク政権を倒した。だが、タハリール広場に一〇万人を集めるのと、政治機構を掌握したり、肝心な舞台裏で肝心の人と手を結んだり、国家を効果的に運営したりするのとでは、完全に話が違う。そのため、ムバラクが辞任したとき、デモの参加者たちは、その空白を埋められなかった。エジプトには国を支配できるほど十分に組織されている機関や団体は、軍とムスリム同胞団の二つしかなかった。そのため、革命はまずムスリム同胞団に、最終的には軍にハイジャックされた。

ルーマニアの元共産党員とエジプトの将軍たちは、以前の独裁者やブカレストとカイロのデモ参加者よりも知能が高かったり、指先が器用だったりしたわけではない。彼らの強みは柔軟な協力にあった。彼らは群衆よりもうまく協力し、融通の利かないチャウシェスクやムバラクよりもはるかに高い柔軟性を示すのを厭わなかった。

セックスとバイオレンスを超えて

私たちだけが大勢で柔軟に協力できるから、サピエンスがこの世界を支配しているのだとすれば、人間は神聖であるという私たちの信念が崩れてしまう。私たちは、人間は特別で、したがってあらゆる種類の特権を与えられて当然であると思いがちだ。人間は特別である証拠として、私たちは自らの種の驚くべき偉業の数々を挙げる。人間はピラミッドや万里の長城を築き、原子やＤＮＡ分子の構造を解明し、南極や月に到達した。もしこうした偉業が、たとえば不滅の魂のような、一人ひとりの人間が持つ何か独特の本質に由来するのなら、人間を神聖視するのは理に適っている。ところが実際にはこうした偉業は大規模な協力の結果なのだから、なぜそのせいで個々の人間を崇めなくてはならないかは、およそ明白ではない。

ハチの巣は、個々のチョウよりもずっと強大な力を持っているが、だからといって、ハチがチョウよりも神聖なわけではない。ルーマニアの共産党はまとまりを欠くルーマニア国民を首尾良く支配してきた。それならば、共産党員の命は一般市民の命よりも神聖だったということになるのだろうか？　人間はチンパンジーよりもはるかに効果的に協力する方法を知っている。だからこそ、人間が月に向かって宇宙船を発射する一方で、チンパンジーは動物園の来園者に向かって石を投げているのだ。だが、それで人間のほうが優れた生き物ということになるのだろうか？

そうなるのかもしれない。それはそもそも何のおかげで人間がこれほどうまく協力できるのか次第だ。なぜ人間だけが、これほど大規模で高度な社会制度を構築できるのか？　チンパンジーやオオカミやイルカといった大半の社会的な哺乳動物の間の社会的協力は、親密な付き合いに基づいている。チンパンジーは、よく知り合い、社会的ヒエラルキーを確立してからでないと、いっしょに狩りに出ることはない。だからチンパンジーは社会的交流や権力闘争に多くの時間を費やす。知らないチンパンジーどうしが出会うと、たいてい協力できず、金切り声を浴びせ合ったり、戦ったり、さっさと逃げたりする。

ピグミーチンパンジー（別名ボノボ）の場合は、だいぶ様子が違う。ボノボは緊張を解消し、社会的絆を結ぶために、しばしばセックスを使う。その結果、驚くまでもないが、同性間の性交が非常によく見られる。見知らぬ群れどうしが出会うと、彼らはまず恐れと敵意を見せ、密林には叫び声や悲鳴が響き渡る。ところが間もなく、一方の群れのメスたちがもう一方の群れに近づき、戦争の代わりにセックスをしよう、と見知らぬ相手を誘う。その誘いはたいてい受け容れられ、戦場になりかねなかった場所は、ものの数分のうちに、木から逆さ吊りになったものまで、考えうるほとんどありとあらゆる体位でセックスをするボノボたちで満ちあふれる。

サピエンスはこうした協力のコツをよく知っている。チンパンジーのものと似た権力のヒエラルキーを構築することもあれば、ボノボとちょうど同じようにセックスで社会的絆を結ぶこともある。とはいえ、個人的な付き合いは、喧嘩を通してのものであれ性交を通してのものであれ、大規模な協力の基盤を構築しえない。ギリシアの政治家とドイツの銀行家を殴り合いの喧嘩や乱交パーティに誘ったところで、ギリシアの債務危機は解決できない。サピエンスが（敵対的なもの、好色なもののどちらでも）密接な関係を結べる相手は一五〇人が限度であることが、調査でわかっている。(22) 人間が大規模な協力のネットワークを組織するのを何が可能にしているにせよ、それが親密な関係でないことは確かだ。

これを聞いたら、心理学者や社会学者や経済学者など、研究室での実験で人間社会を解明しようとしている人は頭を抱えるだろう。実験の大多数は、計画と資金の両面の制約のせいで、個々の参加者や少人数のグループを対象に行なわれるからだ。だが、小さなグループの振る舞いに基づいて巨大な社会のダイナミクスについて推論するのは危険だ。一億の国民を擁する国家は、一〇〇人から成る生活集団とは根本的に違った形で機能する。

行動経済学でもとりわけ有名な最後通牒ゲームを例に取ろう。この実験はたいてい二人の人間を対象に行なわれる。一方が一〇〇ドル受け取り、それをもう一人の参加者と分ける。全額自分のものにする、折半する、大半を相手に与えるなど、好きなように分割額を提案できる。相手には二つの選択肢がある。示された分割額を受け容れるか、きっぱりと拒むか、だ。もし拒めば、二人とも一ドルももらえない。

古典的な経済理論では、人間は合理的な計算機ということになっている。だから、ほとんどの人は九九ドルを自分のものとし、一ドルを相手に差し出すことを見込む。さらに、相手はその申し出を受け容れる、と古典的な経済理論は主張する。合理的な人なら、一ドル提示されたら、いつもイエスと言うだろう。申し出をした人が九九ドルもらおうと、受け容れた人の知ったことではないではないか?

古典的な経済学者はおそらく、研究室や講義室を離れ、思い切って実社会に飛び出したことが一度もないのだろう。最後通牒ゲームをした人のほとんどは、非常に少ない額を提示されると、「不公平」だから拒む。カモにされたように見えるぐらいなら、一ドルをもらいそこなうほうがましだと考えるのだ。実社会とはそういうものなので、そもそも非常に少ない額を提示する人はほとんどいない。大半の人はお金を等分するか、自分の取り分を少し多くして、三〇ドルあるいは四〇ドルを相手に提示する。

最後通牒ゲームは古典的な経済理論を覆し、過去数十年間で最も重要な経済学の発見を成し遂げるのに重大な貢献をした。その発見とは、サピエンスは冷徹な数学の論理ではなく温かい社会的論理に従って行動するというものだ。私たちは情動に支配されている。すでに見たように、そうした情動は、じつは高度なアルゴリズムで、古代の狩猟採集民の生活集団の社会的メカニズムを反映している。もし三万年前にあなたが野生のニワトリを狩るのを私が手伝い、その後、あなたがそのニワトリをほとんど独り占めし、私には片方の翼しか差し出さなかったら、「片方の翼でも、何ももらえないよりはましだ」とは思わないだろう。そして、進化に与えられたアルゴリズムが起動して、体中にアドレナリンとテストステロンがみなぎり、血が沸き、私は足を踏み鳴らして声を限りに叫ぶだろう。短期的にはひもじい思いをしたかもしれないし、パンチを一、二発食らう危険さえあっただろう。だが、長期的には元が取れた。なぜならあなたは、私を食い物にするのをためらうようになるからだ。私たちが不公平な申し出を拒むのは、そのような申し出をおとなしく受け容れる人は石器時代には生き延びなかったためだ。

現代の狩猟採集民の生活集団を観察すると、この考え方が裏づけられる。ほとんどの集団は平等主義の傾向が非常に強く、ある狩猟者が丸々と太ったシカを持ち帰ったら、誰もがそのお裾分けにあずかれる。これはチンパンジーにも当てはまる。一頭のチンパンジーが子ブタを仕留めたら、群れの仲間たちが周りに集まり、手を差し出す。するとたいてい、全員がご馳走を分けてもらえる。

近年には、霊長類学者フランス・ドゥ・ヴァールが行なったこんな実験もある。二頭のオマキザルを隣り合ったケージに入れ、お互い、相手がしていることがすべて見えるようにした。ドゥ・ヴァールらはそれぞれのケージの中に小石を置き、サルたちを訓練して小石を手渡してもらうようにした。サルは石を渡すたびに、代わりに食べ物をもらった。最初、ご褒美はキュウリ一切れだった。サルは二頭ともとても満足し、喜んでキュウリを食べた。それを何度か繰り返してから、ドゥ・ヴァールらは実験の次の段階に進んだ。今度は、一頭のオマキザルが石を渡すと、ブドウを一粒与えられた(ブドウはキュウリよりもずっと美味しい)。ところが、もう一頭が石を渡すと、相変わらずキュウリを与えられた。前はキュウリでとても満足していたこのサルは激怒した。キュウリを受け取ると、一口かじっただけで、怒って実験者に投げつけ、飛び跳ねたり、大きな金切り声を上げたりし始めた。彼は「お人好し」ではなかったのだ。[23]

この捧腹絶倒の実験(YouTubeで我が目で確かめられる)や最後通牒ゲームのおかげで、多くの人が、霊長類には自然な道徳性が備わっており、平等は普遍的で不変の価値観であると信じるようになった。人は本来、平等主義であり、不平等な社会は憤りや不満のせいで、けっしてうまく機能しない。

だが、本当にそうだろうか？　これらの説はチンパンジーやオマキザル、狩猟採集民の小さな生活集団には当てはまるかもしれない。人間の小さな集団を対象にして研究室で試した場合にも、うまく当てはまる。とはいえ、人間の大集団の振る舞いを観察すると、完全に異なる現実が見えてくる。人間の王国や帝国のほとんどははなはだ不平等だったが、それでもその多くが驚くほど安定していて効率的だった。古代エジプトでは、涼しい豪華な宮殿で居心地の良いクッションに、金のサンダルを履いて、宝石がきらめく服をまとったファラオが手足を伸ばして寝そべり、美しい乙女たちが甘いブドウをその口に含ませてやっていた。開け放たれた窓から見渡せる畑では、薄汚れたぼろをまとった農民たちが、容赦なく照りつける日差しの下でせっせと働いている。一日の終わりにキュウリを口にできる農民は幸せだった。それにもかかわらず、農民たちはめったに反乱を起こさなかった。

一七四〇年、プロイセンの王フリードリヒ二世はシレジアに侵入し、一連の血なまぐさい戦争を始め、フリードリヒ大王の異名を取り、プロイセンを一大強国に変えたが、その過程で何十万もの人が亡くなったり、体が不自由になったり、貧窮したりした。大王の兵士の大半は不運な新兵で、鉄の規律で統制され、厳格な訓練を受けた。驚くまでもないが、最高司令官である大王をほとんどの兵士が嫌っていた。フリードリヒは、侵略戦争を始めるために集結する兵士たちを眺めながら、将軍の一人にこう語った。この光景で最も感銘を受けたのは、「我々がこうしてここに安全そのもので立ち、六万の兵を見ていることだ。彼らはすべて我々の敵であり、武装と筋力において我々に優っていない者は一人としていないというのに、我々がいるだけで全員震えているのに対して、我々が彼らを恐れる理由は何一つないのだから」[24]と。フリードリヒは本当に安全そのもので彼らを見守ることができた。その後の年月に、戦争による多くの苦難があったにもかかわらず、武装したこれら六万の兵士たちは一度として彼に謀反を起こさなかった。それどころか並外れた勇敢さを見せ、その多くが自らの命を危険にさらし、犠牲にさえしながら、彼に仕えたのだった。

なぜエジプトの農民とプロイセンの兵士は、最後通牒ゲームやオマキザルの実験に基づいて私たちが予期していてもおかしくないような行動を見せなかったのか？　それは、大人数の集団は小人数の集団とは根本的に違う行動を取るからだ。科学者たちがそれぞれ一〇〇万人から成る二つの集団を対象に、一〇〇〇億ドルを分ける実験を行なったら、いったいどんな結果になるだろうか？

彼らはきっと、奇妙でなんとも面白いダイナミクスを目撃したことだろう。たとえば、一〇〇万もの人々は全員では決定を下せないので、支配権を握る少数のエリート層が誕生したかもしれない。一方の集団のエリート層がもう一方の集団のエリート層に一〇〇億ドルを提示し、九〇〇〇億ドルを自分のものにしようとしたら、どうなるか？　提示されたほうのエリート層がこの不公平な提案を受け容れ、一〇〇億ドルのほとんどを横領して、スイスの銀行にある自分たちの口座に送り、アメとムチの組み合わせで、支持者の間に反乱が起こるのを防ぐことは十分ありうる。彼らは、反体制派はただちに厳罰に処すると脅す一方で、従順で辛抱強い人々にはあの世での永遠の報酬を約束するかもしれない。これこそまさに、古代のエジプトと一八世紀のプロイセンで起こったことであり、今でも相変わらず世界の数知れない国々で行なわれていることだ。

そのような脅しと約束は、安定した人間のヒエラルキーと大規模な協力のネットワークを生み出すのにしばしば成功する――人々が、そうしたヒエラルキーやネットワークは、人間のただの気まぐれな思いつきではなく、必然的な自然の摂理あるいは神の神聖な命令を反映していると信じているかぎりは。大規模な人間の協力はすべて、究極的には想像上の秩序を信じる気持ちに基づいている。想像上の秩序とは、私たちの想像の中にのみ存在しているにもかかわらず、重力と同様、冒すべからざる現実であると私たちが信じている一群の規則だ。「もしあなたが天空の神に牛を一〇頭、生贄として捧げれば、雨が降るだろう。もし親を敬えば、天国へ行けるだろう。そして、もし私の語ることを信じなければ、地獄へ行くことになるだろう」。ある土地に住んでいるサピエンス全員が同じ物語を信じているかぎり、彼らは同じ規則に従うので、見知らぬ人の行動を予測して、大規模な協力のネットワークを組織するのが簡単になる。サピエンスはターバンや顎鬚やビジネススーツといった、視覚的目印をしばしば使って、「あなたは私を信頼できる。私はあなたと同じ物語を信じているから」と合図する。チンパンジーは人間に近い動物ではあるけれど、そのような物語を創作して広めることができない。だから彼らは大勢で協力できないのだ。

意味のウェブ

人々が「想像上の秩序」という概念を理解するのに手を焼くのは、現実には客観的現実と主観的現実の二種類しかないと思い込んでいるからだ。客観的現実の世界では、物事は私たちが信じていることや感じていることとは別個に存在する。たとえば重力は客観的現実だ。重力はニュートンよりもはるか以前から存在していた。そして、その存在を信じている人ばかりではなく信じていない人にも、まったく同じように作用する。

一方、主観的現実は私個人が何を信じ、何を感じているか次第だ。たとえば、激しい頭痛がして病院に行ったとしよう。医師が念入りに診察してくれるが、悪い箇所は見つからない。そこで私は医師の指示に従い、血液検査、尿検査、DNA検査、レントゲン検査、心電図検査、fMRIスキャン、その他多数の検査を受ける。結果が出ると、医師は、健康そのものですと言って私を帰す。それでも激しい頭痛は治まらない。ありとあらゆる客観的検査で、私はどこも悪くないことがわかり、私以外、誰一人としてその痛みを感じていないにもかかわらず、私にとってその痛みは一〇〇パーセント現実のものだ。

たいていの人は、現実は客観的なものか主観的なもののどちらかで、それ以外の可能性はないと思い込んでいる。だから何かが、たんに自分が主観的に感じているものではないと納得がいったときには、それは客観的なものであるに違いないという結論に飛びつく。多くの人が神の存在を信じていたり、お金が世の中を回していたり、国家主義が戦争を起こし、帝国を建設したりするなら、これらはたんに私が主観的に信じていることとは言えない。したがって、神とお金と国家は客観的現実に違いないというわけだ。

ところが、第三の現実のレベルがある。共同主観的レベルだ。共同主観的なものは、個々の人間が信じていることや感じていることによるのではなく、大勢の人の間のコミュニケーションに依存している。歴史におけるきわめて重要な因子の多くは、共同主観的なものだ。たとえば、お金には客観的な価値はない。一ドル札は食べることも飲むことも身につけることもできない。それにもかかわらず、何十億もの人がその価値を信じているかぎり、それを使って食べ物や飲み物や衣服を買うことができる。もしあるベーカリーの主人がドル札への信頼を突然失い、緑色をしたこの紙切れと引き換えに私にパンを渡すのを断ったとしても、たいしたことにはならない。何ブロックか先のスーパーマーケットに行けばいいから。ところが、スーパーのレジ係もこの紙切れを受け取ってくれず、市場の商人やショッピングセンターの販売員にまで拒まれたら、ドルは価値を失う。緑色の紙切れはもちろん存在し続けるだろうが、値打ちがなくなる。

そういうことは、ときおり現実に起こる。一九八五年一一月三日、ミャンマー政府はいきなり、二〇チャット、五〇チャット、一〇〇チャット紙幣はもはや法定貨幣として使用できない旨を布告した。人々は紙幣を交換する機会をまったく与えられず、一生の蓄えも一瞬にして無価値の紙の山と化した。政府は無効になった紙幣に替えるために新しい七五チャット札を発行した。ミャンマーの独裁者ネ・ウィン将軍の七五歳の誕生日を記念してという触れ込みだった。一九八六年八月には、一五チャット札と三五チャット札が導入された。噂では、数占いを熱烈に信奉するこの独裁者が、一五と三五は縁起が良いと信じていたからだそうだ。だが、臣民にはろくな運をもたらさなかった。一九八七年九月五日、三五チャット札と七五チャット札はもう無効だ、と政府が唐突に宣言したのだ。

人々が信じなくなった途端に消滅してしまいかねないのは、貨幣の価値だけではない。同じことが法律や神、さらには一帝国全体にも起こりうる。それらは、今、せっせと世界の行方を決めていたかと思えば、次の瞬間にはもはや存在しなくなったりする。ゼウスとヘラはかつて地中海沿岸では絶大な力を誇っていたが、今日では何の権威も持たない。誰も両者を信じていないからだ。ソ連はかつて全人類を滅亡させられるほど強力だったが、いくつかの署名によってその存在に終止符を打たれた。一九九一年一二月八日午後二時、ヴィスクリ近くの国有の別荘で、ロシア、ウクライナ、ベラルーシの指導者がベロヴェーシ合意に署名した。その合意には、「我々、ベラルーシ共和国、ロシア連邦、ウクライナは、一九二二年の連邦結成条約に署名したソヴィエト社会主義共和国連邦の設立国家として、国際法の対象と地政学的現実としてのソヴィエト社会主義共和国連邦がその存在を終えることを、ここに確定する[25]」とあった。それでお仕舞いだった。ソ連はもはや存在しなくなった。

貨幣が共同主観的現実であることを受け容れるのは比較的易しい。たいていの人は、古代ギリシアの神々や邪悪な帝国や異国の文化の価値観が想像の中にしか存在しないことも喜んで認める。ところが、自分たちの神や自分たちの国や自分たちの価値観がただの虚構であることは受け容れたがらない。なぜなら、これらのものは、私たちの人生に意味を与えてくれるからだ。私たちは、自分の人生には何らかの客観的な意味があり、自分の犠牲が何か頭の中の物語以上のものにとって大切であると信じたがる。とはいえ、じつのところ、ほとんどの人の人生には、彼らが互いに語り合う物語のネットワークの中でしか意味がない。

意味は、大勢の人が共通の物語のネットワークを織り上げたときに生み出される。教会で結婚式を挙げたり、ラマダーンに断食したり、選挙の日に投票したりといった、特定の行動は、なぜ有意義に思えるのか？　それは、親もそれが有意義だと考えているし、兄弟や近所の人、近くの町の人々、さらには遠い異国の住人までそう考えているからだ。では、なぜこれらの人々はみな、それが有意義だと考えるのか？　それは、彼らの友人や隣人たちも同じ見方をしているからだ。人々は絶えず互いの信念を強化しており、それが無限のループとなって果てしなく続く。互いに確認し合うごとに、意味のウェブは強固になり、他の誰もが信じていることを自分も信じる以外、ほとんど選択肢がなくなる。

それでも、何十年、何百年もたつうちに、意味のウェブがほどけ、それに代わって新たなウェブが張られる。歴史を学ぶというのは、そうしたウェブが張られたりほどけたりする様子を眺め、ある時代の人々にとって人生で最も重要に見える事柄が、子孫にはまったく無意味になるのを理解することだ。

図19　ベロヴェーシ合意の署名。ペンが紙に触れ、その途端に、あら不思議！　ソ連が消えてなくなった。

エジプトのアイユーブ朝の始祖であるサラディンは一一八七年、ヒッティーンの戦いで十字軍を破り、エルサレムを征服した。それに対してローマ教皇は、この聖なる都市を奪還するために第三回十字軍を送り込んだ。ジョンという名のイングランドの若い貴族を想像してほしい。ジョンはサラディンと戦うために故郷を離れた。彼は自分の行動には客観的な意味があると信じていた。この遠征で命を落とせば、死後、自分の魂は天に昇り、そこで永遠に続く天上の喜びを楽しむことになると信じていた。魂や天国は人間が考え出したただの物語にすぎないことを知ったら、ぞっとしていただろう。聖地パレスティナに着き、りっぱな口髭を生やしたイスラム戦士に斧を頭に振り下ろされたら、耐え難い痛みを感じ、耳鳴りがし、がっくりと膝が折れ、目の前が真っ暗になり——だが、まさに次の瞬間、周り中にまばゆい光が見え、天使たちの声やハープの調べが聞こえ、輝く翼を持つケルビム〔キリスト教では智天使と呼ばれる、旧約聖書に登場する存在〕が壮麗な金の門の中へと自分を招き入れるだろうと、ジョンは心から信じていた。

　ジョンがこれをみな強く信じていたのは、はなはだ濃密で強力な意味のウェブに搦め捕られていたからだ。彼の最初の思い出は、城の大広間に掛かる祖父ヘンリーの錆びた剣だった。ジョンはよちよち歩きの頃から、祖父ヘンリーの話を耳にしてきた。祖父は第二回十字軍遠征で戦死し、今は天国で天使たちとともに安らかに過ごしており、ジョンとその家族を見守っているという。吟遊詩人たちが城を訪れると、たいてい、聖地で戦った勇敢な十字軍の戦士たちについて歌った。ジョンは教会へ行くと、ステンドグラスの窓を見るのが好きだった。窓の一つでは、第一回十字軍の指揮者ゴドフロワ・ド・ブイヨンが馬にまたがり、邪悪な顔をしたイスラム教徒を槍で刺し貫いていた。別の窓では、罪人たちの魂が地獄で燃えている。ジョンは自分の知っている人のうちで最も学識のある地元の司祭の話に熱心に耳を傾けた。その司祭は日曜日には毎週のように、よくできたたとえ話や滑稽な冗談の助けを借りながら説明した。カトリック教会の外には救いはない、ローマにいらっしゃる教皇は我らの神聖な父だ、我々はいつでも教皇の命令に従わなくてはならない、もし人を殺したり、盗みを働いたりすれば、神に地獄へ堕とされるが、もし異教徒であるイスラム教徒を殺せば、天国に迎え入れてもらえる、と。

ジョンがもうすぐ一八歳になろうとしていたある日、ひどい身なりをした騎士が城の門に馬を乗りつけ、声を詰まらせて知らせを告げた。ヒッティーンで十字軍がサラディンに敗れて壊滅した！　エルサレムが陥落した！　教皇は新たな遠征軍の派遣を宣言し、この遠征で命を落とす者は誰もが永遠に救われると約束した！　周りで人々が衝撃を受け、心配するなか、ジョンはこの世のものとは思えない光で顔を輝かせ、「私は異教徒どもと戦いに行き、聖地を解放する！」と高らかに言い放った。誰もが一瞬沈黙したが、その後、笑みと涙を顔に浮かべた。母親は涙を拭い、ジョンをぎゅっと抱き締め、どれほど彼のことを誇りに思っているかを告げる。父親は背中を勢い良く叩き、「息子よ、私がお前の歳でありさえすれば、いっしょに行くのだが。我が一族の名誉がかかっている。お前なら、私たちを落胆させることは夢にもなかろう！」と言う。ジョンの友人のうち二人が、いっしょに行こうと申し出る。ジョンの不倶戴天の競争相手である、川向こうの男爵さえもが、わざわざ訪ねてきて幸運を祈ってくれた。

彼が城を出発すると、村人たちが粗末な家から出てきて手を振り、美しい娘たちはみな、異教徒と戦うために旅立つこの勇敢な十字軍の戦士に憧れの目を向けた。イングランドから船出し、ノルマンディーやプロヴァンスやシチリア島といった見知らぬ遠隔の地を経て進むうちに、みな同じ目的地に向かう、同じ信仰を持った異国の騎士の一団が次々に加わった。遠征軍がついに聖地で船を降り、サラディンの軍勢と戦い始めると、ジョンは邪なイスラム教徒たちでさえ、彼と同じことを信じているのを知って仰天した。たしかに彼らは少しばかり頭が混乱しており、キリスト教徒が異教徒でイスラム教徒が神の思し召しに従っていると思っていた。それでも、神とエルサレムのために戦っている者は、死んだら真っ直ぐ天国に行くという基本的原理を、彼らも受け容れていた。

このようにして、中世の文明は一本また一本と糸を編んで意味のウェブを作り、ジョンや彼の同時代人をハエのように搦め捕っていった。これらの物語がすべてただの想像の産物であるとは、ジョンには思いもよらなかった。親や伯父たちが間違っていることはあるかもしれない。だが、吟遊詩人たちも、友人全員も、村の娘たちも、学識のある司祭も、川向こうの男爵も、ローマの教皇も、プロヴァンスとシチリア島の騎士たちも、ほかならぬイスラム教徒たちさえ、みな幻覚を起こしているなどということがありうるだろうか?

やがて月日が流れた。歴史家が見守るなか、意味のウェブがほどけ、その代わりに別のウェブが編まれる。ジョンの親が亡くなり、兄弟姉妹や友人もそれに続く。吟遊詩人たちによる十字軍遠征の歌に取って代わって、悲劇的な恋愛についての舞台劇が流行する。一族の城は焼け落ち、再建されたときには、祖父ヘンリーの剣は跡形もなくなっている。教会の窓は冬の嵐で割れ、新しい窓にはゴドフロワ・ド・ブイヨンと地獄の罪人たちの姿は見えず、フランス王に対するイングランド王の大勝利が描かれている。地元の聖職者はローマ教皇を「我らの神聖な父」と呼ぶのをやめ、今や「あのローマの悪魔」と呼んでいる。近くの大学では学者たちが古代ギリシアの文書を熟読し、死体を解剖し、閉ざされた扉の陰で、ひょっとしたら魂などというものはないのではないかと小声でささやく。

そして、さらに歳月が過ぎていく。かつて城のあった場所は、今ではショッピングセンターになっている。地元の映画館では、もう何度目になるだろうか、『モンティ・パイソン・アンド・ホーリー・グレイル』が上映されている。人気（ひとけ）のない教会では、退屈した牧師が二人の日本人旅行客を目にして大喜びする。彼が窓のステンドグラスについて詳しく説明すると、二人は愛想笑いを浮かべながら、まったく理解できないままうなずく。外の石段ではティーンエイジャーの騒がしい一団が、ｉＰｈｏｎｅをいじっている。彼らはＹｏｕＴｕｂｅでジョン・レノンの「イマジン」の新しいリミックスを観ている。「天国がないと想像してごらん」とレノンは歌う。「やってみると、簡単だ」。パキスタン人の街路清掃員が道路を掃いており、近くのラジオからはニュースが流れている。シリアでの殺戮（さつりく）が続いており、国連の安全保障理事会の会合は、行き詰まりのまま終わりを迎えたという。突然、時の流れに穴が開き、不思議な光がティーンエイジャーの一人の顔を明るく照らし、彼はこう告げる。「異教徒と戦いに行って、聖地を解放するぞ！」

異教徒と聖地？　こうした言葉は今日、イングランドの人の大半にはもうまったく何の意味も持たない。おそらく例の牧師でさえ、そのティーンエイジャーは何かしら精神疾患の症状を見せていると思うことだろう。それとは対照的に、もしイングランドの若者がアムネスティ・インターナショナルに加わり、シリアに行って難民の人権を守ると決めたら、英雄視されるだろう。中世の人なら、彼は頭がおかしくなったと考えていたはずだ。一二世紀のイングランドには、人権とは何かを知っている人など一人もいなかった。中東へ出かけていって、イスラム教徒を殺すためではなく、イスラム教徒の一集団を別の集団から守るために命を危険にさらしたいというのか？　正気の沙汰とは思えない。

歴史はこのように展開していく。人々は意味のウェブを織り成し、心の底からそれを信じるが、遅かれ早かれそのウェブはほどけ、後から振り返れば、いったいどうしてそんなことを真に受ける人がいたのか理解できなくなる。後知恵をもってすれば、天国に至ることを期待して十字軍の遠征に出るなど、愚の骨頂としか思えない。今考えれば、冷戦は狂気の極みだ。三〇年前、共産主義の天国を信じていたがゆえに、核戦争による人類の破滅の危険を喜んで冒す人々がいたとは、どういうことか？　そして今から一〇〇年後、民主主義と人権の価値を信じる私たちの気持ちもやはり、私たちの子孫には理解不能に思えるかもしれない。

夢と虚構が支配する世界

サピエンスが世界を支配しているのは、彼らだけが共同主観的な意味のウェブ――彼らに共通の想像の中にしか存在しない法律やさまざまな力、もの、場所のウェブ――を織り成すことができるからだ。人間だけがこのウェブのおかげで、十字軍や社会主義革命や人権運動を組織することができる。

他の動物もあれこれ想像できるかもしれない。ネズミを待ち伏せしている猫は、ネズミを目にしていなくても、その姿形、さらには味までも想像しているのだろう。それでも、私たちの知るかぎり、猫にはネズミのような、この世界に実際に存在しているものしか想像できない。彼らにはアメリカドルやグーグルや欧州連合のような、見たことも匂いを嗅いだことも味わったこともないものは想像できない。サピエンスだけが、そのような架空の存在を想像できる。

その結果、猫やその他の動物が客観的な領域に閉じ込められ、もっぱら現実を描写するためにコミュニケーションシステムを使っているのに対して、サピエンスは言語を使って完全に新しい現実を生み出す。過去七万年の間に、サピエンスが発明した共同主観的現実はますます強力になり、今日では世界を支配している。チンパンジーやゾウ、アマゾンの熱帯雨林、北極の氷河は、二一世紀を生き延びられるだろうか？　それは欧州連合や世界銀行といった、私たちが共有する想像の中だけに存在するものの願望や決定次第だ。

他の動物たちが人間に対抗できないのは、彼らには魂も心もないからではなく、必要な想像力が欠けているからだ。ライオンは走ったり、飛び跳ねたり、鉤爪で引っ掻いたり、噛みついたりできる。だが、銀行口座を開いたり、訴訟を起こしたりはできない。そして、二一世紀の世の中では、訴訟の起こし方を知っている銀行家のほうが、サバンナで最も獰猛なライオンよりもはるかに強力なのだ。

共同主観的なものを生み出すこの能力は、人間と動物を分けるだけではなく、人文科学と生命科学も隔てている。歴史学者が神や国家といった共同主観的なものの発展を理解しようとするのに対して、生物学者はそのようなものの存在はほとんど認めない。遺伝子コードを解読し、脳内のニューロンを一つ残らずマッピングすることができさえすれば、人類の秘密をすべて知ることができると考えている人もいる。なにしろ、もし人間には魂がなく、思考と情動と感覚がただの生化学的なアルゴリズムにすぎないのなら、人間社会の突飛な行動をみな、生物学で説明できない理由があるだろうか？　この視点に立てば、十字軍の遠征は進化圧に形作られた縄張り争いとなり、イングランドの騎士がサラディンと戦うために聖地に行くのは、オオカミたちが近隣の群れの縄張りを横取りしようとするのとたいして変わらない。

一方、人文科学は共同主観的なものの決定的な重要性を強調する。そうしたものはホルモンやニューロンに還元することはできない。歴史的に考えるというのは、私たちの想像上の物語の中身には真の力があると認めることだ。もちろん、歴史学者は気候変動や遺伝子の変異といった客観的要因を無視するわけではないが、人々が考え出して信じる物語をはるかに重視するのだ。北朝鮮と韓国があれほど異なるのは、ピョンヤンの人がソウルの人とは違う遺伝子を持っているからでもなければ、北のほうが寒くて山が多いからでもない。北朝鮮が、非常に異なる虚構に支配されているからだ。

いつの日か、神経生物学で飛躍的な進展が見られ、純粋に生化学的な見地から共産主義や十字軍の遠征が説明できるようになるかもしれない。とはいえ、私たちはそれには程遠い所にいる。二一世紀の間に、歴史学と生物学の境界は曖昧になるだろうが、それは歴史上の出来事に生物学的な説明が見つかるからではなく、むしろ、イデオロギー上の虚構がＤＮＡ鎖を書き換え、政治的関心や経済的関心が気候を再設計し、山や川から成る地理的空間がサイバースペースに取って代わられるからだろう。人間の虚構が遺伝子コードや電子コードに翻訳されるにつれて、共同主観的現実は客観的現実を呑み込み、生物学は歴史学と一体化する。そのため、二一世紀には虚構は気まぐれな小惑星や自然選択をも凌ぎ、地球上で最も強大な力となりかねない。したがって、もし自分たちの将来を知りたければ、ゲノムを解読したり、計算を行なったりするだけでは、とても十分とは言えない。私たちには、この世界に意味を与えている虚構を読み解くことも、絶対に必要なのだ。

第2部

ホモ・サピエンスが世界に意味を与える

人間はどのような世界を生み出したか？

人間はどのようにして、自分がこの世界を支配しているだけではなく世界に意味を与えてもいると確信するようになったのか？

人間至上主義（人類の崇拝）はどのようにして最も重要な宗教となったのか？

図20　創造者。インスピレーションに突き動かされるジャクソン・ポロック。

第4章　物語の語り手

オオカミやチンパンジーのような動物は、二重の現実の中で暮らしている。一方で、彼らは木や岩や川といった、自分の外の客観的なものをよく知っている。他方で、恐れや喜びや欲求といった、自分の中の主観的な経験も自覚している。それに対して、サピエンスは三重の現実の中で生きている。木や川、恐れや欲求に加えて、サピエンスの世界にはお金や神々、国家、企業についての物語も含まれている。歴史が展開していくなかで、神や国家や企業の影響は、川や恐れや欲求を犠牲にして大きくなっていった。世界には依然として多くの川があり、人々は恐れや願望に相変わらず動機づけられているが、イエス・キリストやフランス共和国やアップル社などが川にダムを造って利用し、私たちの最も深い不安や憧れを形作る術を覚えた。

二一世紀の新しいテクノロジーは、神や国家や企業といった虚構をなおさら強力なものにしそうなので、未来を理解するためには、イエス・キリストやフランス共和国やアップル社についての物語がどうやってこれほどの力を獲得したかを理解する必要がある。人間は自分たちが歴史を作ると考えるが、じつは歴史はこうした虚構の物語のウェブを中心にして展開していく。個々の人間の基本的な能力は、石器時代からほとんど変わっていない。それどころか、もし少しでも変わったとすれば、おそらく衰えたのだろう。だが、物語のウェブはますます強力になり、それによって歴史を石器時代からシリコン時代へと推し進めてきた。

すべてが始まったのはおよそ七万年前、認知革命のおかげでサピエンスが自分の想像の中にしか存在しないものについて語りだしたときだ。その後の六万年間に、サピエンスは多くの虚構のウェブを織り成したが、それはみな小さく局地的なものにとどまった。ある部族が崇拝する尊い祖先の霊は、近隣の部族の人々にはまったく知られておらず、ある土地で価値のある貝殻は近くの山脈を越えた途端に値打ちを失った。それでも、祖先の霊や貴重な貝殻についての物語は、サピエンスにとって大きな強みだった。そうした物語のおかげで、何百もの、ときには何千ものサピエンスが効果的に協力できたからで、それはネアンデルタール人やチンパンジーには望むべくもないことだった。それでも、サピエンスがまだ狩猟採集民であるうちは、本当に大規模な協力はできなかった。狩猟と採集では、都市や王国を養うことは不可能だったからだ。したがって、石器時代の霊や妖精や魔物は比較的弱い存在だった。

約一万二〇〇〇年前に始まった農業革命は、共同主観的ネットワークを拡大・強化するのに必要な物質的基盤を提供した。農耕のおかげで、込み合った都市の何千という人や、訓練された軍隊の何千という兵士を養うことが可能になった。とはいえ、共同主観的なウェブはそこで新たな障害にぶつかった。集団的神話を維持し、大規模協力を組織するために、初期の農耕民は人間の脳のデータ処理能力に頼っていたが、その能力には厳しい制約があったからだ。

農耕民は偉大な神々についての物語を信じていた。彼らはお気に入りの神のために神殿を建て、その神を称えて祝祭を催し、生贄を捧げ、土地や収穫の一部や供物を献じた。六〇〇〇年前頃、古代シュメールの初期の都市では、神殿は崇拝の中心地であるばかりか、最も重要な政治的中枢や経済的中枢でもあった。シュメールの神々は、現代のブランドや企業に相当する機能を果たしていた。今日、企業は資産を所有し、お金を貸し、従業員を雇い、経済的事業を始める。ウルクやラガシュやシュルッパクといった古代都市では、神々は農地や奴隷を所有し、融資をしたり、受けたり、給金を払ったり、ダムや運河を建設したりできる法人として機能していた。

神々はけっして死ななかったし、相続財産をめぐって争う子供もいなかったので、しだいに多くの資産と力を蓄えていった。いつしか、ますます多くのシュメール人が神に雇われたり、神から融資を受けたり、神の土地を耕したり、神に税を支払う義務を負わされたりすることになった。今日のサンフランシスコで、たとえばジョンはグーグルに雇われ、メアリーはマイクロソフトで働いているのとちょうど同じで、古代のウルクでは、ある人は偉大な神エンキに雇われ、その隣人は女神イナンナに仕えていた。エンキとイナンナの神殿はウルクの空を背景に堂々とそびえ、その神聖なロゴがさまざまな建物や製品や衣服を飾っていた。私たちにとってグーグルとマイクロソフトが現実味のある存在であるのに劣らず、シュメール人にはエンキとイナンナは現実感があった。シュメールの神々は、石器時代の魔物や霊といった先輩たちに比べると、非常に強力な存在だった。

実際に神々が自らの業務を行なっていたわけではないことは言うまでもない。理由は単純で、彼らは人間の想像の中以外のどこにも存在しなかったからだ。日々の活動は神殿の神官たちが管理していた（グーグルとマイクロソフトが、血の通った人間を雇って自社の業務を管理させる必要があるのとちょうど同じだ）。ところが、神々がますます多くの資産と力を獲得するにつれ、その管理は神官たちの手に負えなくなった。彼らは強大な天空の神や全知の大地の女神の代理ではあったものの、彼ら自身は誤りを犯しがちな生身の人間にすぎなかったからだ。彼らはどの地所や果樹園や畑が女神イナンナのものか、イナンナの使用人のうちの誰がすでに給金をもらったか、女神の小作人のうちの誰が小作料を滞納しているか、女神が借り手にどれだけの利率を課したかを覚えておくのに苦労した。これが大きな理由の一つとなって、世界の他のどの場所とも同様、シュメールでも人間の協力ネットワークは、農業革命から何千年も過ぎた後でさえ、さして拡大できなかった。地上には、巨大な王国も、広範な交易ネットワークも、普遍的な宗教も、一つとしてなかった。

この障害がついに取り除かれたのは、シュメール人が書字と貨幣の両方を発明した、およそ五〇〇〇年前だった。同じ親から同じ時に同じ場所で生まれた、書字と貨幣というこの結合体双生児は、人間の脳によるデータ処理の限界を打ち破った。両者のおかげで、何十万もの人から税を徴収したり、複雑な官僚制を組織したり、巨大な王国を打ち立てたりすることが可能になった。シュメールでは、これらの王国は神々の名の下に、人間の神官王が管理した。隣のナイル川流域では、人々はその一歩先を行き、神官王を神と一体化し、生き神のファラオを生み出した。

エジプト人は、ファラオはたんなる神の代理ではなく本物の神だと考えていた。エジプト全体がその神のものであり、すべての民はファラオに従い、彼に課された税を支払わなければならなかった。シュメールの神殿でと同様、ファラオの統治するエジプトでも、神は自分のビジネス帝国を自ら管理することはなかった。圧政を布くファラオもいれば、饗宴や祝祭で日を送るファラオもいたが、どちらの場合にも、国家運営の実務は何千もの、読み書きのできる役人が担っていた。他のどんな人間とも同じで、ファラオも生物学的な肉体や、生物学的欲求、欲望、情動を持っていた。だが、生物学的なファラオにはほとんど重要性がなかった。ナイル川流域の真の支配者は、何百万ものエジプト人が互いに語り合う物語の中に存在する想像上のファラオだったのだ。

ファラオが首都メンフィスの宮殿でブドウを食べ、妃(きさき)や愛妾と戯れている間に、彼の役人たちは地中海沿岸からヌビア砂漠まで、王国を縦横に動き回った。官吏たちは各村が納めるべき税を計算し、パピルスの長い巻物にそれを記録し、メンフィスに送った。軍のために徴兵したり、建設事業のために労働者を動員したりするようにという命令文書がメンフィスから届くと、役人たちは必要な人員を集めた。彼らは王家の穀倉にある小麦の量や、運河と貯水池をきれいにするのにかかる日数、ファラオのハーレムがご馳走に事欠かないようにするためにメンフィスに送るアヒルやブタの数を計算した。生き神が亡くなり、その体が防腐処置を施され、仰々しい葬列によってメンフィスの外の王家の墓地に運ばれたときでさえ、官僚による支配は継続した。役人は相変わらず巻物に記入したり、税を徴収したり、命令を送ったりし、ファラオ体制という機械が順調に機能し続けるように油を注(さ)し続けた。

シュメールの神々が今日の企業のブランドを私たちに思い起こさせるとしたら、生き神のファラオも、エルヴィス・プレスリーやマドンナやジャスティン・ビーバーの

図21　ブランドは現代に発明されたものではない。エルヴィス・プレスリーとちょうど同じように、ファラオも生きている人間というよりはむしろブランドだった。従属する何百万もの人にとっては、ファラオの肖像のほうが生身の体よりもはるかに重要で、人々はファラオの死後も長く彼を崇め続けた。

ような、現代の個人ブランドになぞらえることができる。ファラオとまさに同じで、エルヴィスも生物学的な肉体や、生物学的欲求、欲望、情動を持っていた。エルヴィスは食べ、飲み、眠った。とはいえエルヴィスは、生物学的な肉体をはるかに超える存在だった。ファラオ同様、エルヴィスは物語であり、神話であり、ブランドだった。そしてそのブランドは、生物学的な肉体よりもずっと重要だった。エルヴィスの存命中に、そのブランドはレコードやチケット、ポスター、権利を売って莫大なお金を稼いだが、エルヴィス本人は必要な仕事のほんの一部しか行なわなかった。その代わりに、仕事の大半は、かなりの数の代理人や弁護士、プロデューサー、秘書が担っていた。だから、生物学的なエルヴィスが亡くなったときにも、ブランドのために業務は平常どおりに行なわれた。今日でさえ、ファンは依然としてキング・オブ・ロックンロールのポスターやアルバムを買うし、ラジオ局はロイヤルティーを払うし、テネシー州メンフィスの、キングの墓のあるグレースランドには、毎年五〇万人以上の巡礼者が群がる。

書字が発明される前、物語は人間の脳の限られた容量の制約を受けていた。人々が覚え切れないような、あまりにも複雑な物語を創作することはできなかった。だが、書字の発明によって突然、極端に長く、入り組んだ物語を生み出すことが可能になった。人間の頭に収める代わりに、粘土板やパピルスなどに保存すればいいからだ。古代エジプト人で、ファラオの土地や税や貢物をすべて覚えている人は誰もいなかった。エルヴィス・プレスリーは自分の名前で結ばれた契約など、全部は読みさえしなかった。欧州連合の法律や規制のすべてに通じている人は誰もいない。そして、世界中のお金の動きを一ドル残らず把握している銀行家もCIAのエージェントもいない。それにもかかわらず、これらの細目は残らずどこかに記されており、関連文書の総体が、ファラオやエルヴィス、欧州連合、ドルのアイデンティティと力を決めている。

このように書字のおかげで、人間は社会をまるごとアルゴリズムの形で組織できるようになった。情動とは何かや脳はどう機能するかを理解しようとしたときに、私たちは「アルゴリズム」という言葉に出合い、計算をしたり、問題を解決したり、決定を下したりするのに使える一連の順序立ったステップと定義した。読み書きのできない社会では、人々はあらゆる計算や決定を頭の中で行なう。一方、読み書きのできる社会では、人々はネットワークを形成しており、各人は巨大なアルゴリズムの中の小さなステップでしかなく、アルゴリズム全体が重要な決定を下す。これこそが官僚制の本質だ。

たとえば、現代の病院を考えてほしい。病院に着くと、受付係に定型書類を渡され、あらかじめ決められた質問をされる。あなたの答えは看護師に回され、看護師はそれを病院の規定と照らし合わせ、どんな予備検査をするかを決める。それから血圧や心拍数を測り、血液サンプルを採る。当番の医師が初期検査の結果を調べ、厳密な手順を踏んでどの病棟に行かせるかを決める。あなたはその病棟で、分厚い医学の手引きに定められたレントゲン撮影やｆＭＲＩスキャンなどの、もっと徹底した検査を受ける。その後、専門医たちがよく知られた統計データベースに従って結果を分析し、どの薬を与えるかや、さらにどんな検査をするかを決める。

このアルゴリズム構造があるおかげで、当番の受付係や看護師や医師が誰であるかは問題ではなくなる。彼らの性格タイプや政治的見解やそのときどきの気分は関係ない。誰もが規定と手順に従っているかぎり、あなたが治してもらえる可能性はとても高い。アルゴリズムの理想によれば、あなたの運命は、たまたまあれやこれやの職を占めている生身の人間の手ではなく、「システム」の手に委ねられている。

病院に当てはまることは、軍隊や刑務所、学校、企業にも、そして古代の王国にも当てはまる。もちろん古代エジプトは現代の病院よりもテクノロジーの面ではるかに単純だったが、アルゴリズムの原理は同じだった。古代エジプトでも、ほとんどの決定は一人の賢人ではなく、パピルスに記されたり石に刻まれたりした文書を通してつながった役人のネットワークが下していた。このネットワークは、生き神のファラオの名において活動し、人間社会を再構成し、自然界を造り変えた。たとえば紀元前一八七八年から紀元前一八一四年まで親子二代にわたってエジプトを治めたセンウセレト三世と息子のアメンエムハト三世という二人のファラオは、ナイル川をファイユームの谷の湿地につなげる大規模な運河を掘った。ダムや貯水池、副次的な運河から成る複雑なシステムによって、ナイル川の水の一部をファイユームに回し、五〇〇億立方メートルの水を貯める巨大な湖を造った。[1] 比較のために言うと、アメリカ最大の人造湖であるミード湖（フーヴァーダムによってできた）の最大貯水量は、三五〇億立方メートルだ。

ファラオはファイユームの土木事業によって、ナイル川の水量を調節したり、壊滅的な洪水を防いだり、旱魃のときに貴重な水を供給して救援したりする力を得た。さらに、この事業のおかげでファイユームの谷は、不毛な砂漠に囲まれた、ワニがうようよする湿地から、エジプトの穀倉地帯に生まれ変わった。新しい人造湖の岸にはシェデトという新しい都市が建設された。ギリシア人はそれをクロコディロポリス（ワニの町）と呼んだ。この都市はワニの神セベクの神殿が支配していた。セベクはファラオと同一視された（当時の彫像には、ワニの頭を持つファラオ像もある）。神殿にはペトスコスと呼ばれる聖なるワニが飼われており、このワニはセベクの化身（けしん）と考えられていた。生き神のペトスコスは、生き神のファラオとまさに同じような待遇を受けた。神官たちが仕えて世話に当たり、この幸運な爬虫類に食べ物をふんだんに与え、おもちゃさえ提供し、金色のマントを羽織らせ、宝石をちりばめた王冠を被らせた。何と言っても、ペトスコスは神官たちのブランドであり、彼らの権威と生計は、このワニ頼みだったのだ。ペトスコスが死ぬと、新しいワニがただちに選ばれて跡を襲い、死んだワニは注意深く防腐処置を施され、ミイラにされた。

センウセレト三世とアメンエムハト三世の時代には、エジプト人はブルドーザーもダイナマイトも持っていなかった。彼らには、鉄器や使役馬や車輪さえなかった（ようやく車輪がエジプトで広く使われるようになったのは、紀元前一五〇〇年頃のことだ）。青銅器は最先端のテクノロジーと考えられていたが、あまりに高価で稀少だったため、建設工事の大半は、石と木だけでできた道具を使って、人間の筋力でなされた。古代エジプトの大規模な土木事業（あらゆるダムと貯水池とピラミッドの建設）は、宇宙から来たエイリアンが行なったに違いないと、多くの人が主張している。車輪や鉄さえ持たない文明が、エイリアンの助けなしで、どうしてあのような驚異的な事業を達成できるだろうか、というわけだ。

だが、真実はまったく違う。エジプト人がファイユームの湖とピラミッドを建設できたのは、地球外生物の助けがあったからではなく、卓越した組織力を持っていたからだ。ファラオは読み書きのできる何千もの官吏を頼みに、何万もの労働者と、彼らを何年も続けて養える食糧を調達できた。何万もの労働者が数十年にわたって協力すれば、石器を使ってでさえ、人造湖やピラミッドを建設できる。

もちろんファラオ自らは、何一つしなかった。自分で税を徴収することもなければ、建築の図面を引くこともないし、シャベルを手に取ることなど間違ってもなかった。だがエジプト人は、ナイル川流域を壊滅的な洪水や旱魃から救えるのは、生き神のファラオとその守護神セベクへの祈りだけだと信じていた。彼らは正しかった。生き神のファラオもセベクも想像上の存在で、ナイル川の水位を上下させるようなことは何もしなかったが、何百万もの人が生き神のファラオとセベクの存在を信じ、そのために協力してダムを建設したり運河を掘ったりしたので、洪水と旱魃は稀になった。古代エジプトの神々は、石器時代の霊は言うまでもなく、シュメールの神々とも違い、偽りなく強力な存在であり、都市を建設し、軍を召集し、何百万もの人間と牛とワニの暮らしを支配していた。

想像上の存在がものを建設したり人を支配したりすると考えるのは、奇妙に思えるかもしれない。だが今日、私たちは日頃から、アメリカが世界初の核爆弾を製造したとか、中国が三峡ダムを建設したとか、グーグルが自動走行車を造っているとか言っている。それならば、ファラオが貯水池を造ったとか、セベクが運河を掘ったとか言ってもおかしくないではないか。

紙の上に生きる

書字はこのようにして、強力な想像上の存在の出現を促し、そうした存在が何百万もの人を組織し、河川や湿地やワニのありようを作り変えた。書字は同時に、人間にとってそうした虚構の存在を信じやすくもした。書字のおかげで、人々は抽象的なシンボルを介して現実を経験することに慣れたからだ。

狩猟採集民は木に登ったり、キノコを探したり、イノシシやウサギを追いかけたりして日々を過ごした。彼らの日常的な現実は、木々やキノコ、イノシシやウサギから成り立っていた。農耕民は畑を耕したり、作物を取り入れたり、小麦を挽いたり、家畜の世話をしたりして日がな一日、野良で働いた。彼らの日々の現実とは、素足で踏み締めるぬかるんだ大地の感触や、鋤を引く牛の臭い、かまどから取り出した焼きたてのパンの味だった。一方、古代エジプトの書記は、ほとんどの時間を読んだり書いたり計算したりするのに捧げた。彼らの日常の現実は、パピルスの巻物の表面に残されたインクの印から成り立っており、その印によって、誰がどの畑を所有し、牛一頭の値段がいくらで、その年に農民がどれだけの税を払わなければならないかが定められた。書記はペンをさっと走らせるだけで、一つの村全体の運命を決められた。

大多数の人は近代になるまで読み書きができなかったが、最も重要な管理者たちはしだいに、文書という媒体を通して現実を見るようになった。古代のエジプトにおいてであれ、二〇世紀のヨーロッパにおいてであれ、読み書きのできるこのエリート層にしてみれば、紙に記されたことには何でも、木々や牛や人間と少なくとも同じぐらい現実味があった。

一九四〇年春、ナチスが北からフランスを侵略したときに、ユダヤ系フランス人の多くが、国を脱して南へ逃げようとした。国境を越えるためにはスペインやポルトガルに入国するためのビザが必要だったので、命を救ってもらえるその書類を必死に手に入れようとして、ボルドーのポルトガル領事館に何万ものユダヤ人が他の避難民の群れとともに押し寄せた。ポルトガル政府はフランス駐在の領事たちに、事前に外務省の許可を得ずにビザを発給することを禁じたが、ボルドーの総領事だったアリスティデス・デ・ソウザ・メンデスは、外交官としての三〇年に及ぶキャリアを捨てる覚悟でこの命令を無視することにした。ナチスの戦車がボルドーに迫るなか、ソウザ・メンデスと部下たちは、一〇日間、寝る間も惜しんでひたすらゴム印を押し、ビザを発給し続けた。ソウザ・メンデスは数万人にビザを発給したところで、とうとう疲労で倒れてしまった。

図22　ゴム印で人助けをした天使、アリスティデス・デ・ソウザ・メンデス。

これらの難民を受け容れる気などなかったポルトガル政府は、職員を派遣し、言うことを聞かないこの総領事を連れ帰らせ、外務省から追い出した。それでも、苦境に立たされた人々のことなど気にもかけない役人たちでさえ、公的な書類に対しては深い畏敬の念を抱いていたため、ソウザ・メンデスが命令に背いて発給したビザは、フランスとスペインとポルトガルの官吏たちが揃って尊重したので、三万もの人がナチスの魔手から逃れて国外へ脱出できた。ゴム印以外にほとんど何の武器も持たなかったソウザ・メンデスは、こうしてユダヤ人大虐殺の間に一個人としては最大規模の救出作戦をやってのけた。[*2]

＊一九四〇年夏、同様の救出作戦がリトアニアの在カウナス日本領事館領事代理、杉原千畝によって行なわれた。杉原は母国の外務省の命に逆らい、何千もの通過ビザをユダヤ人難民に発給して彼らの命を救った。その数は一万にのぼるかもしれない。

文書記録の神聖さがこれほど良い結果をもたらさないことも、しばしばあった。一九五八年から六一年にかけて、共産中国は大躍進政策を実施した。毛沢東が中国を一気に超大国に変えようと望んだのだった。余剰の穀物を使って野心的な産業事業や軍事事業に資金を供給することを意図した毛沢東は、農業生産を二倍、三倍に増やすよう命じた。彼の実行不可能な要求は、北京の官庁から官僚制の階層を下り、地方行政官を経て、各地の村長にまで伝えられた。地方の役人は恐ろしくて批判を口にできず、上役の機嫌を取りたがり、農業生産高の劇的増加を記した報告書を捏造した。でっち上げられた数字が官僚制のヒエラルキーを上へと戻っていくときには、役人がめいめいペンを振るってどこかしらに「0」を書き加え、さらに誇張が積み重なった。

そのため、中国政府が一九五八年に受け取った年間穀物生産高の報告は、現実の五割増しだった。政府はその報告を鵜呑みにし、武器や重機と引き換えに、何百万トン

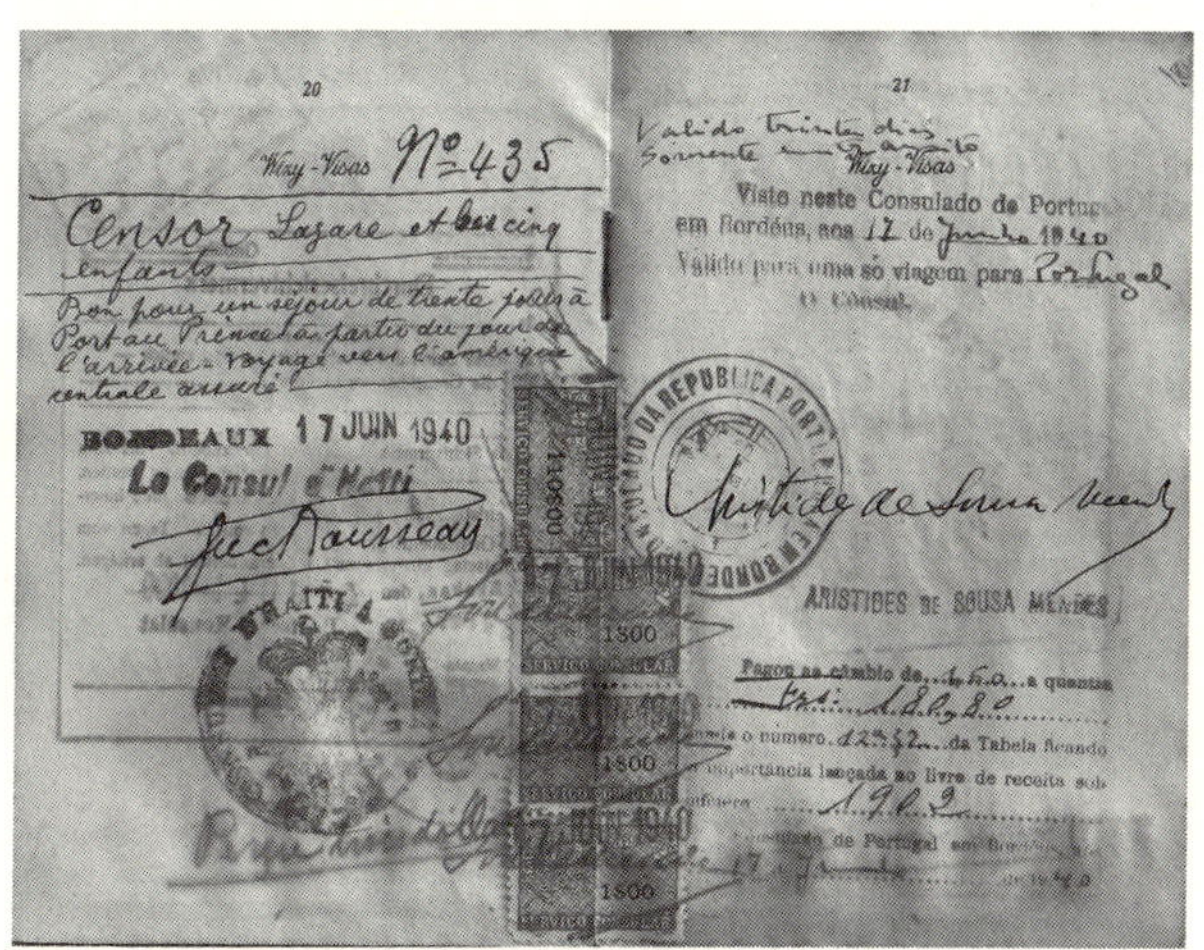

図23　1940年6月にソウザ・メンデスが署名し、数万人の命を救ったビザの1つ。

もの米を外国に売却し、それでも自国民を養うだけの量は残ると思い込んでいた。ところがその結果、史上最悪の飢饉が起こり、何千万もの中国人が命を落とした[3]。

その間、中国農業の奇跡を伝える熱狂的な報道が、世界中の人々に届いていた。タンザニアの理想主義的な大統領ジュリアス・ニエレレは、中国の成功に深い感銘を受けた。ニエレレはタンザニアの農業を近代化するために、中国を手本にした集団農場を設立することを決意した。農民たちがその計画に反対すると、ニエレレは軍や警察を送り込んで昔ながらの村を破壊させ、何十万もの農民を新しい集団農場へ強制的に移動させた。

政府のプロパガンダは、それらの集団農場が小さな楽園であるかのように喧伝したが、その多くは政府の書類上にしか存在しなかった。首都ダルエスサラームで書かれた書類や報告書には、これこれの日にこれこれの村の居住者をこれこれの農場に移動させたと書かれてあった。実際には、村人たちが目的地に着くと、そこには何一つなかった。家もなければ畑も農具もなかった。それにもかかわらず、役人たちは自らとニエレレ大統領に大成功を報告した。じつのところ、タンザニアは一〇年足らずでアフリカ随一の食物輸出国から、食物の純輸入国に成り下がり、外部の助けがなければ自国民を養えなくなってしまった。一九七九年にはタンザニアの農民の九割が集団農場で暮らしていたものの、彼らはこの国の農業生産高の五パーセントしか生み出していなかった[4]。

書字の歴史はこの種の災難に満ち満ちているが、少なくとも政府の視点に立てば、行政の効率向上がもたらす利益は、たいていコストを上回った。筆を振るうだけで現実を変えようとすることの魅力に抗える支配者はいなかったし、それが惨事を招いた場合の救済策はどうやら、なおさら大量の覚書を書き、なおさら多くの規準を定め、布告や命令を出すことだったようだ。

文字で表すのは現実を描写するささやかな方法と思われていたかもしれないが、それはしだいに、現実を作り変える強力な方法になっていった。公の報告書が客観的な現実と衝突したときには、現実のほうが道を譲ることがよくあった。税務当局や教育制度、その他どんな複雑な官僚制であれ、相手に回したことのある人なら誰もが知っているように、事実はほとんど関係ない。書類に書かれていることのほうがはるかに重要なのだ。

聖典

文書と現実が衝突したときには、現実が道を譲らざるをえないことがあるというのは本当なのか？　それは、官僚制度に対する、ありふれてはいるものの大げさな中傷にすぎないのではないか？　ファラオに仕えていようと、毛沢東に仕えていようと、たいていの官僚は思慮分別のある人々だったし、きっと次のように主張したことだろう。「私たちは書字を利用して、農地や運河や穀倉の実情を記述する。もしその記述が正確なら、現実的な決定を下す。もし不正確なら、飢饉や、反乱さえ招く。そのときには、私たち、あるいは未来の政権の管理者たちがその誤りから学び、もっと事実に即した記述をしようと努力する。したがって、私たちの文書は時とともに必ずなおいっそう正確になる」

これはある程度まで正しいが、逆向きの歴史の流れを無視している。官僚制は力を蓄えるにつれて、自らの誤りに動じなくなる。自分たちの物語に合わせて現実に合うようにする代わりに、現実を変えて自分たちの物語に合わせられるのだ。けっきょく外部の現実が官僚制の空想に合致するのだが、それは官吏が無理やり現実にそうさせたからにすぎない。たとえば、アフリカの多くの国の国境は、河川や山並みや交易ルートを顧みず、歴史的な区域や経済的な区域をいたずらに引き裂き、地域の民族や宗教のアイデンティティをないがしろにしている。同一の部族がいくつかの国に分割されてしまっていることもあれば、競合する無数の氏族(クラン)の小派が一国の中に取り込まれていることもある。こうした問題は世界中の国々を悩ませているが、アフリカではとりわけ深刻で、それは現代アフリカの国境が地元の民族の願望や争いを反映していないからだ。それらの国境は、アフリカに足を踏み入れたこともないヨーロッパの官吏たちが定めたものだった。

一九世紀後期にヨーロッパのいくつかの大国がアフリカ各地の領有権を主張した。主張の対立がヨーロッパでの全面戦争につながることを恐れた当事者たちは、一八八四年にベルリンに集まり、まるでパイでも切り分けるようにアフリカを分割した。当時、アフリカの内陸部の大半は、ヨーロッパ人には未知の土地だった。イギリス人や

図24　19世紀半ばにヨーロッパで作成されたアフリカの地図。ヨーロッパ人はアフリカの内陸部についてほとんど知らなかったが、それでもかまわずこの大陸を分割し、境界線を引いた。

フランス人やドイツ人は、沿岸地域の精密な地図を持っており、ニジェール川やコンゴ川やザンベジ川がどこで海に注いでいるかも正確に知っていた。ところが、これらの川が内陸でたどる流路や、その岸に沿って分布する王国や部族、地元の宗教や歴史や地理についてはほとんど知らなかった。それなのに、ヨーロッパの外交官たちはおかまいなしだった。彼らはベルリンの磨き上げられたテーブルの上に半ば空白のアフリカの地図を広げ、あちこちに何本か線を引き、この大陸を分け合った。

　やがて、合意に基づく地図を手にアフリカの内陸に入り込んだヨーロッパ人たちは、ベルリンで引かれた境界線の多くがアフリカの地理や経済や民族の実情をないがしろにしていることに気づいた。それにもかかわらず、侵略者たちは新たな衝突を避けるために、合意を堅持し、これらの想像上の線がヨーロッパの植民地の現実の境界となった。二〇世紀後半、ヨーロッパの帝国が崩壊し、植民地が独立を勝ち取ると、新生国家はみな、植民地時代の境界を受け容れた。そうしなければ、果てしない戦争や紛争に陥るのではないかと恐れたからだ。今日のアフリカ諸国が直面する問題の多くは、国境がほとんど意味を成さないことに由来する。ヨーロッパの官僚制が書き綴(つづ)った空想がアフリカの現実と遭遇したとき、現実が降伏を強いられたのだった[5]。

　現代の教育制度も、現実が文書記録にひれ伏す例を無数に提供してくれる。私の机の横幅を測るときには、どんな物差しを使うかはあまり関係ない。二〇〇センチメートルと言おうと、七八・七四インチと言おうと、横幅は変わらない。ところが、官僚制が人々を測るときには、どの物差しを選ぶかで天地の差が出る。学校が人々を厳密な点数による成績で評価し始めると、何百万もの学生と教師の生活が劇的に変化した。成績というのは比較的新しい発明だ。狩猟採集民は成果を採点されることはなかったし、農業革命から何千年も過ぎてからでさえ、厳密な成績をつける教育機関はほとんどなかった。中世の見習い靴職人は一年の終わりに、靴紐の項目でAを取ったが、留め金ではCマイナスだったことを告げる紙切れを受け取りはしなかった。シェイクスピアの時代の大学生がオックスフォードを去るときの結果には二つの可能性しかなかった。学位をもらえたか、もらえなかったかのどちらかだ。ある学生には七四点、別の学生には八八点というふうに最終成績をつけることなど、誰も思いつかなかった。(6)

厳密な成績を日常的につけ始めたのは、産業化時代の大衆教育制度だった。工場と省庁の両方が、数字という言語で考えることに慣れると、学校がそれに続いた。学校は生徒の価値を各自の平均点で評価し、教師や校長の価値は生徒全員の平均点に従って評価された。官吏たちがこの基準を採用すると、現実が一変した。

もともと学校は、生徒を啓蒙し教育することが主眼のはずで、成績はそれがどれだけうまくいっているかを測る手段にすぎなかった。だがほどなく、学校はごく自然に、良い成績を達成することに的を絞り始めた。どんな子供も教師も検査官も知っているとおり、試験で好成績を収めるのに必要な技能を身につけるのは、文学や生物学や数学などを真に理解するのとは違う。そして、どんな子供も教師も検査官も承知しているように、たいていの学校は二者択一を迫られれば成績向上を目指す。

文書記録の持つ力は、聖典の登場とともに絶頂を極めた。古代文明の神官や書記は、しだいに文書のことを、現実を理解するための手引きと見るようになった。最初のうち、彼らは文書を見て税や農地や穀倉の実情を知った。だが、官僚制が力をつけるにつれ、文書も権威を獲得していった。神官たちは神の資産の一覧だけではなく、神の行ないや戒律や秘密も記録した。でき上がった聖典は、現実をそっくり記述していると称し、聖書やクルアーン（コーラン）やヴェーダ〔インド最古の聖典〕の中にあらゆる答えを探し求めるのが、代々の学者の習慣となった。

　もしある聖典が現実を誤って伝えていたら、理屈の上では、信奉者たちが遅かれ早かれそれに気づき、その聖典の権威が損なわれるはずだ。エイブラハム・リンカーンは、すべての人をずっと騙し通すことはできないと言っている。残念ながら、それは考えが甘い。実際には、人間の協力ネットワークの力は、真実と虚構の間の微妙なバランスにかかっている。もし誰かが現実を歪め過ぎると、その人は力が弱まり、物事を的確に見られる競争相手に歯が立たない。その一方で、何らかの虚構の神話に頼らなければ、大勢の人を効果的に組織することができない。だから、虚構をまったく織り込まずに、現実にあくまでこだわっていたら、ついてきてくれる人はほとんどいない。

　もしタイムマシンを使って現代の科学者を古代エジプトに送り込んだら、彼女は地元の神官たちの虚構を暴いたり、農民たちに革命や相対性理論や量子物理学の講義を行なったりしても権力を掌握できないだろう。もちろん自分の知識を活かしてライフル銃や大砲を製造できれば、ファラオやワニの神セベクに対しておおいに優位に立ちうる。とはいえ、鉄鉱石を採掘し、溶鉱炉を建設し、火薬を製造するためには、厖大な数の勤勉な農民を必要とする。彼女が、エネルギーを質量で割れば光速の二乗に等しいことを説明すれば、それらの農民を感動させ、行動を起こさせられると、あなたは本気で思うだろうか？　万一そう思っているとしたら、今日のアフガニスタンかシリアに出かけて、試しにやってみてはいかがだろう？

ファラオの支配するエジプトや、ヨーロッパの諸帝国、現代の学校制度のような、本当に強力な人間の組織は、物事を必ずしも的確に見られるわけではない。それらの権力の大半は、虚構の信念を従順な現実に押しつける能力にかかっている。貨幣というものがその好例だ。政府がただの紙切れを発行し、それには価値があると宣言し、それからそれを使って他のあらゆるものの価値を計算する。政府はその紙切れで税を払うことを国民に強制する権力を持っているので、国民は紙幣をある程度は手に入れるよりしかたがない。その結果、紙幣は本当に価値を持つようになり、政府の役人たちの信念が正しかったことが立証される。そして、紙幣の発行は政府が管理しているので、政府の権力が増す。「こんなものは、ただの紙切れではないか！」と抗議し、ただの紙切れであるかのように振る舞う人がいたとしたら、たちまち暮らしが立ち行かなくなる。

生徒を評価するには試験が最善の方法だと教育制度が宣言すると、同じことが起こる。教育制度には、大学の入学基準や、官庁と民間部門の採用基準に影響を及ぼすだけの権威がある。したがって、学生たちは全力を注いで良い成績をあげようとする。人気の高い職は、試験の成績が優れている人が占め、そういう人はもちろん、自分をその職に就かせてくれた制度を支持する。教育制度は肝心の試験を管理しているがゆえに、より大きな権力を獲得し、大学や官庁や求人市場への影響力を増す。「学位証明書はただの紙切れにすぎない！」と抗議し、その言葉どおりに振る舞う人がいたとしたら、たちまち進路が閉ざされてしまう。

聖典も同様だ。既成宗教は、聖典には私たちのあらゆる疑問に対する答えが記されている、と宣言する。そして、裁判所と政府と企業に同時に圧力をかけ、聖典の内容に沿って行動させる。賢明な人が聖典を読み、それから世の中を眺めると、聖典と世の中が現に一致しているのが見て取れる。「聖典には、神に一〇分の一税を払わなければならないと書いてある。そして、ほら、誰もが払っている。聖典には、女性は男性に劣り、裁判官を務めることはできず、法廷で証言することさえできないと書いてある。そして、ほら、本当に女性の裁判官はいないし、法廷は女性の証言を認めない。聖典には、神の御言葉を学ぶ者は誰もが人生で成功を収めると書いてある。そして、ほら、良い仕事はみな、本当に、聖典をそらんじている人が占めている」

そのような賢人は、当然ながら聖典を学び始め、賢いから聖典の権威となり、裁判官に任命される。そして、裁判官になると、女性が法廷で証言することを許さず、後任を決めるときには、もちろん聖典に通じている人を選ぶ。「この本はただの紙にすぎない！」と抗議し、その言葉どおりに振る舞う人がいたとしたら、たちまち行き詰まるだろう。

たとえ聖典が現実の本質を偽るものだったとしても、何千年にもわたって権威を保つことができる。たとえば、聖書の歴史観は根本的に間違っているが、それでも首尾良く世界中に広まり、厖大な数の人が今なおそれを信じている。聖書は一神教の歴史理論を信じ込ませようとし、世界は単一の全能の神によって支配されている、その神は私と私の行ないを他の何よりも気遣う、と主張した。何か良いことが起これば、それは私の善行に対する報いに違いない。どんな大惨事も、私の罪に対する罰と思って間違いなかった。

だから古代のユダヤ人は、旱魃に苦しめられたり、バビロニア王ネブカドネザルがユダヤに攻め込み、人々を連れ去ったりしたときには、自分たちの罪に対する神の罰に違いないと考えた。そして、ペルシア王キュロスがバビロニア人を打ち負かし、ユダヤ人たちが帰国してエルサレムを再建するのを許したのは、悔恨の祈りを神が憐れんで聞き届けてくれたからに違いないと思った。聖書は、ひょっとしたらその旱魃がフィリピン諸島の火山爆発によって引き起こされた可能性や、ネブカドネザルがバビロニアの商業的利益を追い求めて攻め込んできた可能性、キュロス王が自らの政治的理由からユダヤ人に恩恵を施した可能性は認めない。したがって聖書は、グローバルな生態環境やバビロニアの経済やペルシアの政治制度を理解することには、いっさい関心を見せない。

そのような自己陶酔は、幼少期の人間全員に共通する特徴だ。どんな宗教や文化の中で育った子供も、自分が世界の中心だと考え、その結果、他の人々の境遇や心情に対しては心からの関心をほとんど示さない。だから子供は親の離婚に深く傷つく。五歳児は、自分と無関係の理由で何か重大なことが起こっているのが理解できない。両親が、二人ともそれぞれ自分の問題や願望を持つ独自の人間であることや、子供のせいで離婚したのではないことを何度説明しても、その子には理解できない。彼は何事も自分のせいで起こると固く信じている。ほとんどの人は、この子供じみた妄想から抜け出す。だが、一神教の信者は死ぬまでその妄想にしがみついている。自分のせいで両親が争っているのだと考えている子供と同じで、一神教の信者は自分のせいでペルシア人がバビロニア人と戦っていると確信しているのだ。

聖書時代にもすでに、それよりはるかに正確な歴史認識を持っている文化もあった。アニミズムの宗教や多神教の宗教は、単一の神ではなく、おびただしい数の力が働く場としてこの世界を描き出した。その結果、アニミズムや多神教の信奉者は、多くの出来事が自分やお気に入りの神とは無関係であることや、そうした出来事が自分の罪に対する罰でもなければ、善行に対する報いでもないことを、難なく受け容れられた。ヘロドトスやトゥキュディデスといった古代ギリシアの歴史家や、司馬遷（しばせん）らの中国の歴史家は、私たちの現代的な見方に非常によく似た、高度な歴史理論を構築した。彼らは、戦争や革命は無数の政治的、社会的、経済的要因のせいで勃発する、と説いた。人は自分には何の落ち度がなくても戦争の犠牲になりかねない。だから、ヘロドトスはペルシアの政治を理解することに強い関心を抱くようになり、司馬遷は大草原地帯の野蛮な人々の文化や宗教におおいに興味を持った。[7]

今日の学者たちは、聖書よりもヘロドトスや司馬遷と意見が一致する。だから、現代の国家はみな、他国についての情報の収集と、グローバルな生態学的、政治的、経済的動向の分析に、せっせと努力を傾けるのだ。アメリカの経済がつまずくと、聖書を篤く信仰する共和党員でさえ、自分自身の罪ではなく中国を公然と非難することがある。

もっとも、ヘロドトスやトゥキュディデスは聖書の著者たちよりも現実をはるかによく理解していたとはいえ、二つの世界観が衝突したときには、聖書の圧勝だった。古代ギリシアの人々はユダヤ人の歴史観を採用し、ユダヤ人がギリシア人の歴史観を採用することはなかった。ギリシア人はトゥキュディデスの時代から一〇〇〇年後に、もしどこかの野蛮人の群れが侵入してきたら、それは自分たちの罪に対する神の罰に違いないと確信するようになった。聖書の世界観は、どれほど間違っていようと、人間による大規模な協力のためには、ヘロドトスやトゥキュディデスの世界観に優る基盤を提供したからだ。

それどころか今日でさえ、アメリカの大統領が就任の宣誓を行なうときには、片手を聖書の上に置く。同様に、アメリカとイギリスを含め、世界の多くの国では法廷の証人は、真実を、すべての真実を、そして真実だけを述べることを誓うときに、片手を聖書の上に置く。これほど多くの虚構と神話と誤りに満ちた書物にかけて真実を述べると誓うとは、なんと皮肉なことだろう。

システムはうまくいくが……

私たちは虚構のおかげで上手に協力できる。だが、それには代償が伴う。そのような虚構によって、私たちの協力の目標が決まってしまうのだ。だから私たちは、非常に手の込んだ協力システムを持っていても、それが虚構の目標と関心のために利用されるわけだ。その結果、そのシステムはうまくいっているように見えるかもしれないが、それは私たちがそのシステムそのものの規準を採用した場合に限られる。たとえば、イスラム教の法や教義に通じたムッラーならこんなことを言うだろう。「我々のシステムはうまくいっている。今や全世界に一五億人のイスラム教徒がいて、かつてないほど多くの人がクルアーンを学び、アッラーの思し召しに従っている」。だが、肝心の疑問は、これが成功を測るのにふさわしい物差しかどうか、だ。学校の校長ならこんなことを言うだろう。「我々のシステムはうまくいっている。過去の五年間で、試験の成績が七・三パーセント上がった」。とはいえ、それは学校を評価する最善の方法なのだろうか？　古代エジプトの役人ならこんなことを言うだろう。「我々のシステムはうまくいっている。我々は、世界の誰よりも多くの税を徴収し、多くの運河を掘り、大きなピラミッドを建設している」。たしかに、ファラオの支配するエジプトは徴税と灌漑とピラミッド建設で世界の最高峰にあった。だが、果たしてそれは本当に重要なのだろうか？

人間には数々の物質的、社会的、心理的欲求がある。古代エジプトの農民が狩猟採集民だった祖先よりも多くの愛情や優れた社会的関係を享受していたかどうかは、およそ明白とは言い難いし、栄養や健康や小児死亡率の点では、生活はじつは悪くなっていたようだ。ファイユームの湖を造ったファラオ、アメンエムハト三世が君臨していた紀元前一八五〇年頃のある文書には、ドゥアケティという裕福な男性が、勉強して書記になれるようにと、息子のペピを学校に連れていくところが記されている。ペピが学業に全力を挙げ、それによって、ほとんどの人につきまとう不幸せな運命を免れるように励ますために、ドゥアケティは道々、農民や肉体労働者、兵士、職人がいかに惨めな生活を送っているかを語って聞かせた。

ドゥアケティによれば、土地を持たない農場労働者の人生は、苦難と困窮に満ちているという。農場労働者はぼろをまとい、朝から晩まで働き、指がまめだらけになる。やがてファラオの役人がやって来て彼を連れ去り、強制労働に従事させる。身を粉にして働いた挙句、給金ももらえず、いずれ身体を壊すのがおちだ。仮に家まで生きて帰り着けたとしても、すっかり消耗していて、二度と立ち直れない。土地を持っている農民の生活も、それと大差はない。来る日も来る日も、川から畑へと桶で水を運び続ける。重荷で腰が曲がり、天秤棒が当たる首筋は腫れ上がって化膿している。それでも、朝にはネギ畑に、午後にはナツメヤシ畑に、夕にはコリアンダー畑に水やりをしなければならない。やがて彼は倒れ、死ぬ。[8] この文書は物事をわざと誇張しているかもしれないが、それも高が知れているだろう。ファラオ統治下のエジプトは当時最強の王国だったが、ただの農民にとっては、王国の力は医療機関や社会福祉事業ではなく税と強制労働を意味するだけだった。

これはなにも古代エジプトだけの問題ではなかった。中国の歴代王朝やイスラム教の諸帝国やヨーロッパの各王国は、数々の途方もない偉業を成し遂げたにもかかわらず、一八五〇年になってさえ、平均的な人の暮らしは太古の狩猟採集民の暮らしよりも少しも良くなっておらず、実際には悪くなっていたかもしれない。一八五〇年に、中国の農民やマンチェスターの工員は、祖先の狩猟採集民よりも長時間働いており、仕事は肉体的にきつく、精神的な満足感が小さく、食物は栄養のバランスが悪く、衛生状態は比べ物にならないほど悪化しており、感染症ははるかに頻繁に見られた。

あなたが次の二つの休暇のうち、どちらかを選ぶことになったとしよう。

石器時代版――一日目は原生林の中で一〇時間ハイキングし、夜は川沿いの開けた場所でキャンプ。二日目にはカヌーで一〇時間川を下り、小さな湖のほとりにキャンプ。三日目には先住民に湖で釣りの仕方や近くの森でキノコの見つけ方を習う。

近代のプロレタリアート版――一日目は不潔な織物工場で一〇時間働き、夜は狭苦しいアパートで過ごす。二日目は地元のデパートのレジ係として一〇時間働き、同じアパートに戻って寝る。三日目には地元の人から銀行口座の開設法と、ローンの申請書の記入法を教わる。

あなたなら、どちらを選ぶだろう?

このように、人間の協力ネットワークを評価するときには、すべてはどのような基準と観点を採用するかにかかってくる。ファラオ時代のエジプトは、生産高で評価するのか、それとも栄養で、あるいは社会的調和で評価するのか？　貴族階級に的を絞るのか、それとも一介の農民、あるいはブタやワニに注目するのか？　歴史は単一の物語ではなく、無数の異なる物語なのだ。そのうちの一つを選んで語るときには、残りをすべて沈黙させることを選んでいるわけでもある。

　人間の協力ネットワークはたいてい、自らが生み出した基準を使って自らを評価し、驚くまでもないが、自らに高い点数をつける。とくに、神や国家や企業といった想像上のものの名において構築される人間のネットワークは通常、自らの成功を、その想像上のものの観点から評価する。宗教は、神の戒律を字義どおりに守っていれば成功しているのであり、国家は国益を拡大していれば輝かしいのであり、企業はたっぷり利益をあげていれば繁栄しているのだ。

　したがって、どんな人間のネットワークであれ、その歴史を詳しく調べるときには、ときどき立ち止まって、何か現実のものの視点から物事を眺めてみるのが望ましい。では、あるものが現実のものかどうかは、どうすればわかるだろう？　とても単純だ。「それが苦しむことがありうるか？」と自問しさえすればいい。人々がゼウスの神殿を焼き払っても、ゼウスは苦しまない。ユーロは価値が下がっても苦しまない。銀行は倒産しても苦しまない。国家は戦争に敗れても本当に苦しむことはない。苦しむと言ったとしても、それは比喩でしかない。それに対して、兵士は戦場で負傷したら、本当に苦しむ。飢えた農民は、食べ物が何もなければ苦しむ。雌牛は産んだばかりの子牛から引き離されれば苦しむ。それこそが現実だ。

もちろん、虚構を信じているから苦しむこともありうる。たとえば、国家や宗教の神話を信じていたら、そのせいで戦争が勃発し、何百万もの人が家や手足、命さえ失いかねない。戦争の原因は虚構であっても、苦しみは一〇〇パーセント現実だ。だからこそ、虚構と現実を区別するべきなのだ。

虚構は悪くはない。不可欠だ。お金や国家や協力などについて、広く受け容れられている物語がなければ、複雑な人間社会は一つとして機能しえない。人が定めた同一のルールを誰もが信じていないかぎりサッカーはできないし、それと似通った想像上の物語なしでは市場や法廷の恩恵を受けることはできない。だが、物語は道具にすぎない。だから、物語を目標や基準にするべきではない。私たちは物語がただの虚構であることを忘れたら、現実を見失ってしまう。すると、「企業に莫大な収益をもたらすため」、あるいは「国益を守るため」に戦争を始めてしまう。企業やお金や国家は私たちの想像の中にしか存在しない。私たちは、自分に役立てるためにそれらを創り出した。それなのになぜ、気がつくとそれらのために自分の人生を犠牲にしているのか？

私たちは二一世紀にはこれまでのどんな時代にも見られなかったほど強力な虚構と

全体主義的な宗教を生み出すだろう。そうした宗教はバイオテクノロジーとコンピューターアルゴリズムの助けを借り、私たちの生活を絶え間なく支配するだけでなく、私たちの体や脳や心を形作ったり、天国も地獄も備わったバーチャル世界をそっくり創造したりすることもできるようになるだろう。したがって、虚構と現実、宗教と科学を区別するのはいよいよ難しくなるが、その能力はかつてないほど重要になる。

第５章　科学と宗教というおかしな夫婦

物語は人間社会の柱石の役割を果たす。歴史が展開するにつれ、神や国家や企業にまつわる物語はあまりに強力になったため、ついには客観的現実まで支配し始めた。人々は偉大な神セベクや天命や聖書を信じたおかげで、ファイユームの湖や万里の長城やシャルトルの大聖堂を造ることができた。だが不幸にも、こうした物語をむやみに信じたせいで、人間の努力はしばしば、現実の生きとし生けるものの暮らしを向上させるのではなく、神や国家といった虚構の存在の栄光を増すために向けられることになった。

この分析は今もなお正しいのだろうか？　一見すると、現代社会は古代のエジプトや中世の中国の王国とは大違いのように思える。近代科学の台頭によって、人間が繰り広げるゲームの基本ルールが変わったのではなかったか？　伝統的な神話は相変わらず重要であるとはいえ、現代の社会制度は、古代のエジプトや中世の中国にはまったく存在しなかった、進化論のような客観的な科学理論にますます依存するようになっている、と言うのが正しいのではないか？

もちろん、科学理論は新種の神話だ、私たちが科学を信じるのは古代エジプト人が偉大な神セベクを信じるのと何ら変わりがない、と主張することもできるだろう。あいにく、この比較はまったく通用しない。セベクはこの神の敬虔な信者たちの集団的想像の中にしか存在しなかった。セベクに祈ることで、たしかにエジプトの社会制度は堅牢になり、そのおかげで人々はダムや運河を建設して洪水や旱魃を防ぐことができた。とはいえ、祈り自体はナイル川の水位を少しでも上げ下げしたりはしなかった。それに対して科学理論は、人々を束ねるただの方法ではない。神は自ら助くるものを助く、とよく言われる。これは、神は存在しない、と遠回しに言っているわけだが、もし神を信じれば何かを自らやってみる気になるのなら、それは助けになる。抗生物質は神と違い、自らを助けない者さえも助ける。人がその効力を信じていようといまいと、抗生物質は感染症を治す。

したがって、現代世界は近代以前の世界とはまったく違う。エジプトのファラオや中国の皇帝は何千年も努力を重ねたのに、飢饉と疫病と戦争を克服できなかった。近代社会はそれを数世紀のうちにやってのけた。これこそ、共同主観的な神話を捨てて客観的な科学知識を採用した成果ではないか？　そして、今後の年月にこの過程が加速すると思っていいのではないか？　テクノロジーのおかげで人間をアップグレードしたり、老化を防いだり、幸せのカギを見つけたりできるようになるだろうから、人々は虚構の神や国家や企業への関心を失い、代わりに物理的現実や生物学的現実の解明に的を絞るのではないか？

そのように思えるかもしれないが、じつは物事はそれよりはるかに複雑だ。近代科学はたしかにゲームのルールを変えたが、あっさり神話を事実で置き換えたわけではない。さまざまな神話が人類を支配し続けており、科学はそうした神話の力を強めるばかりだ。科学は共同主観的な現実を打ち砕くどころか、共同主観的な現実が客観的現実と主観的現実をかつてないほど完全に制御することを可能にするだろう。そして、人々が自分のお気に入りの虚構に合うように現実を作り変えるにつれて、コンピューターと生物工学のおかげで、虚構と現実の違いがあやふやになっていく。

セベクの神官たちは、聖なるワニが存在すると考え、ファラオは不死を夢見た。現実には、聖なるワニは、金の服をまとっていても、沼地に生息するありきたりの爬虫類にすぎなかったし、ファラオも死を免れない点では極貧の農民とまったく同じだった。死後、ファラオの遺体は防腐剤として樹脂や香水を使ってミイラにされたが、それでも完全に死んでいることに変わりはなかった。それに対して二一世紀の科学者たちは、正真正銘の「スーパー」ワニを創り出したり、人間のエリート層にこの地上で永遠の若さを与えたりできるようになるかもしれない。

　その結果、科学の台頭は、少なくとも一部の神話と宗教をかつてないほど強力にするだろう。したがって、その理由を理解し、二一世紀のさまざまな課題に取り組むためには、あらゆる疑問のなかでも最も悩ましいもの、すなわち、現代の科学は宗教とどう折り合いをつけるかという疑問に立ち返るべきだ。この疑問に関して言うべきことはすべて、すでに何度となく語られてきたように思える。とはいえ実際には、科学と宗教は、五〇〇〇年もカウンセリングを受けてきたにもかかわらず、いまだにお互いがわかっていない夫婦のようなものだ。夫は相変わらずシンデレラを夢見ながら、そして、妻は白馬の王子に恋い焦がれ続けていながら、今度ゴミを出しに行くのは誰の番かを言い争っているのだ。

病原菌と魔物

　科学と宗教にまつわる誤解のほとんどは、宗教の定義の仕方が間違っているために生じる。人は宗教を、迷信や霊性、超自然的な力の存在を信じることや神の存在を信じることなどと、じつに頻繁に混同する。だが、そのどれ一つとして宗教ではない。宗教は迷信と同一視することはできない。なぜなら、大半の人は自分が最も大切にしている信念を「迷信」とは呼びそうにないからだ。私たちはつねに「真実」を信じる。迷信を信じるのは他の人々だけだ。

同様に、超自然的な力を信じる人はほとんどいない。魔物や霊や妖精の存在を信じる人にとって、それらは超自然的ではない。ヤマアラシやサソリや病原菌とまったく同じで、自然の不可欠の要素なのだ。現代の医師は病気を目に見えない病原菌のせいにし、ブードゥー教の呪術師は目に見えない霊のせいにする。これには超自然的なところはまったくない。何かの霊を怒らせれば、その霊が体の中に入ってきて、痛みを引き起こす。これ以上自然なことがありうるだろうか？　霊の存在を信じない人だけが、霊は自然の摂理とは別個のものと考えるのだ。

超自然的な力を信じるのを宗教と同一視するのは、既知のあらゆる自然現象を宗教抜きで理解できることを意味する。宗教はオプションのおまけにすぎないというわけだ。自然界全体を完璧に理解してしまえば、今度は「超自然的」な宗教的教義を加えるかどうかを選べる。ところが、ほとんどの宗教は、その宗教抜きにはこの世界を理解することなど望むべくもないと主張する。その宗教の教義を考慮に入れなければ、病気や旱魃や地震の真の原因はけっして理解できないというのだ。

宗教を「神の存在を信じること」と定義するのにも問題がある。敬虔なキリスト教徒は神を信じているから宗教的だが、共産主義には神がないから熱心な共産主義者は宗教的ではない、と私たちは言いがちだ。とはいえ、宗教は神ではなく人間が創り出したもので、神の存在ではなく社会的な機能によって定義される。人間の法や規範や価値観に超人間的な正当性を与える網羅的な物語なら、そのどれもが宗教だ。宗教は、人間の社会構造は超人間的な法を反映していると主張することで、その社会構造を正当化する。

宗教は、私たちが創作したわけでもなく変えることもできない道徳律の体系に、私たち人間は支配されている、と断言する。敬虔なユダヤ教徒なら、これは神が生み出し、聖書の中で明かされた道徳律の体系だと言うだろう。ヒンドゥー教徒なら、ブラフマーとヴィシュヌとシヴァが法を定め、それがヴェーダの中で私たち人間に明かされたと言うだろう。仏教や道教から共産主義やナチズムや自由主義まで、他の宗教は、これらのいわゆる超人間的な法は自然の摂理であり、どこかの神の創造物ではないと主張する。もちろん、そうした宗教のどれもが、ブッダや老子からマルクスやヒトラーまで、異なる先覚者や預言者によって見出されたり明かされたりした一連の異なる自然の摂理を信奉している。

ユダヤ人の男の子が父親のもとに来て、「お父さん、なんで豚肉を食べちゃいけないの？」と尋ねる。すると父親は、波打つように長く伸びた顎鬚を思慮深げに撫(な)でながら、こう答える。「それは、ヤンケレ、世の中とはそういうものだからだ。お前はまだ幼いからわからないだろうが、もし豚肉を食べたら、神さまに罰せられ、ろくなことにならない。これはお父さんの考えではない。ラビの考えでさえない。仮にラビがこの世を造っておられたら、そこは豚肉を食べてもまったく問題ない世界になっていたかもしれない。だが、この世を造ったのはラビではなく神さまだ。そして、お父さんにもなぜだかわからないが、神は豚肉を食べてはならないとおっしゃった。だから食べてはいけないんだよ。わかったかい？」

一九四三年に、あるドイツ人の男の子が、親衛隊の高級将校をしている父親のもとに来て、「お父さん、なんでみんなユダヤ人を殺しているの？」と尋ねる。すると父親は、ぴかぴかに磨き上げた革の長靴を履きながら、こう説明する。「それは、フリッツ、世の中とはそういうものだからだ。お前はまだ幼いからわからないだろうが、もしユダヤ人を生かしておいたら、人類を退化させ、絶滅に追い込む原因になるからだよ。これはお父さんの考えではない。ヒトラー総統の考えでさえない。仮に総統がこの世を造っておられたら、そこは自然選択の法則が当てはまらない世界になっていて、ユダヤ人とアーリア人がみんないっしょに、すっかり仲良く暮らしていたかもしれない。だが、この世を造ったのは総統ではない。総統はただ、首尾良く自然の摂理を読み解いて、それから、その法則に従って生きる方法を私たちに教えてくださったんだ。もしその法則に逆らったら、ろくなことにならない。わかったかい？」

二〇一六年に、あるイギリス人の男の子が、自由主義の下院議員である父親のもとに来て、「お父さん、何で中東のイスラム教徒の人権を気にしなくちゃいけないの？」と尋ねる。すると父親は、紅茶の入ったカップを置き、しばらく考え、こう言う。「それは、ダンカン、世の中とはそういうものだからだ。お前はまだ幼いからわからないだろうが、人間はみな、中東のイスラム教徒でさえ、同じ性質を持っていてね、だから同じ自然権を享受しているんだよ。これはお父さんの考えではないし、議会が決めたことでもない。仮に議会がこの世を造っていたら、普遍的人権は量子力学なんかといっしょにどこかの小委員会で埋もれてしまっていただろう。だが、議会はこの世を造りはしなかった。ただ、この世を理解しようとしているだけで、だから中東のイスラム教徒の人権さえ尊重しなくてはいけないんだ。そうしないと、私たち自身の権利も、あっという間に侵害されて、ろくなことにならないから。さあ、もう行きなさい」

自由主義者も、共産主義者も、現代の他の主義の信奉者も、自らのシステムを「宗教」と呼ぶのを嫌う。なぜなら、宗教を迷信や超自然的な力と結びつけて考えているからだ。共産主義者や自由主義者は、あなたは宗教的だと言われたら、根拠のない絵空事をやみくもに信じていると非難されているように思うだろう。だが宗教的というのは、人間が考案したのではないもののそれでも従わなければならない何らかの道徳律の体系を、彼らが信じているということにすぎない。私たちの知るかぎり、あらゆる人間社会がそうした体系を信じている。どの社会もその成員に、人間を超越した何らかの道徳律に従わなければならないと命じ、その道徳律に背けば大惨事を招くと言い聞かせる。

むろん宗教ごとに、その物語も、具体的な戒律も、約束する報いと罰の詳細も異なる。たとえば、中世ヨーロッパのカトリック教会は、神は金持ちを好まないと主張した。イエス・キリストは、金持ちが天国の門をくぐるよりもラクダが針の穴を通り抜けるほうが易しいと言った。カトリック教会は金持ちが神の国に入るのを助けるために、たっぷり施しをすることを金持ちに奨励し、守銭奴は地獄で火あぶりにされると脅した。現代の共産主義者も金持ちを嫌うが、死後に待ち受ける地獄の業火ではなく、今ここでの階級闘争で金持ちを脅す。

共産主義の歴史の法則は、人間が好きなようには変えられない超人間的な力であるという点で、キリスト教の神の戒律に似ている。人間は明日の朝、サッカーのオフサイドのルールを廃止することができる。なぜならそれは私たちが定めた決まりであり、自由に変えられるからだ。ところが、少なくともマルクスによれば、歴史の法則は変えられないという。資本家は何をしようと、私有財産を蓄積し続けるかぎり、必ず階級闘争を引き起こし、蜂起するプロレタリアートに打ち負かされる運命にあるのだぞうだ。

もしあなた自身もたまたま共産主義者なら、それでも共産主義とキリスト教は大違いだ、共産主義は正しく、キリスト教は間違っているから、と主張するかもしれない。階級闘争は本当に資本主義体制には付き物だが、金持ちは死んだ後、実際に地獄で永遠の責め苦を味わうわけではない、と。だが、仮にあなたの言うとおりだとしても、共産主義が宗教ではないことにはならない。むしろそれは、共産主義こそが唯一正真正銘の宗教であるということだ。どの宗教の信奉者も、自分の宗教だけが本物だと確信している。ひょっとすると、どれか一つの宗教の信奉者が本当に正しいのかもしれない。

もしブッダに出会ったら

宗教とは社会秩序を維持して大規模な協力体制を組織するための手段であるという主張は、宗教は何はさておき霊的な道を示していると考える人をまごつかせるかもしれない。とはいえ、宗教と科学の隔たりが一般に思われているよりも小さいのとは裏腹に、宗教と霊性の隔たりは意外にもずっと大きい。宗教が取り決めであるのに対して、霊性は旅だ。

宗教はこの世界を余すところなく描写し、あらかじめ定められた目標を伴う、明確に定義された契約を私たちに提示する。「神は存在する。神は特定の形で振る舞うよう私たちに命じた。神に従えば、天国に行ける。神に逆らえば、地獄で焼かれる」。この取り決めは明確だからこそ、社会は人間の行動を統制する共通の規範や価値観をはっきり規定することができる。

霊的な旅はそれとはまったく違う。霊的な旅はたいてい人々を神秘的な道に連れ出し、未知の行き先に向かわせる。この探求は普通、私は何者か、人生の意味とは何か、善とは何かといった大きな疑問から始まる。たいていの人が権力者が提供する出来合いの答えをそのまま受け容れるのに対して、霊性の探求者はそう簡単には満足しない。彼らは大きな疑問に導かれるままに、よく知っている場所や訪れたい場所だけではなく、どこへなりとも行くことを固く決意している。だから、ほとんどの人にとっては、学業は霊的な旅ではなく取り決めだ。なぜなら、年長者や政府や銀行に承認された、あらかじめ定められた目標へと私たちを導くからだ。「四年間勉強して試験に受かり、学士号を取得して、給料の良い職を確保しよう」という具合に。ただし学業は、途中で出合った大きな疑問のせいで道を逸れ、最初はろくに想像すらできなかった予想外の目的地に向かうことになれば、霊的な旅に変わりうる。たとえば、ある学生がウォール街で仕事を得るために経済を勉強し始めたとしよう。ところが、自分が学んだことのせいでどういうわけかヒンドゥー教の修行所に行き着いたり、ジンバブエでエイズ患者を助けることになったりしたら、それは霊的な旅と呼ぶことができる。

なぜそのような旅に「霊的」というレッテルを貼るのか？　これは善悪二つの神の存在を信じていた古代のさまざまな二元論の宗教の遺産だ。二元論によれば、善良なる神は、霊の至福の世界に暮らす純粋で不滅の魂を生み出したという。ところが、ときに悪魔とも呼ばれる邪悪な神が、物質から成る別の世界を創り出した。悪魔は自分の創造物をどうしたら永続させられるか知らなかったので、物質の世界ではすべてが朽ち果て、ばらばらになる。悪魔は欠陥を抱えた自分の創造物に命を吹き込むために、霊の純粋な世界から魂を誘い出し、物質でできた体の中に閉じ込めた。魂の牢獄である肉体は、衰え、やがて死ぬので、悪魔は肉体的な喜びで絶えず魂を誘惑する。その喜びの最たるものが、食べ物とセックスと権力だ。肉体がばらばらになり、霊の世界に逃げ出す機会を得た魂は、肉体的な快楽を渇望して、物質から成る新しい体の中に引き戻される。こうして魂は肉体から肉体へと転生し、食べ物とセックスと権力を追い求めて月日を無駄にする。

二元論は人々に、こうした物質的な束縛を断ち切り、霊の世界へ戻る旅に就くように指示する。霊の世界は私たちにはまったく馴染みがないが、じつは本当の故郷なのだ。この探求の旅の間、私たちは物質的な誘惑や取り決めをすべて拒まなくてはならない。この二元論の遺産のせいで、俗世界の慣習や取引を疑って未知の目的地に敢然と向かう旅はみな、「霊的な」旅と呼ばれる。

そのような旅は宗教とは根本的に違う。なぜなら、宗教がこの世の秩序を強固にしようとするのに対して、霊性はこの世界から逃れようとするからだ。霊的なさすらい人にとって、とても重要な義務の一つは、支配的な宗教の信念と慣習の正当性を疑うことである場合が多い。禅宗では、「もし道でブッダに出会ったら、殺してしまえ」と言う。もし霊的な道を歩んでいる間に、制度化された仏教の凝り固まった考えや硬直した戒律に出くわしたら、それからも自分を解放しなければならないということだ。

図25　免罪符を売るローマ教皇（プロテスタントのパンフレットより）。

宗教にとって、霊性は権威を脅かす危険な存在だ。だから宗教はたいてい、信徒たちの霊的な探求を抑え込もうと躍起になるし、これまで多くの宗教制度に疑問を呈してきたのは、食べ物とセックスと権力で頭がいっぱいの俗人ではなく、凡俗以上のものを期待する霊的な真理の探求者たちだった。たとえば、カトリック教会の権威に対するプロテスタントの反抗を煽ったのは、快楽主義の無神論者たちではなく、むしろ、敬虔で禁欲的な修道士のマルティン・ルターだった。ルターは生命についての実存的疑問に対する答えを求め、教会が提示する儀式や典礼や取り決めで満足することを拒んだ。

実際、ルターの時代には、教会は信徒にじつに魅力的な取り決めを約束していた。もし罪を犯し、あの世で永遠の罰を受けるのを恐れているのなら、財布を開けて免罪符を買いさえすればよかった。一六世紀初頭、教会は専門の「救済行商人」を雇い、ヨーロッパの町や村を回って、決められた値段で免罪符を売り歩かせた。天国への入国ビザが欲しい？　金貨を一〇枚払ってください。亡くなったハインツおじいさんとゲルトルートおばあさんにも、天国に行ってもらいたい？　大丈夫。でも、それには金貨が三〇枚必要ですよ、という調子だ。そうした行商人のうちでも最も有名なのがドミニコ会修道士のヨハン・テッツェルで、金箱に投じた金貨がチャリンと音を立てた瞬間に、魂は煉獄を飛び出して天国に行くと言ったとされる。[1]

ルターはこれについて考えれば考えるほど、この取り決めと、それを提供する教会がいかがわしく思えた。お金を出して救済してもらえるはずがない。ローマ教皇には、人々の罪を許して天国の門を開く権限があるはずがない。プロテスタントの伝承によると、一五一七年一〇月三一日、ルターは長い文書とハンマーと釘を携えて、ヴィッテンベルクの諸聖人教会に歩いていった。その文書には、免罪符の販売をはじめとする当時の宗教慣行に抗議する九五か条の論題が列挙されていた。ルターはそれを教会の扉に釘で打ちつけ、宗教改革を引き起こした。それは、救済に関心があるキリスト教徒であれば誰でも、ローマ教皇の権威に反抗し、天国への別の道筋を探すようにと呼びかける革命だった。

歴史的視点に立つと、霊的な旅はいつも悲劇的だ。社会全体ではなく、個々の人間にだけふさわしい、孤独な道のりだからだ。人間が協力するには確固たる答えが必要で、疑問ばかりでは足りない。だから、無用になった宗教構造にいきり立つ人々は、それに取って代わる新たな構造を作り出すことが多い。二元論者たちにもそれが起こり、彼らの霊的な旅はやがて宗教的な体制となった。マルティン・ルターにもそれが起こり、彼はカトリック教会の戒律や制度や典礼に異議を唱えた後、図らずも、自らが新しい戒律の書物を執筆し、新たな制度を確立し、新たな儀式を考案することになった。それはブッダやイエス・キリストにさえ起こった。二人は断固として真理を追求していくうちに、伝統的なヒンドゥー教とユダヤ教の戒律や典礼や組織を突き崩した。だがけっきょく、歴史上、他の誰と比べても、彼らの名において生み出された戒律と典礼と組織の数のほうが多い。

神を偽造する

宗教が前よりよくわかったところで、宗教と科学の関係の考察に戻ることができる。この関係には、二つの極端な解釈がある。一方の見方では、科学と宗教は不倶戴天の敵どうしで、近代史は科学の知識と宗教の迷信との死闘で形作られたことになる。やがて科学の光明が宗教の暗闇を追い払い、世界はしだいに非宗教的かつ合理的になって、繁栄してきたというのだ。とはいえ、いくつかの科学的発見がたしかに宗教の教義を弱体化させているものの、これは必然的なことではない。たとえば、イスラム教の教義は、イスラム教が七世紀のアラビアで預言者ムハンマドによって打ち立てられたとしており、これを裏づける科学的な証拠はたっぷりある。

さらに重要なのだが、科学は人間のための実用的な制度を創出するには、いつも宗教の助けを必要とする。科学者は世界がどう機能するかを研究するが、人間がどう行動するべきかを決めるための科学的手法はない。科学は人間が酸素なしでは生き延びられないことを教えてくれる。だが、犯罪者を窒息させて処刑するのは許されるのだろうか？　科学はそのような疑問にどう答えたらいいか知らない。宗教だけが、必要な指針を提供してくれる。

したがって、科学者が着手する実際的な事業もすべて、宗教的な見識を拠り所としている。揚子江の三峡ダムの建設を例に取ろう。中国政府が一九九二年にこのダムの建設を決めたとき、物理学者はダムがどれだけの圧力に耐えなければならないかを計算できた。経済学者はどれだけ費用がかかりそうか予想できた。そして、電気技師は発電量を予測できた。ところが、政府は他の要因も考慮に入れる必要があった。ダムの建設のせいで六〇〇平方キロメートル以上の土地が水没することになったが、そこには多くの村や町、何千という遺跡、固有の景観や動植物の生息地があった。一〇〇万人以上が退去させられ、何百もの種が絶滅の危機にさらされた。このダムが直接の原因となってヨウスコウカワイルカが絶滅したらしい。あなたが三峡ダムについて個人的にどう思っていようと、ダムの建設は純粋に科学的な問題というよりも倫理的な問題だった。どんな物理実験や経済モデルや数式をもってしても、厖大な電力とお金を生み出すほうが、古い仏塔やヨウスコウカワイルカを救うよりも価値があるかどうかは決められない。したがって、中国は科学理論だけに基づいて機能することはできない。何かしらの宗教あるいはイデオロギーが必要なのだ。

逆の極端に走り、科学と宗教は完全に別個の領域であると言う人もいる。科学は事実を研究し、宗教は価値観について語り、両者はけっして交わることがない。宗教は科学的な事実について語ることは何もなく、科学は宗教的な信念については口をつぐむべきだ。人の命は神聖で、したがって妊娠中絶は罪であるとローマ教皇が信じているなら、生物学者は教皇の主張が正しいとも間違っているとも証明できない。生物学者はそれぞれ一私人として教皇と議論を戦わせるのは自由だが、科学者としてはその争いに加わることはできない。

このアプローチは分別のあるもののように思えるかもしれないが、宗教を誤解している。たしかに科学は事実だけを扱うとはいえ、宗教はけっして倫理的な判断を下すだけにとどまらない。何かしら事実に関する主張をしないかぎり、宗教は実用的な指針を一つとして提供できない。だから、そこで科学と衝突する可能性が高い。多くの宗教の教義でとくに重要な部分は倫理的規範ではなく、むしろ事実に関する主張であり、たとえば、「神は存在する」「魂はあの世で罪の報いを受ける」「聖書は人間ではなく神によって書かれた」「ローマ教皇が間違うことはけっしてない」などだ。これらはみな、事実に関する主張だ。激しい宗教論争の多く、そして、科学と宗教の衝突の多くには、倫理的な判断ではなく、むしろそうした事実に関する主張が絡んでいる。

妊娠中絶を例に取ろう。敬虔なキリスト教徒はしばしば中絶に反対するが、多くの自由主義者は中絶を支持する。主な争点は倫理ではなく事実に関するものだ。キリスト教徒も自由主義者も、人の命は神聖である、殺人は憎むべき犯罪である、と信じている。だが、両者は生物学的な事実について意見が分かれる。人の命が始まるのは受精の瞬間か、誕生の瞬間か、どこかその間の時点か？　じつは人間の文化のなかには、命は誕生時にさえ始まらないとするものもある。カラハリ砂漠のクン族や北極地方のさまざまなイヌイットの集団によれば、人の命は赤ん坊に名前がつけられたときにようやく始まるという。赤ん坊が生まれると、家族はしばらく名前をつけない。赤ん坊に身体的な異常があったり、一家が経済的に困窮したりしているために、その赤ん坊を育てないことにしたら、殺してしまう。だが、命名式の前であれば、これは殺人とは見なされない(2)。そのような文化に属する人々は、人の命は神聖で、殺人はおぞましい犯罪であるという点で、自由主義者やキリスト教徒に合意するだろうが、嬰児(えいじ)殺しは容認する。

宗教が自己宣伝するときには、自らのりっぱな価値観を強調する傾向にある。だが、事実に関する言明の詳細の中に、しばしば神が隠れている。カトリック教は、普遍的な愛と憐れみの宗教として自らを売り込む。なんと素晴らしい宗教だ！　誰がそれに異を唱えられるだろうか？　だがそれなら、どうして人類は一人残らずカトリック教徒になっていないのか？　なぜなら、教義の詳細を読むとわかるのだが、ローマ教皇は「けっして間違うことはなく」、十字軍に加わって遠征し、異教徒を火あぶりの刑にするよう教皇が信徒に命じたときにさえ、無批判に従うことをカトリック教は要求しているからだ。このような実際的な指示は、倫理的な判断だけからは導き出せない。むしろそれは、倫理的な判断を事実に関する言明と融合させることから生じる。

哲学の天上界から降りてきて歴史の現実を眺めると、宗教の物語にはほぼ必ず次の三つの要素が含まれることがわかる。

1 「人の命は神聖である」といった、倫理的な判断。
2 「人の命は受精の瞬間に始まる」といった、事実に関する言明。
3 倫理的な判断を事実に関する言明と融合させることから生じる、「受精のわずか一日後でさえ、妊娠中絶は絶対に許すべきではない」といった、実際的な指針。

科学には、宗教が下す倫理的な判断を反証することも確証することもできない。だが、事実に関する宗教的な言明については、科学者にもたっぷり言い分がある。「受精後一週間のヒトの胎芽には神経系があるか？　胎芽は痛みを感じられるか？」といった、事実に関する疑問に答えるには、聖職者よりも生物学者のほうが適格だ。

物事をもっとはっきりさせるために、ある歴史的実例を詳しく考察しよう。この例は、宗教のコマーシャルではめったに耳にしないが、当時、途方もなく大きな社会的・政治的影響を及ぼした。中世のヨーロッパでは、ローマ教皇は絶大な政治権力を誇っていた。ヨーロッパのどこで争いが起こっても、教皇はそのたびに問題の決着をつける権限を主張した。その権限の正当性を立証するために、教皇は繰り返しコンスタンティヌス帝の寄進状を挙げ、ヨーロッパの人々の注意を喚起した。この寄進状の物語によれば、三一五年三月三〇日、ローマ皇帝コンスタンティヌスは公式の命令書に署名し、ローマ教皇シルウェステル一世とその後継者たちにローマ帝国西部の永続的な支配権を与えたという。歴代の教皇はこの貴重な文書を保管し、野心的な君主や好戦的な都市や反抗的な農民が敵対の構えを見せたときにはいつも、強力なプロパガンダの道具として利用した。

中世ヨーロッパの人々は、昔の皇帝の命令にはおおいに敬意を払っており、文書が古いほどその権威が増すと考えていた。彼らはまた、王や皇帝は神の代理人だとも考えていた。コンスタンティヌス帝は、ローマ帝国を異教徒の領域からキリスト教帝国に変えたので、とりわけ崇められていた。だから、当時の都市の議会の要求と、ほかならぬコンスタンティヌス帝が発した命令とが衝突したら、古い文書のほうに従うべきなのは、中世ヨーロッパの人々には明らかだった。したがって、教皇は政治的な抵抗に遭うたびにコンスタンティヌス帝の寄進状を振りかざし、服従を求めた。ただし、いつもうまくいったわけではない。だがコンスタンティヌス帝の寄進状は、教皇のプロパガンダと中世の政治秩序の重要な土台だった。

コンスタンティヌス帝の寄進状を念入りに調べてみると、この物語が次ページの表のように三つの別個の要素から成ることがわかる。

倫理的な判断	事実に関する言明	実際的な指針
人々は、現在の世論よりも昔の皇帝の命令を尊重するべきである。	315年3月30日、ローマ皇帝コンスタンティヌスはローマ教皇にヨーロッパの支配権を与えた。	1315年のヨーロッパの人々は、教皇の命令に従うべきである。

古い皇帝の命令が持つ倫理的な権威は、およそ自明とは言い難い。二一世紀のヨーロッパ人の大半は、現在の人々の願望のほうが、とうの昔に死んだ君主たちの命令に優先すると考えている。とはいえ、この倫理的な論争に科学は参加できない。どんな実験も方程式も、この問題に決着をつけられないからだ。現代の科学者が七〇〇年前にタイムトラベルしても、昔の皇帝たちの命令は今の政治の議論には無関係であることを、中世のヨーロッパ人に証明できないだろう。

もっとも、コンスタンティヌス帝の寄進状の物語は、倫理的な判断だけに基づいていたわけではない。そこには、とても具体的な事実に関する言明も含まれており、それは科学にも立証したり反証したりする資格が十分ある。一四四〇年、カトリックの司祭で言語学の先駆者ロレンツォ・ヴァッラが科学的な研究を発表し、コンスタンティヌス帝の寄進状が偽造文書であることを証明した。ヴァッラはその文書の文体や文法や使われている語句を分析した。そして、この文書には四世紀のラテン語では知られていない単語が含まれており、コンスタンティヌス帝の死後およそ四〇〇年を経てから捏造された可能性が非常に高いことを実証した。この文書には、他にも重大な問題がある。そこに記された日付は「コンスタンティヌスが四度目に、ガリカヌスが初めて執政官を務めた年の三月三〇日」だ。ローマ帝国では毎年二人の執政官が選ばれ、文書では誰が執政官かで年を表すのが習いだった。あいにく、コンスタンティヌス帝が四度目に執政官になったのは三一五年だったのに対して、ガリカヌスが初めて執政官に選ばれたのは三一七年になってからだった。これほど重要な文書が本当にコンスタンティヌス帝の時代に書かれたのなら、これほど明白な誤りが含まれていることはけっしてなかっただろう。トマス・ジェファーソンと同輩たちが、アメリカの独立宣言に「一七七六年七月三四日」と日付を書き込んだようなものだ。

今日、コンスタンティヌス帝の寄進状は八世紀のいずれかの時点に、教皇の下で捏造されたということで、歴史学者全員の意見が一致している。ヴァッラは古い皇帝の命令の道徳的権威にけっして異議を唱えることはなかったものの、彼の科学的分析は、ヨーロッパ人は教皇に従うべきであるという実際的な指針の効力を間違いなく切り崩した(3)。

二〇一三年一二月二〇日、ウガンダの議会は反同性愛法を可決した。同法は同性愛行為を犯罪化し、一部の行為は終身刑で罰することを定めていた。この法の制定を促し、支持したのは、新約聖書の教えと説教を重視する福音主義のキリスト教諸団体で、彼らは、神は同性愛を禁じると主張している。彼らは証拠として「レビ記」第18章22節（「女と寝るように男と寝てはならない。それはいとうべきことである」）と、「レビ記」第20章13節（「女と寝るように男と寝る者は、両者共にいとうべきことをしたのであり、必ず死刑に処せられる。彼らの行為は死罪に当たる」）を引用する。過去何世紀にもわたって、これと同じ宗教的な物語のせいで、世界中で無数の人がひどく苦しめられてきた。この物語を簡潔にまとめると、次ページの表のようになる。

この物語は真実を語っているだろうか？　科学者は、人間は神に従うべきであるという判断の是非を論じることはできない。個人的に異論を唱えることはできる。人権が神の権限に優先し、もし神が人権を蹂躙（じゅうりん）するように命じたなら、神に従うべきではないと考えてもかまわない。とはいえ、この問題に決着をつけられる科学実験は一つとしてない。

それに対して、三〇〇〇年前に森羅万象の創造主がホモ・サピエンスという種の成員に、同性愛行為を慎むよう命じたという、事実に関する言明については、科学には言うべきことがたっぷりある。どうすればこの言明が真実だとわかるだろう？　関連

倫理的な判断	事実に関する言明	実際的な指針
人間は神の命令に従うべきである。	約3000年前、神は人間に同性愛行為を避けるように命じた。	人々は同性愛行為を避けるべきである。

する文献を詳しく調べると、この言明が厖大な数の書籍や記事やインターネットのサイトで繰り返されているものの、すべては単一の情報源、すなわち聖書を拠り所としていることがわかる。それならば、いつ、誰が聖書を書いたのか、と科学者は問う。これは事実に関する疑問であって、価値観にまつわる疑問ではないことに注意してほしい。敬虔なユダヤ教徒とキリスト教徒は、少なくとも「レビ記」だけはシナイ山で神がモーセに口述したもので、それ以降一文字としてつけ加えられたり消し去られたりしてはいないと主張する。「だが」と科学者は譲らないだろう。「どうしてそうだと確信できるだろう？　なにしろ、ローマ教皇は、コンスタンティヌス帝の寄進状が四世紀にコンスタンティヌス帝自身によって書かれたと主張したではないか。じつは、四〇〇年後に教皇の書記たちによって捏造されたというのに」

今や私たちは科学的手法を総動員して、いつ、誰が聖書を書いたか断定できる。科学者たちは一世紀以上前からまさにそれに取り組んできた。そして、もし興味があれば、その結果についての本が何冊も出ているから、読むことができる。専門家の査読を受けた科学研究の大半の内容は一致している。手短に言えば、聖書は、記述していると称する出来事が起こってから何世紀も後に、それぞれ異なる書き手によって書かれた、おびただしい文書の集成であり、これらの文書が単一の聖なる書物にまとめられたのは、聖書時代のずっと後になってからのことだった。たとえば、ダビデ王が生きていたのはおそらく紀元前一〇〇〇年頃だが、「申命記」は紀元前六二〇年頃、ユダの王ヨシヤの権力を強めることを目指すプロパガンダ・キャンペーンの一環として、王の宮廷で書かれたというのが定説になっている。「レビ記」が編纂されたのはさらに後で、紀元前五〇〇年以降だ。

　古代のユダヤ人がまったく加筆も削除もせず、細心の注意を払って聖書の文章を伝承してきたという考えに関しては、学者たちの指摘によれば、聖書時代のユダヤ教は、聖典に依拠する宗教ではまったくなかったという。むしろそれは、鉄器時代の典型的なカルトで、中東の隣人たちのカルトの多くとよく似ていた。このカルトにはシナゴーグやイェシバ〔ユダヤ教の教育機関〕もなければ、ラビもいなかったし、聖典さえなかった。その代わり、神殿での手の込んだ儀式があり、その大半は、嫉妬深い天空の神に動物を生贄として捧げ、季節の雨と戦いでの勝利を民に授けてもらうためのものだった。この宗教のエリート層は聖職者とその家族で、その地位は生まれによってのみ決まり、知的能力とは無関係だった。聖職者たちのほとんどは読み書きができず、神殿での儀式に追われ、どのみち聖典を書いたり学んだりする時間などろくになかった。

第二神殿〔紀元前五一六年から西暦七〇年までエルサレムに建っていた神殿〕の時代には、彼らと競合する宗教的なエリート層が徐々に形成されてきた。ペルシアとギリシアの影響もあって、文書を書いたり解釈したりするユダヤ教の学者たちが、しだいに存在感を増していった。これらの学者は、やがて「ラビ」として知られるようになり、彼らが編纂した文書が「聖書」と名づけられた。ラビの権威は生まれではなく個々の知的能力にかかっていた。読み書きのできるこの新しいエリート層と昔ながらの聖職者たちの一族との衝突は避けられなかった。ラビたちにとっては幸いなことに、ローマ人が七〇年にユダヤ人の大反乱を鎮圧しているときに神殿もろともエルサレムを焼き払った。神殿が焼け落ちたため、聖職者たちの一族は宗教的権威と経済力の基盤と存在理由そのものを失った。伝統的なユダヤ教、すなわち、神殿と聖職者と残虐な戦士たちのユダヤ教は姿を消した。それに代わって、書物とラビと細かいことにうるさい学者たちの新しいユダヤ教が現れた。学者たちの主な強みは解釈だった。彼らはこの能力を使い、神殿が破壊されるのをどうして全能の神が許したかを説明したばかりでなく、聖書時代の物語に記述されている古いユダヤ教と、彼らが生み出したまったく異なるユダヤ教との間の大きな溝を埋めた[4]。

したがって、現時点で最善の科学知識によれば、「レビ記」に見られる同性愛行為の禁止は、古代エルサレムの少数の聖職者と学者の偏見を反映しているにすぎないことになる。科学は人々が神の命令に従うべきかどうかは決められないものの、聖書の起源については当を得たことを多く語れる。宇宙と銀河とブラックホールを創造した力が、二人のホモ・サピエンスの男性が少しばかりいっしょに楽しむたびに恐ろしく気分を害するとウガンダの政治家たちが考えていたら、科学は彼らがこのはなはだ奇妙な考えを捨てる手助けができる。

聖なる教義

実際には、倫理的な判断と事実に関する言明は、いつも簡単に区別できるわけではない。宗教には、事実に関する言明を倫理的な判断に変え、深刻な混乱を生み、比較的単純な議論であってしかるべきだったものをわかりにくくする、根強い傾向がある。たとえば、「神が聖書を書いた」という事実に関する言明は、「あなたは神が聖書を書いたと信じるべきである」という倫理的な命令に変わってしまうことがあまりに多い。事実に関するこの言明をたんに信じることが美徳となり、疑うことは恐ろしい罪となる。

逆に、倫理的な判断は、事実に関する言明を内に秘めていることが多い。擁護者たちが、そうした事実は疑いの余地のないまでに証明されていると考え、わざわざ言及しないからだ。たとえば、「人の命は神聖である」という倫理的な判断（科学には検証できないこと）は、「すべての人には不滅の魂がある」という事実に関する言明（科学的議論の対象となること）を覆い隠しているかもしれない。同様に、アメリカの国家主義者が「アメリカという国は神聖だ」と宣言するときには、この一見すると倫理的な判断は、じつは、「アメリカは過去数世紀の道徳的進歩と科学的進歩と経済的進歩の大半を先導してきた」という事実に関する言明に基づいている。アメリカという国は神聖であるという主張を科学的に精査するのは不可能ではあるが、この判断に隠された言明をいったん明るみに出してしまえば、アメリカが道徳的大躍進と科学的大躍進と経済的大躍進の、不釣り合いなまでに多くを本当に引き起こしてきたのかどうかは、科学的に検証できるだろう。

そこから、サム・ハリスらの一部の哲学者は、人間の価値観の中には事実に関する言明がつねに隠されているので科学はつねに倫理的ジレンマを解決できると主張するようになった。人間はみな、苦しみを最小化し、幸福を最大化するという単一の至高の価値観を持っており、したがって倫理的な議論はすべて、幸福を最大化する最も効率的な方法にまつわる、事実に関する議論だとハリスは考えている。[5] イスラム原理主義者は幸せになるために天国に行き着きたがり、自由主義者は人間の自由を増せば幸福を最大化できると信じており、ドイツの国家主義者はドイツ政府が世界の舵取りを任されればあらゆる人の境遇が改善するだろうと考えている。ハリスによれば、イスラム原理主義者と自由主義者と国家主義者は、倫理的な意見の対立はなく、彼らに共通する目標を実現する最善の方法をめぐって、事実に関する議論を戦わせているのだそうだ。

とはいえ、たとえハリスが正しく、あらゆる人が幸福を大切にするとしても、実際には、この見識を使って倫理にまつわる言い争いに決着をつけるのは至難の業だろう。なにしろ、幸福の科学的な定義も測定法もないからだ。三峡ダムの事例をもう一度考えてほしい。この事業の究極の目的が、世界をより幸せな場所にすることだと、仮に私たちが合意したとしても、安い電気を生み出すほうが、伝統的な生活様式を守ったり、珍しいヨウスコウカワイルカを救ったりするよりも、全世界の幸福に貢献すると、どうして言えるだろうか？　意識の神秘を解明しないかぎり、私たちは幸福と苦しみの普遍的測定法を開発できないし、違う人どうしの幸福と苦しみを比較する方法もわからない。ましてや、異なる種の間での比較など論外だ。一〇億の中国人が安価な電力を享受するときに生み出される幸福は何単位なのか？　イルカの種が一つ絶滅するときに生じる苦難は何単位なのか？　それどころか、そもそも幸福と苦難は足したり引いたりできる数理的なものなのか？　アイスクリームを食べるのは楽しい。真の愛を見つけるのはもっと楽しい。だが、もしアイスクリームをたくさん食べれば、快感が積み重なって、真の愛がもたらす歓喜と肩を並べうるだろうか？

したがって、科学は私たちが普段思っているよりも倫理的な議論にはるかに多く貢献できるとはいえ、少なくとも今のところは科学には越えられない一線がある。何らかの宗教の導きがなければ、大規模な社会的秩序を維持するのは不可能だ。大学や研究所でさえ、宗教的な後ろ盾を必要とする。宗教は科学研究の倫理的正当性を提供し、それと引き換えに、科学の方針と科学的発見の利用法に影響を与える。そのため、宗教的信仰を考慮に入れなければ、科学の歴史は理解できない。科学者がこの事実について じっくり考えることは稀だが、ほかならぬ科学革命が始まったのは、教条主義的で不寛容で宗教的なことにかけては史上有数の社会においてだった。

魔女狩り

私たちは科学を、世俗主義と寛容の価値観と結びつけることが多い。それならば、近代前期のヨーロッパほど科学革命発祥の地として意外な場所はないだろう。コロンブスやコペルニクスやニュートンの時代のヨーロッパは、宗教的狂信者が世界で最も集中しており、寛容の水準がいちばん低かった。科学革命を担った名だたる人々は、ユダヤ教徒やイスラム教徒を排除し、異端者を大量に火あぶりにし、猫を可愛がる高齢の女性はみな魔女と見なし、月が満ちるたびに新たな宗教戦争を始める社会に暮らしていた。

一六〇〇年頃にカイロかイスタンブールに旅したら、そこは多文化で寛容な大都市で、スンニ派のイスラム教徒やシーア派のイスラム教徒、東方正教会のキリスト教徒、カトリック教徒、アルメニア教会のキリスト教徒、コプト教徒、ユダヤ教徒、さらには少数のヒンドゥー教徒までもが隣り合って比較的仲良く暮らしていたはずだ。彼らもそれなりに意見が対立したり暴動を起こしたりはしたものの、そして、オスマン帝国が宗教を理由に人々を日常的に差別してはいたものの、そこはヨーロッパと比べれば偏見のない楽園だった。海を渡って当時のパリやロンドンに行けば、そこには宗教的な過激主義が満ちあふれ、支配的な宗派に属している人しか住めなかった。ロンドンではカトリック教徒が殺され、パリではプロテスタントが殺され、ユダヤ教徒はとうの昔に追い出されており、正気の人ならイスラム教徒を迎え入れることなど夢にも思わなかった。それにもかかわらず、科学革命はカイロとイスタンブールではなくロンドンとパリで始まった。

近代と現代の歴史を科学と宗教の闘争として描くのが慣習になっている。理屈の上では、科学と宗教はともに何よりも真理に関心があり、それぞれ異なる真理を擁護するので、必ず衝突する定めにある。ところが、じつは科学も宗教も真理はあまり気にしないので、簡単に妥協したり、共存したり、協力したりさえできる。

宗教は何をおいても秩序に関心がある。宗教は社会構造を創り出して維持することを目指す。科学は何をおいても力に関心がある。科学は、病気を治したり、戦争をしたり、食物を生産したりする力を、研究を通して獲得することを目指す。科学者と聖職者は、個人としては真理をおおいに重視するかもしれないが、科学と宗教は集団的な組織としては、真理よりも秩序と力を優先する。したがって、両者は相性が良い。真理の断固とした探求は霊的な旅で、宗教や科学の主流の中にはめったに収まり切らない。

したがって近代と現代の歴史は、科学とある特定の宗教、すなわち人間至上主義との間の取り決めを形にするプロセスとして眺めたほうが、はるかに正確だろう。現代社会は人間至上主義の教義を信じており、その教義に疑問を呈するためにではなく、それを実行に移すために科学を利用する。二一世紀には人間至上主義の教義が純粋な科学理論に取って代わられることはなさそうだ。とはいえ、科学と人間至上主義を結びつける契約が崩れ去り、まったく異なる種類の取り決め、すなわち、科学と何らかのポスト人間至上主義の宗教との取り決めに場所を譲る可能性が十分ある。本書ではこれからの二章で、科学と人間至上主義との間で交わされた現代の契約の理解にもっぱら努めることにする。そしてその後、最後の第3部では、この契約が崩れかけている理由と、その後釜に座るかもしれない新しい取り決めを説明する。

World History 19:1 (2008), 1–40.

8. William Kelly Simpson, *The Literature of Ancient Egypt* (Yale: Yale University Press, 1973), 332–3.

第5章　科学と宗教というおかしな夫婦

1. C. Scott Dixon, *Protestants: A History from Wittenberg to Pennsylvania, 1517–1740* (Chichester, UK: Wiley-Blackwell, 2010), 15; Peter W. Williams, *America's Religions: From Their Origins to the Twenty-First Century* (Urbana: University of Illinois Press, 2008), 82.
2. Glenn Hausfater and Sarah Blaffer, ed., *Infanticide: Comparative and Evolutionary Perspectives* (New York: Aldine, 1984), 449; Valeria Alia, *Names and Nunavut: Culture and Identity in the Inuit Homeland* (New York: Berghahn Books, 2007), 23; Lewis Petrinovich, *Human Evolution, Reproduction and Morality* (Cambridge, MA: MIT Press, 1998), 256; Richard A. Posner, *Sex and Reason* (Cambridge, MA: Harvard University Press, 1992), 289.
3. Ronald K. Delph, 'Valla Grammaticus, Agostino Steuco, and the Donation of Constantine', *Journal of the History of Ideas* 57:1 (1996), 55–77; Joseph M. Levine, 'Reginald Pecock and Lorenzo Valla on the Donation of Constantine', *Studies in the Renaissance* 20 (1973), 118–43.
4. Gabriele Boccaccini, *Roots of Rabbinic Judaism* (Cambridge: Eerdmans, 2002); Shaye J. D. Cohen, *From the Maccabees to the Mishnah*, 2nd edn (Louisville: Westminster John Knox Press, 2006), 153–7; Lee M. McDonald and James A. Sanders, ed., *The Canon Debate* (Peabody: Hendrickson, 2002), 4.
5. Sam Harris, *The Moral Landscape: How Science Can Determine Human Values* (New York: Free Press, 2010).

第4章　物語の語り手

1. Fekri A. Hassan, 'Holocene Lakes and Prehistoric Settlements of the Western Fayum, Egypt', *Journal of Archaeological Science* 13:5 (1986), 393–504; Gunther Garbrecht, 'Water Storage (Lake Moeris) in the Fayum Depression, Legend or Reality?', *Irrigation and Drainage Systems* 1:3 (1987), 143–57; Gunther Garbrecht, 'Historical Water Storage for Irrigation in the Fayum Depression (Egypt)', *Irrigation and Drainage Systems* 10:1 (1996), 47–76.
2. Yehuda Bauer, *A History of the Holocaust* (Danbur: Franklin Watts, 2001), 249.
3. Jean C. Oi, *State and Peasant in Contemporary China: The Political Economy of Village Government* (Berkeley: University of California Press, 1989), 91; Jasper Becker, *Hungry Ghosts: China's Secret Famine* (London: John Murray, 1996).（『餓鬼（ハングリー・ゴースト）――秘密にされた毛沢東中国の飢饉』ジャスパー・ベッカー著、川勝貴美訳、中公文庫、2012年）; Frank Dikkoter, *Mao's Great Famine: The History of China's Most Devastating Catastrophe, 1958–62* (London: Bloomsbury, 2010).（『毛沢東の大飢饉――史上最も悲惨で破壊的な人災 1958-1962』フランク・ディケーター著、中川治子訳、草思社、2011年）
4. Martin Meredith, *The Fate of Africa: From the Hopes of Freedom to the Heart of Despair: A History of Fifty Years of Independence* (New York: Public Affairs, 2006); Sven Rydenfelt, 'Lessons from Socialist Tanzania', *The Freeman* 36:9 (1986); David Blair, 'Africa in a Nutshell', *Telegraph*, 10 May 2006, accessed 22 December 2014, http://blogs.telegraph.co.uk/news/davidblair/3631941/Africa_in_a_nutshell/.
5. Roland Anthony Oliver, *Africa since 1800*, 5th edn (Cambridge: Cambridge University Press, 2005), 100–23; David van Reybrouck, *Congo: The Epic History of a People* (New York: HarperCollins, 2014), 58–9.
6. Ben Wilbrink, 'Assessment in Historical Perspective', *Studies in Educational Evaluation* 23:1 (1997), 31–48.
7. M. C. Lemon, *Philosophy of History* (London and New York: Routledge, 2003), 28–44; Siep Stuurman, 'Herodotus and Sima Qian: History and the Anthropological Turn in Ancient Greece and Han China', *Journal of*

173–6; Maciej Henneberg and Maryna Steyn, 'Trends in Cranial Capacity and Cranial Index in Subsaharan Africa During the Holocene', *American Journal of Human Biology* 5:4 (1993), 473–9; Drew H. Bailey and David C. Geary, 'Hominid Brain Evolution: Testing Climatic, Ecological, and Social Competition Models', *Human Nature* 20:1 (2009), 67–79; Daniel J. Wescott and Richard L. Jantz, 'Assessing Craniofacial Secular Change in American Blacks and Whites Using Geometric Morphometry', in *Modern Morphometrics in Physical Anthropology: Developments in Primatology: Progress and Prospects*, ed. Dennis E. Slice (New York: Plenum Publishers, 2005), 231–45.

18. 以下も参照のこと。Edward O. Wilson, *The Social Conquest of the Earth* (New York: Liveright, 2012).（『人類はどこから来て、どこへ行くのか』エドワード・O・ウィルソン著、斉藤隆央訳、化学同人、2013年）

19. Cyril Edwin Black, ed., *The Transformation of Russian Society: Aspects of Social Change since 1861* (Cambridge, MA: Harvard University Press, 1970), 279.

20. NAEMI09, 'Nicolae Ceauşescu LAST SPEECH (English subtitles) part 1 of 2', 22 April 2010, accessed 21 December 2014, http://www.youtube.com/watch?v=wWIbCtz_Xwk.

21. Tom Gallagher, *Theft of a Nation: Romania since Communism* (London: Hurst, 2005).

22. Robin Dunbar, *Grooming, Gossip, and the Evolution of Language* (Cambridge, MA: Harvard University Press, 1998).（『ことばの起源――猿の毛づくろい、人のゴシップ』ロビン・ダンバー著、松浦俊輔／服部清美訳、青土社、2016年）

23. TVP University, 'Capuchin monkeys reject unequal pay', 15 December 2012, accessed 21 December 2014, http://www.youtube.com/watch?v=lKhAd0Tyny0.

24. Christopher Duffy, *Military Experience in the Age of Reason* (London: Routledge, 2005), 98–9での引用。

25. Serhii Ploghy, *The Last Empire: The Final Days of the Soviet Union* (London: Oneworld, 2014), 309.

Habituation and Behavioral and Neurochemical Antidepressant-like Effects in Postweaning Enriched Rats', *Behavioural Brain Research* 197:1 (2009), 125–37; Juan Carlos Brenes Sáenz, Odir Rodríguez Villagra and Jaime Fornaguera Trías, 'Factor Analysis of Forced Swimming Test, Sucrose Preference Test and Open Field Test on Enriched, Social and Isolated Reared Rats', *Behavioural Brain Research* 169:1 (2006), 57–65.

11. Marc Bekoff, 'Observations of Scent-Marking and Discriminating Self from Others by a Domestic Dog (*Canis familiaris*): Tales of Displaced Yellow Snow', *Behavioural Processes* 55:2 (2011), 75–9.
12. さまざまなレベルの自己意識については、以下を参照のこと。Gregg, *Are Dolphins Really Smart?*, 59–66.
13. Carolyn R. Raby et al., 'Planning for the Future by Western Scrub Jays', *Nature* 445:7130 (2007), 919–21.
14. Michael Balter, 'Stone-Throwing Chimp is Back – And This Time It's Personal', *Science*, 9 May 2012, accessed 21 December 2014, http://news.sciencemag.org/2012/05/stone-throwing-chimp-back-and-time-its-personal; Sara J. Shettleworth, 'Clever Animals and Killjoy Explanations in Comparative Psychology', *Trends in Cognitive Sciences* 14:11 (2010), 477–81.
15. Gregg, *Are Dolphins Really Smart?*; Nicola S. Clayton, Timothy J. Bussey, and Anthony Dickinson, 'Can Animals Recall the Past and Plan for the Future?', *Nature Reviews Neuroscience* 4:8 (2003), 685–91; William A. Roberts, 'Are Animals Stuck in Time?', *Psychological Bulletin* 128:3 (2002), 473–89; Endel Tulving, 'Episodic Memory and Autonoesis: Uniquely Human?', in *The Missing Link in Cognition: Evolution of Self-Knowing Consciousness*, ed. Herbert S. Terrace and Janet Metcalfe (Oxford: Oxford University Press), 3–56; Mariam Naqshbandi and William A. Roberts, 'Anticipation of Future Events in Squirrel Monkeys (*Saimiri sciureus*) and Rats (*Rattus norvegicus*): Tests of the Bischof-Kohler Hypothesis', *Journal of Comparative Psychology* 120:4 (2006), 345–57.
16. I. B. A. Bartal, J. Decety and P. Mason, 'Empathy and Pro-Social Behavior in Rats', *Science* 334: 6061 (2011), 1427–30; Gregg, *Are Dolphins Really Smart?*, 89.
17. Christopher B. Ruff, Erik Trinkaus and Trenton W. Holliday, 'Body Mass and Encephalization in Pleistocene *Homo*', *Nature* 387:6629 (1997),

2013 年); Tom Vanderbilt, 'Let the Robot Drive: The Autonomous Car of the Future is Here', *Wired*, 20 January 2012, accessed 21 December 2014, http://www.wired.com/2012/01/ff_autonomouscars/all/; Chris Urmson, 'The Self-Driving Car Logs More Miles on New Wheels', Google Official Blog, 7 August 2012, accessed 23 December 2014, http://googleblog.blogspot.hu/2012/08/the-self-driving-car-logs-more-miles-on.html; Matt Richtel and Conor Dougherty, 'Google's Driverless Cars Run Into Problem: Cars With Drivers', *New York Times*, 1 September 2015, accessed 2 September 2015, http://www.nytimes.com/2015/09/02/technology/personaltech/google-says-its-not-the-driverless-cars-fault-its-other-drivers.html?_r=1.

7. Dehaene, *Consciousness and the Brain*.(『意識と脳——思考はいかにコード化されるか』スタニスラス・ドゥアンヌ著、高橋洋訳、紀伊國屋書店、2015 年)
8. Ibid., ch. 7.
9. 'The Cambridge Declaration on Consciousness', 7 July 2012, accessed 21 December 2014, https://web.archive.org/web/20131109230457/http://fcmconference.org/img/CambridgeDeclarationOnConsciousness.pdf.
10. John F. Cyran, Rita J. Valentino and Irwin Lucki, 'Assessing Substrates Underlying the Behavioral Effects of Antidepressants Using the Modified Rat Forced Swimming Test', *Neuroscience and Behavioral Reviews*, 29:4–5 (2005), 569–74; Benoit Petit-Demoulière, Frank Chenu and Michel Bourin, 'Forced Swimming Test in Mice: A Review of Antidepressant Activity', *Psychopharmacology* 177:3 (2005), 245–55; Leda S. B. Garcia et al., 'Acute Administration of Ketamine Induces Antidepressant-like Effects in the Forced Swimming Test and Increases BDNF Levels in the Rat Hippocampus', *Progress in Neuro-Psychopharmacology and Biological Psychiatry* 32:1 (2008), 140–4; John F. Cryan, Cedric Mombereau and Annick Vassout, 'The Tail Suspension Test as a Model for Assessing Antidepressant Activity: Review of Pharmacological and Genetic Studies in Mice', *Neuroscience and Behavioral Reviews* 29:4–5 (2005), 571–625; James J. Crowley, Julie A. Blendy and Irwin Lucki, 'Strain-dependent Antidepressant-like Effects of Citalopram in the Mouse Tail Suspension Test', *Psychopharmacology* 183:2 (2005), 257–64; Juan C. Brenes, Michael Padilla and Jaime Fornaguera, 'A Detailed Analysis of Open-Field

Hypatia 27:3 (2012): 636–50; Eva de Clercq, 'Karman and Compassion: Animals in the Jain Universal History', *Religions of South Asia* 7 (2013): 141–57.

31. Naveh, 'Changes in the Perception of Animals and Plants', 11.

第3章　人間の輝き

1. 'Evolution, Creationism, Intelligent Design', Gallup, accessed 20 December 2014, http://www.gallup.com/poll/21814/evolution-creationism-intelligent-design.aspx; Frank Newport, 'In US, 46 percent Hold Creationist View of Human Origins', Gallup, 1 June 2012, accessed 21 December 2014, http://www.gallup.com/poll/155003/hold-creationist-view-human-origins.aspx.
2. Gregg, *Are Dolphins Really Smart?*, 82–3.
3. Stanislas Dehaene, *Consciousness and the Brain: Deciphering How the Brain Codes Our Thoughts* (New York: Viking, 2014).（『意識と脳――思考はいかにコード化されるか』スタニスラス・ドゥアンヌ著、高橋洋訳、紀伊國屋書店、2015年）; Steven Pinker, *How the Mind Works* (New York: W. W. Norton, 1997).（『心の仕組み』スティーブン・ピンカー著、椋田直子訳、ちくま学芸文庫、2013年）
4. Dehaene, *Consciousness and the Brain.*（『意識と脳――思考はいかにコード化されるか』スタニスラス・ドゥアンヌ著、高橋洋訳、紀伊國屋書店、2015年）
5. ゲーデルの不完全性定理を参照するように言う専門家もいるかもしれない。あらゆる算術的真理を証明しうる数学の公理の体系はないとする定理だ。正しいものの、その体系の中では証明しえない数学的命題が必ず存在する。一般向けの文献の中では、この定理は心の存在を説明するために濫用されることがある。そのような証明不能の真理に対処するために、心は必要とされているというのだ。とはいえ、生き物が生存と繁殖のために、そのような難解な数学的真理に取り組む必要がある理由は、明白には程遠い。実際、私たちの意識的決定の大多数には、そうした問題はまったく含まれていない。
6. Christopher Steiner, *Automate This: How Algorithms Came to Rule Our World* (New York: Penguin, 2012), 215.（『アルゴリズムが世界を支配する』クリストファー・スタイナー著、永峯涼訳、角川EPUB選書、

27. Benjamin R. Foster, ed., *The Epic of Gilgamesh* (New York, London: W. W. Norton, 2001), 90.

28. Noah J. Cohen, *Tsa'ar Ba'ale Hayim: Prevention of Cruelty to Animals: Its Bases, Development and Legislation in Hebrew Literature* (Jerusalem, New York: Feldheim Publishers, 1976); Roberta Kalechofsky, *Judaism and Animal Rights: Classical and Contemporary Responses* (Marblehead: Micah Publications, 1992); Dan Cohen-Sherbok, 'Hope for the Animal Kingdom: A Jewish Vision', in *A Communion of Subjects: Animals in Religion, Science and Ethics*, ed. Kimberley Patton and Paul Waldau (New York: Columbia University Press, 2006), 81–90; Ze'ev Levi, 'Ethical Issues of Animal Welfare in Jewish Thought', in *Judaism and Environmental Ethics: A Reader*, ed. Martin D. Yaffe (Plymouth: Lexington, 2001), 321–32; Norm Phelps, *The Dominion of Love: Animal Rights According to the Bible* (New York: Lantern Books, 2002); Dovid Sears, *The Vision of Eden: Animal Welfare and Vegetarianism in Jewish Law Mysticism* (Spring Valley: Orot, 2003); Nosson Slifkin, *Man and Beast: Our Relationships with Animals in Jewish Law and Thought* (New York: Lambda, 2006).

29. Talmud Bavli, Bava Metzia, 85:71.

30. Christopher Chapple, *Nonviolence to Animals, Earth and Self in Asian Traditions* (New York: State University of New York Press, 1993); Panchor Prime, *Hinduism and Ecology: Seeds of Truth* (London: Cassell, 1992); Christopher Key Chapple, 'The Living Cosmos of Jainism: A Traditional Science Grounded in Environmental Ethics', *Daedalus* 130:4 (2001), 207–24; Norm Phelps, *The Great Compassion: Buddhism and Animal Rights* (New York: Lantern Books, 2004); Damien Keown, *Buddhist Ethics: A Very Short Introduction* (Oxford: Oxford University Press, 2005), ch. 3; Kimberley Patton and Paul Waldau, ed., *A Communion of Subjects: Animals in Religion, Science and Ethics* (New York: Columbia University Press, 2006), esp. 179–250; Pragati Sahni, *Environmental Ethics in Buddhism: A Virtues Approach* (New York: Routledge, 2008); Lisa Kemmerer and Anthony J. Nocella II, ed., *Call to Compassion: Reflections on Animal Advocacy from the World's Religions* (New York: Lantern, 2011), esp. 15–103; Lisa Kemmerer, *Animals and World Religions* (Oxford: Oxford University Press, 2012), esp. 56–126; Irina Aristarkhova, 'Thou Shall Not Harm All Living Beings: Feminism, Jainism and Animals',

Formation in Mammals', *Animal Science Journal* 83:6 (2012), 446–52.

21. Jean O'Malley Halley, *Boundaries of Touch: Parenting and Adult–Child Intimacy* (Urbana: University of Illinois Press, 2007), 50–1; Ann Taylor Allen, *Feminism and Motherhood in Western Europe, 1890–1970: The Maternal Dilemma* (New York: Palgrave Macmillan, 2005), 190.
22. Lucille C. Birnbaum, 'Behaviorism in the 1920s', *American Quarterly* 7:1 (1955), 18.
23. US Department of Labor (1929), 'Infant Care', Washington: United States Government Printing Office, http://mchlibrary.jhmi.edu/downloads/file-171-1（現時点ではすでに閲覧不能）
24. Harry Harlow and Robert Zimmermann, 'Affectional Responses in the Infant Monkey', *Science* 130:3373 (1959), 421–32; Harry Harlow, 'The Nature of Love', *American Psychologist* 13 (1958), 673–85; Laurens D. Young et al., 'Early Stress and Later Response to Separation in Rhesus Monkeys', *American Journal of Psychiatry* 130:4 (1973), 400–5; K. D. Broad, J. P. Curley and E. B. Keverne, 'Mother–Infant Bonding and the Evolution of Mammalian Social Relationships', *Philosophical Transactions of the Royal Society B* 361:1476 (2006), 2199–214; Florent Pittet et al., 'Effects of Maternal Experience on Fearfulness and Maternal Behavior in a Precocial Bird', *Animal Behaviour* 85:4 (2013), 797–805.
25. Jacques Cauvin, *The Birth of the Gods and the Origins of Agriculture* (Cambridge: Cambridge University Press, 2000); Tim Ingord, 'From Trust to Domination: An Alternative History of Human–Animals Relations', in *Animals and Human Society: Changing Perspectives*, ed. Aubrey Manning and James Serpell (New York: Routledge, 2002), 1–22; Roberta Kalechofsky, 'Hierarchy, Kinship and Responsibility', in *A Communion of Subjects: Animals in Religion, Science and Ethics*, ed. Kimberley Patton and Paul Waldau (New York: Columbia University Press, 2006), 91–102; Nerissa Russell, *Social Zooarchaeology: Humans and Animals in Prehistory* (Cambridge: Cambridge University Press, 2012), 207–58; Margo DeMello, *Animals and Society: An Introduction to Human–Animal Studies* (New York: University of Columbia Press, 2012).
26. Olivia Lang, 'Hindu Sacrifice of 250,000 Animals Begins', *Guardian*, 24 November 2009, accessed 21 December 2014, http://www.theguardian.com/world/2009/nov/24/hindu-sacrifice-gadhimai-festival-nepal.

——主観的経験のニューロサイエンスへの招待』マーク・ソームズ／オリヴァー・ターンブル著、平尾和之訳、星和書店、2007 年）

17. David Harel, *Algorithmics: The Spirit of Computers*, 3rd edn [in Hebrew] (Tel Aviv: Open University of Israel, 2001), 4–6; David Berlinski, *The Advent of the Algorithm: The 300-Year Journey from an Idea to the Computer* (San Diego: Harcourt, 2000)（『史上最大の発明アルゴリズム——現代社会を造りあげた根本原理』デイヴィッド・バーリンスキ著、林大訳、ハヤカワ文庫、2012 年）; Hartley Rogers Jr, *Theory of Recursive Functions and Effective Computability*, 3rd edn (Cambridge, MA and London: MIT Press, 1992), 1–5; Andreas Blass and Yuri Gurevich, 'Algorithms: A Quest for Absolute Definitions', *Bulletin of European Association for Theoretical Computer Science* 81 (2003), 195–225; Donald E, Knuth, *The Art of Computer Programming*, 2nd edn (New Jersey: Addison-Wesley Publishing Company, 1973).

18. Daniel Kahneman, *Thinking, Fast and Slow* (New York: Farrar, Straus & Giroux, 2011)（『ファスト & スロー——あなたの意思はどのように決まるか?』ダニエル・カーネマン著、村井章子訳、ハヤカワ文庫、2014 年）; Dan Ariely, *Predictably Irrational* (New York: Harper, 2009).（『予想どおりに不合理——行動経済学が明かす「あなたがそれを選ぶわけ」』ダン・アリエリー著、熊谷淳子訳、ハヤカワ文庫、2013 年）

19. Justin Gregg, *Are Dolphins Really Smart? The Mammal Behind the Myth* (Oxford: Oxford University Press, 2013), 81–7; Jaak Panksepp, 'Affective Consciousness: Core Emotional Feelings in Animals and Humans', *Consciousness and Cognition* 14:1 (2005), 30–80.

20. A. S. Fleming, D. H. O'Day and G. W. Kraemer, 'Neurobiology of Mother–Infant Interactions: Experience and Central Nervous System Plasticity Across Development and Generations', *Neuroscience and Biobehavioral Reviews* 23:5 (1999), 673–85; K. D. Broad, J. P. Curley and E. B. Keverne, 'Mother–Infant Bonding and the Evolution of Mammalian Relationship', *Philosophical Transactions of the Royal Society B* 361:1476 (2006), 2199–214; Kazutaka Mogi, Miho Nagasawa and Takefumi Kikusui, 'Developmental Consequences and Biological Significance of Mother-Infant Bonding', *Progress in Neuro-Psychopharmacology and Biological Psychiatry* 35:5 (2011), 1232–41; Shota Okabe et al., 'The Importance of Mother–Infant Communication for Social Bond

Decisions (New Jersey: Lawrence Erlbaum Associates, 2008); Patrick McNamara and David Trumbull, *An Evolutionary Psychology of Leader–Follower Relations* (New York: Nova Science, 2007); Joseph P. Forgas, Martie G. Haselton and William von Hippel, ed., *Evolution and the Social Mind: Evolutionary Psychology and Social Cognition* (New York: Psychology Press, 2011).

12. S. Held, M. Mendl, C. Devereux and R. W. Byrne, 'Social tactics of pigs in a competitive foraging the task: the "informed forager" paradigm', *Animal Behaviour* 59:3 (2000), 569–76; S. Held, M. Mendl, C. Devereux and R. W. Byrne, 'Studies in social cognition: from primates to pigs', *Animal Welfare* 10 (2001), s209–17; H. B. Graves, 'Behavior and ecology of wild and feral swine (*Sus scrofa*)', *Journal of Animal Science* 58:2 (1984), 482–92; A. Stolba and D. G. M. Wood-Gush, 'The behaviour of pigs in a semi-natural environment', *Animal Production* 48:2 (1989), 419–25; M. Spinka, 'Behaviour in pigs', in P. Jensen (ed.), *The Ethology of Domestic Animals*, 2nd edition (Wallingford, UK: CAB International, 2009), 177-91; P. Jensen and D. G. M. Wood-Gush, 'Social interactions in a group of free-ranging sows', *Applied Animal Behaviour Science* 12 (1984), 327–37; E. T. Gieling, R. E. Nordquist and F. J. van der Staay, 'Assessing learning and memory in pigs', *Animal Cognition* 14 (2011), 151–73.

13. I. Horrell and J. Hodgson, 'The bases of sow-piglet identification. 2. Cues used by piglets to identify their dam and home pen', *Applied Animal Behaviour Science*, 33 (1992), 329–43; D. M. Weary and D. Fraser, 'Calling by domestic piglets: Reliable signals of need?', *Animal Behaviour* 50:4 (1995), 1047–55; H. H. Kristensen et al., 'The use of olfactory and other cues for social recognition by juvenile pigs', *Applied Animal Behaviour Science* 72 (2001), 321–33.

14. M. Helft, 'Pig video arcades critique life in the pen', *Wired*, 6 June 1997, http://archive.wired.com/science/discoveries/news/1997/06/4302, retrieved 27 January 2016.

15. Humane Society of the United States, 'An HSUS Report: Welfare Issues with Gestation Crates for Pregnant Sows', February 2013, http://www.humanesociety.org/assets/pdfs/farm/HSUS-Report-on-Gestation-Crates-for-Pregnant-Sows.pdf, retrieved 27 January 2016.

16. Turnbull and Solms, *Brain and the Inner World*, 90–2.（『脳と心的世界

2007), 400–1.

7. Graham Harvey, *Animism: Respecting the Living World* (Kent Town: Wakefield Press, 2005); Rane Willerslev, *Soul Hunters: Hunting, Animism and Personhood Among the Siberian Yukaghirs* (Berkeley: University of California Press, 2007); Elina Helander-Renvall, 'Animism, Personhood and the Nature of Reality: Sami Perspectives', *Polar Record* 46:1 (2010), 44–56; Istvan Praet, 'Animal Conceptions in Animism and Conservation', in *Routledge Handbook of Human-Animal Studies*, ed. Susan McHaugh and Garry Marvin (New York: Routledge, 2014), 154–67; Nurit Bird-David, 'Animism Revisited: Personhood, Environment, and Relational Epistemology', *Current Anthropology* 40 (1999): s67–91; N. Bird-David, 'Animistic Epistemology: Why Some Hunter-Gatherers Do Not Depict Animals', *Ethnos* 71:1 (2006): 33–50.

8. Danny Naveh, 'Changes in the Perception of Animals and Plants with the Shift to Agricultural Life: What Can Be Learnt from the Nayaka Case, A Hunter-Gatherer Society from the Rain Forests of Southern India?' [in Hebrew], *Animals and Society*, 52 (2015): 7–8.

9. Howard N. Wallace, 'The Eden Narrative', *Harvard Semitic Monographs* 32 (1985), 147–81.

10. David Adams Leeming and Margaret Adams Leeming, *Encyclopedia of Creation Myths* (Santa Barbara: ABC-CLIO, 1994), 18（『創造神話の事典』D・リーミング／M・リーミング著、松浦俊輔ほか訳、青土社、1998年）; Sam D. Gill, *Storytracking: Texts, Stories, and Histories in Central Australia* (Oxford: Oxford University Press, 1998); Emily Miller Bonney, 'Disarming the Snake Goddess: A Reconsideration of the Faience Figures from the Temple Repositories at Knossos', *Journal of Mediterranean Archaeology* 24:2 (2011), 171–90; David Leeming, *The Oxford Companion to World Mythology* (Oxford and New York: Oxford University Press, 2005), 350.

11. Jerome H. Barkow, Leda Cosmides and John Tooby, ed., *The Adapted Mind: Evolutionary Psychology and the Generation of Culture* (Oxford: Oxford University Press, 1992); Richard W. Bloom and Nancy Dess, ed., *Evolutionary Psychology and Violence: A Primer for Policymakers and Public Policy Advocates* (Westport: Praeger, 2003); Charles Crawford and Catherine Salmon, ed., *Evolutionary Psychology, Public Policy and Personal*

report/.

4. Richard Inger et al., 'Common European Birds are Declining Rapidly While Less Abundant Species' Numbers Are Rising', *Ecology Letters* 18:1 (2014), 28–36; 'Live Animals', Food and Agriculture Organization of the United Nations, accessed 20 December 2014, http://faostat.fao.org/site/573/default.aspx#ancor.
5. Simon L. Lewis and Mark A. Maslin, 'Defining the Anthropocene', *Nature* 519 (2015), 171–80.
6. Timothy F. Flannery, *The Future Eaters: An Ecological History of the Australasian Lands and Peoples* (Port Melbourne: Reed Books Australia, 1994); Anthony D. Barnosky et al., 'Assessing the Causes of Late Pleistocene Extinctions on the Continents', *Science* 306:5693 (2004), 70–5; Bary W. Brook and David M. J. S. Bowman, 'The Uncertain Blitzkrieg of Pleistocene Megafauna', *Journal of Biogeography* 31:4 (2004), 517–23; Gifford H. Miller et al., 'Ecosystem Collapse in Pleistocene Australia and a Human Role in Megafaunal Extinction', *Science* 309:5732 (2005), 287–90; Richard G. Roberts et al., 'New Ages for the Last Australian Megafauna: Continent Wide Extinction about 46,000 Years Ago', *Science* 292:5523 (2001), 1888–92; Stephen Wroe and Judith Field, 'A Review of Evidence for a Human Role in the Extinction of Australian Megafauna and an Alternative Explanation', *Quaternary Science Reviews* 25:21–2 (2006), 2692–703; Barry W. Brooks et al., 'Would the Australian Megafauna Have Become Extinct If Humans Had Never Colonised the Continent? Comments on "A Review of the Evidence for a Human Role in the Extinction of Australian Megafauna and an Alternative Explanation" by S. Wroe and J. Field', *Quaternary Science Reviews* 26:3–4 (2007), 560–4; Chris S. M. Turney et al., 'Late-Surviving Megafauna in Tasmania, Australia, Implicate Human Involvement in their Extinction', *PNAS* 105:34 (2008), 12150–3; John Alroy, 'A Multispecies Overkill Simulation of the End-Pleistocene Megafaunal Mass Extinction', *Science* 292:5523 (2001), 1893–6; J. F. O'Connel and J. Allen, 'Pre-LGM Sahul (Australia-New Guinea) and the Archaeology of Early Modern Humans', in *Rethinking the Human Evolution: New Behavioral and Biological Perspectives on the Origin and Dispersal of Modern Humans*, ed. Paul Mellars (Cambridge: McDonald Institute for Archaeological Research,

History of an American Obsession (Washington: Smithsonian Institution, 1994).

第2章 人新世

1. '*Canis lupus*', IUCN Red List of Threatened Species, accessed 20 December 2014, http://www.iucnredlist.org/details/3746/1; 'Fact Sheet: Gray Wolf', *Defenders of Wildlife*, accessed 20 December 2014, http://www.defenders.org/gray-wolf/basic-facts; 'Companion Animals', *IFAH*, accessed 20 December 2014, http://www.ifaheurope.org/companion-animals/about-pets.html; 'Global Review 2013', World Animal Protection, accessed 20 December 2014, https://www.worldanimalprotection.us.org/sites/default/files/us_files/global_review_2013_0.pdf.
2. Anthony D. Barnosky, 'Megafauna Biomass Tradeoff as a Driver of Quaternary and Future Extinctions', *PNAS* 105:1 (2008), 11543–8; オオカミとライオンについては、以下を参照のこと。William J. Ripple et al., 'Status and Ecological Effects of the World's Largest Carnivores', *Science* 343:6167 (2014), 151; スタンリー・コーレン博士によれば、世界には約5億頭の犬がいるという。Stanley Coren, 'How Many Dogs Are There in the World', *Psychology Today*, 19 September 2012, accessed 20 December 2014, http://www.psychologytoday.com/blog/canine-corner/201209/how-many-dogs-are-there-in-the-world; 猫の数については、以下を参照のこと。Nicholas Wade, 'DNA Traces 5 Matriarchs of 600 Million Domestic Cats', *New York Times*, 29 June 2007, accessed 20 December 2014, http://www.nytimes.com/2007/06/29/health/29iht-cats.1.6406020.html; アフリカスイギュウについては、以下を参照のこと。'*Syncerus caffer*', IUCN Red List of Threatened Species, accessed 20 December 2014, http://www.iucnredlist.org/details/21251/0; 牛の数については、以下を参照のこと。David Cottle and Lewis Kahn, ed., *Beef Cattle Production and Trade* (Collingwood: Csiro, 2014), 66; ニワトリの数については、以下を参照のこと。'Live Animals', *Food and Agriculture Organization of the United Nations: Statistical Division*, accessed December 20, 2014, http://faostat3.fao.org/browse/Q/QA/E.
3. 'Living Planet Report 2014', WWF Global, accessed 20 December 2014, http://wwf.panda.org/about_our_earth/all_publications/living_planet_

stockholm-office-workers-epicenter-implanted-microchips-pay-their-lunch-1486045.

45. Meika Loe, *The Rise of Viagra: How the Little Blue Pill Changed Sex in America* (New York: New York University Press, 2004).（『バイアグラ時代――"魔法のひと粒"が引き起こした功罪』メイカ・ルー著、青柳伸子訳、作品社、2009 年）

46. Brian Morgan, 'Saints and Sinners: Sir Harold Gillies', *Bulletin of the Royal College of Surgeons of England*, 95:6 (2013), 204–5; Donald W. Buck II, 'A Link to Gillies: One Surgeon's Quest to Uncover His Surgical Roots', *Annals of Plastic Surgery* 68:1 (2012), 1–4.

47. Paolo Santoni-Rugio, *A History of Plastic Surgery* (Berlin, Heidelberg: Springer, 2007); P. Niclas Broer, Steven M. Levine and Sabrina Juran, 'Plastic Surgery: Quo Vadis? Current Trends and Future Projections of Aesthetic Plastic Surgical Procedures in the United States', *Plastic and Reconstructive Surgery* 133:3 (2014): 293e–302e.

48. Holly Firfer, 'How Far Will Couples Go to Conceive?', CNN, 17 June 2004, accessed 3 May 2015, http://edition.cnn.com/2004/HEALTH/03/12/infertility.treatment/index.html?iref=allsearch.

49. Rowena Mason and Hannah Devlin, 'MPs Vote in Favour of "Three-Person Embryo" Law', *Guardian*, 3 February 2015, accessed 3 May 2015, http://www.theguardian.com/science/2015/feb/03/mps-vote-favour-three-person-embryo-law.

50. Lionel S. Smith and Mark D. E. Fellowes, 'Towards a Lawn without Grass: The Journey of the Imperfect Lawn and Its Analogues', *Studies in the History of Gardens & Designed Landscape* 33:3 (2013), 158–9; John Dixon Hunt and Peter Willis, ed., *The Genius of the Place: The English Landscape Garden 1620–1820*, 5th edn (Cambridge, MA: MIT Press, 2000), 1–45; Anne Helmriech, *The English Garden and National Identity: The Competing Styles of Garden Design 1870–1914* (Cambridge: Cambridge University Press, 2002), 1–6.

51. Robert J. Lake, 'Social Class, Etiquette and Behavioral Restraint in British Lawn Tennis', *International Journal of the History of Sport* 28:6 (2011), 876–94; Beatriz Colomina, 'The Lawn at War: 1941–1961', in *The American Lawn*, ed. Georges Teyssot (New York: Princeton Architectural Press, 1999), 135–53; Virginia Scott Jenkins, *The Lawn:*

Team (MHAT) V Operation Iraqi Freedom 06–08: Iraq Operation Enduring Freedom 8: Afghanistan', 14 February 2008, accessed 23 December 2014, http://www.careforthetroops.org/reports/Report-MHATV-4-FEB-2008–Overview.pdf.

42. Tina L. Dorsey, 'Drugs and Crime Facts', US Department of Justice, accessed 20 February 2015, http://www.bjs.gov/content/pub/pdf/dcf.pdf; H. C. West, W. J. Sabol and S. J. Greenman, 'Prisoners in 2009', US Department of Justice, Bureau of Justice Statistics Bulletin (December 2010), 1–38; 'Drugs And Crime Facts: Drug use and Crime', US Department of Justice, accessed 19 December 2014, http://www.bjs.gov/content/dcf/duc.cfm; 'Offender Management Statistics Bulletin, July to September 2014', UK Ministry of Justice, 29 January 2015, accessed 20 February 2015, https://www.gov.uk/government/statistics/offender-management-statistics-quarterly-july-to-september-2014.; Mirian Lights et al., 'Gender Differences in Substance Misuse and Mental Health amongst Prisoners', UK Ministry of Justice, 2013, accessed 20 February 2015, https://www.gov.uk/government/uploads/system/uploads/attachment_data/file/220060/gender-substance-misuse-mental-health-prisoners.pdf; Jason Payne and Antonette Gaffney, 'How Much Crime is Drug or Alcohol Related? Self-Reported Attributions of Police Detainees', *Trends & Issues in Crime and Criminal Justice* 439 (2012), http://www.aic.gov.au/media_library/publications/tandi_pdf/tandi439.pdf, accessed 11 March 2015; Philippe Robert, 'The French Criminal Justice System', in *Punishment in Europe: A Critical Anatomy of Penal Systems*, ed. Vincenzo Ruggiero and Mick Ryan (Houndmills: Palgrave Macmillan, 2013), 116.

43. Betsy Isaacson, 'Mind Control: How EEG Devices Will Read Your Brain Waves And Change Your World', *Huffington Post*, 20 November 2012, accessed 20 December 2014, http://www.huffingtonpost.com/2012/11/20/mind-control-how-eeg-devices-read-brainwaves_n_2001431.html; 'EPOC Headset', *Emotiv*, http://emotiv.com/store/epoc-detail/; 'Biosensor Innovation to Power Breakthrough Wearable Technologies Today and Tomorrow', *NeuroSky*, http://neurosky.com/.

44. Samantha Payne, 'Stockholm: Members of Epicenter Workspace Are Using Microchip Implants to Open Doors', *International Business Times*, 31 January 2015, accessed 9 August 2015, http://www.ibtimes.co.uk/

界——主観的経験のニューロサイエンスへの招待』マーク・ソームズ／オリヴァー・ターンブル著、平尾和之訳、星和書店、2007年); Kent C. Berridge and Morten L. Kringelbach, 'Affective Neuroscience of Pleasure: Reward in Humans and Animals', *Psychopharmacology* 199 (2008), 457–80; Morten L. Kringelbach, *The Pleasure Center: Trust Your Animal Instincts* (Oxford: Oxford University Press, 2009).

37. M. Csikszentmihalyi, *Finding Flow: The Psychology of Engagement with Everyday Life* (New York: Basic Books, 1997).（『フロー体験入門——楽しみと創造の心理学』M・チクセントミハイ著、大森弘監訳、世界思想社、2010年）

38. Centers for Disease Control and Prevention, Attention-Deficit / Hyperactivity Disorder (ADHD), http://www.cdc.gov/ncbddd/adhd/data.html, accessed 4 January 2016; Sarah Harris, 'Number of Children Given Drugs for ADHD Up Ninefold with Patients As Young As Three Being Prescribed Ritalin', *Daily Mail*, 28 June 2013, http://www.dailymail.co.uk/health/article-2351427/Number-children-given-drugs-ADHD-ninefold-patients-young-THREE-prescribed-Ritalin.html, accessed 4 January 2016; International Narcotics Control Board (UN), *Psychotropics Substances, Statistics for 2013, Assessments of Annual Medical and Scientific Requirements 2014*, 39–40.

39. 学童によるそうした興奮剤の濫用に関しては十分な証拠がないが、2013年のある研究によると、アメリカの大学生の5～15パーセントが何らかの興奮剤を少なくとも1回は違法に使ったという。C. Ian Ragan, Imre Bard and Ilina Singh, 'What Should We Do about Student Use of Cognitive Enhancers? An Analysis of Current Evidence', *Neuropharmacology* 64 (2013), 589.

40. Bradley J. Partridge, 'Smart Drugs "As Common as Coffee": Media Hype about Neuroenhancement', *PLoS One* 6:11 (2011), e28416.

41. Office of the Chief of Public Affairs Press Release, 'Army, Health Promotion Risk Reduction Suicide Prevention Report, 2010', accessed 23 December 2014, http://csf2.army.mil/downloads/HP-RR-SPReport2010.pdf; Mark Thompson, 'America's Medicated Army', *Time*, 5 June 2008, accessed 19 December 2014, http://content.time.com/time/magazine/article/0,9171,1812055,00.html; Office of the Surgeon Multi-National Force-Iraq and Office of the Command Surgeon, 'Mental Health Advisory

29. Kim Hill et al., 'Mortality Rates among Wild Chimpanzees', *Journal of Human Evolution* 40:5 (2001): 437–50; James G. Herndon, 'Brain Weight Throughout the Life Span of the Chimpanzee', *Journal of Comparative Neurology* 409 (1999): 567–72.

30. Beatrice Scheubel, *Bismarck's Institutions: A Historical Perspective on the Social Security Hypothesis* (Tubingen: Mohr Siebeck, 2013); E. P. Hannock, *The Origin of the Welfare State in England and Germany, 1850–1914* (Cambridge: Cambridge University Press, 2007).

31. 'Mental Health: Age-Standardized Suicide Rates (per 100,000 Population), 2012', World Health Organization, accessed 28 December 2014, http://gamapserver.who.int/gho/interactive_charts/mental_health/suicide_rates/atlas.html.

32. Ian Morris, *Why the West Rules – For Now* (Toronto: McClelland & Stewart, 2010), 626–9.（『人類５万年 文明の興亡――なぜ西洋が世界を支配しているのか』イアン・モリス著、北川知子訳、筑摩書房、2014年）

33. David G. Myers, 'The Funds, Friends, and Faith of Happy People', *American Psychologist* 55:1 (2000), 61; Ronald Inglehart et al., 'Development, Freedom, and Rising Happiness: A Global Perspective (1981–2007)', *Perspectives on Psychological Science* 3:4 (2008), 264–85. 以下も参照のこと。Mihaly Csikszentmihalyi, 'If We Are So Rich, Why Aren't We Happy?', *American Psychologist* 54:10 (1999), 821–7; Gregg Easterbrook, *The Progress Paradox: How Life Gets Better While People Feel Worse* (New York: Random House, 2003).

34. Kenji Suzuki, 'Are They Frigid to the Economic Development? Reconsideration of the Economic Effect on Subjective Well-being in Japan', *Social Indicators Research* 92:1 (2009), 81–9; Richard A. Easterlin, 'Will Raising the Incomes of all Increase the Happiness of All?', *Journal of Economic Behavior and Organization* 27:1 (1995), 35–47; Richard A. Easterlin, 'Diminishing Marginal Utility of Income? Caveat Emptor', *Social Indicators Research* 70:3 (2005), 243–55.

35. Linda C. Raeder, *John Stuart Mill and the Religion of Humanity* (Columbia: University of Missouri Press, 2002).

36. Oliver Turnbull and Mark Solms, *The Brain and the Inner World* [in Hebrew] (Tel Aviv: Hakibbutz Hameuchad, 2005), 92–6.（『脳と心的世

Evolution and Human Behavior 34:1 (2013), 29–34; I. J. N. Thorpe, 'Anthropology, Archaeology, and the Origin of Warfare', *World Archaology* 35:1 (2003), 145–65; Raymond C. Kelly, *Warless Societies and the Origin of War* (Ann Arbor: University of Michigan Press, 2000); Lawrence H. Keeley, *War before Civilization: The Myth of the Peaceful Savage* (Oxford: Oxford University Press, 1996); Slavomil Vencl, 'Stone Age Warfare', in *Ancient Warfare: Archaeological Perspectives*, ed. John Carman and Anthony Harding (Stroud: Sutton Publishing, 1999), 57–73.

23. 'Global Health Observatory Data Repository, 2012', World Health Organization, accessed 16 August 2015, http://apps.who.int/gho/data/node.main.RCODWORLD?lang=en; 'Global Study on Homicide, 2013', UNDOC, accessed 16 August 2015, http://www.unodc.org/documents/gsh/pdfs/2014_GLOBAL_HOMICIDE_BOOK_web.pdf; http://www.who.int/healthinfo/global_burden_disease/estimates/en/index1.html.
24. Van Reybrouck, *Congo*, 456–7.
25. 肥満による死者 : 'Global Burden of Disease, Injuries and Risk Factors Study 2013', *Lancet*, 18 December 2014, accessed 18 December 2014, http://www.thelancet.com/themed/global-burden-of-disease; Stephen Adams, 'Obesity Killing Three Times As Many As Malnutrition', *Telegraph*, 13 December 2012, accessed 18 December 2014, http://www.telegraph.co.uk/health/healthnews/9742960/Obesity-killing-three-times-as-many-as-malnutrition.html. テロによる死者 : *Global Terrorism Database*, http://www.start.umd.edu/gtd/, accessed 16 January 2016.
26. Arion McNicoll, 'How Google's Calico Aims to Fight Aging and "Solve Death"', CNN, 3 October 2013, accessed 19 December 2014, http://edition.cnn.com/2013/10/03/tech/innovation/google-calico-aging-death/.
27. Katrina Brooker, 'Google Ventures and the Search for Immortality', *Bloomberg*, 9 March 2015, accessed 15 April 2015, http://www.bloomberg.com/news/articles/2015–03–09/google-ventures-bill-maris-investing-in-idea-of-living-to-500.
28. Mick Brown, 'Peter Thiel: The Billionaire Tech Entrepreneur on a Mission to Cheat Death', *Telegraph*, 19 September 2014, accessed 19 December 2014, http://www.telegraph.co.uk/technology/11098971/Peter-Thiel-the-billionaire-tech-entrepreneur-on-a-mission-to-cheat-death.html.

Impact', *Clinical Infectious Diseases* 36:s1 (2005), s11–23; Richards G. Wax et al., ed., *Bacterial Resistance to Antimicrobials*, 2nd edn (Boca Raton: CRC Press, 2008); Maja Babic and Robert A. Bonomo, 'Mutations as a Basis of Antimicrobial Resistance', in *Antimicrobial Drug Resistance: Mechanisms of Drug Resistance*, ed. Douglas Mayers, vol. 1 (New York: Humana Press, 2009), 65–74; Julian Davies and Dorothy Davies, 'Origins and Evolution of Antibiotic Resistance', *Microbiology and Molecular Biology Reviews* 74:3 (2010), 417–33; Richard J. Fair and Yitzhak Tor, 'Antibiotics and Bacterial Resistance in the 21st Century', *Perspectives in Medicinal Chemistry* 6 (2014), 25–64.

19. Alfonso J. Alanis, 'Resistance to Antibiotics: Are We in the Post-Antibiotic Era?', *Archives of Medical Research* 36:6 (2005), 697–705; Stephan Harbarth and Matthew H. Samore, 'Antimicrobial Resistance Determinants and Future Control', *Emerging Infectious Diseases* 11:6 (2005), 794–801; Hiroshi Yoneyama and Ryoichi Katsumata, 'Antibiotic Resistance in Bacteria and Its Future for Novel Antibiotic Development', *Bioscience, Biotechnology and Biochemistry* 70:5 (2006), 1060–75; Cesar A. Arias and Barbara E. Murray, 'Antibiotic-Resistant Bugs in the 21st Century – A Clinical Super-Challenge', *New England Journal of Medicine* 360 (2009), 439–43; Brad Spellberg, John G. Bartlett and David N. Gilbert, 'The Future of Antibiotics and Resistance', *New England Journal of Medicine* 368 (2013), 299–302.

20. Losee L. Ling et al., 'A New Antibiotic Kills Pathogens without Detectable Resistance', *Nature* 517 (2015), 455–9; Gerard Wright, 'Antibiotics: An Irresistible Newcomer', *Nature* 517 (2015), 442–4.

21. Roey Tzezana, *The Guide to the Future* [in Hebrew] (Haifa: Roey Tzezana, 2013), 209–33.

22. Azar Gat, *War in Human Civilization* (Oxford: Oxford University Press, 2006), 130–1.（『文明と戦争』アザー・ガット著、歴史と戦争研究会訳、中央公論新社、2012 年）; Steven Pinker, *The Better Angels of Our Nature: Why Violence Has Declined* (New York: Viking, 2011).（『暴力の人類史』スティーブン・ピンカー著、幾島幸子／塩原通緒訳、青土社、2015 年）; Joshua S. Goldstein, *Winning the War on War: The Decline of Armed Conflict Worldwide* (New York: Dutton, 2011); Robert S. Walker and Drew H. Bailey, 'Body Counts in Lowland South American Violence',

(Oxford: Clarendon Press, 1997); Edward Anthony Wrigley et al., *English Population History from Family Reconstitution, 1580–1837* (Cambridge: Cambridge University Press, 1997), 295–6, 303.

12. David A. Koplow, *Smallpox: The Fight to Eradicate a Global Scourge* (Berkeley: University of California Press, 2004); Abdel R. Omran, 'The Epidemiological Transition: A Theory of Population Change', *Milbank Memorial Fund Quarterly* 83:4 (2005), 731–57; Thomas McKeown, *The Modern Rise of Populations* (New York: Academic Press, 1976); Simon Szreter, *Health and Wealth: Studies in History and Policy* (Rochester: University of Rochester Press, 2005); Roderick Floud, Robert W. Fogel, Bernard Harris and Sok Chul Hong, *The Changing Body: Health, Nutrition and Human Development in the Western World since 1700* (New York: Cambridge University Press, 2011); James C. Riley, *Rising Life Expectancy: A Global History* (New York: Cambridge University Press, 2001).（『健康転換と寿命延長の世界誌』ジェイムス・ライリー著、門司和彦ほか訳、明和出版、2008 年）

13. 'Summary of probable SARS cases with onset of illness from 1 November 2002 to 31 July 2003', World Health Organization, 21 April 2004, accessed 6 February 2016, http://www.who.int/csr/sars/country/table2004_04_21/en/.

14. 'Experimental Therapies: Growing Interest in the Use of Whole Blood or Plasma from Recovered Ebola Patients', World Health Organization, September 26, 2014, accessed 23 April 2015, http://www.who.int/mediacentre/news/ebola/26–september-2014/en/.

15. Hung Y. Fan, Ross F. Conner and Luis P. Villarreal, *AIDS: Science and Society*, 6th edn (Sudbury: Jones and Bartlett Publishers, 2011).

16. Peter Piot and Thomas C. Quinn, 'Response to the AIDS Pandemic – A Global Health Model', *The New England Journal of Medicine* 368:23 (2013): 2210–18.

17.「老衰」は公式の統計では死因として挙げられることはけっしてない。虚弱な高齢者が何かしらの感染症でついに亡くなると、その感染症が死因として記載される。したがって、死因の 2 割以上が依然として感染症とされる。だがこれは、過去とは根本的に異なる状況だ。過去には、非常に多くの子供と健康な成人が感染症で亡くなっていた。

18. David M. Livermore, 'Bacterial Resistance: Origins, Epidemiology, and

Consequences of 1492 (Westport: Greenwood Press, 1972); William H. McNeill, *Plagues and Peoples* (Oxford: Basil Blackwell, 1977).（『疫病と世界史』ウィリアム・H・マクニール著、佐々木昭夫訳、中公文庫、2007年）

8. Hugh Thomas, *Conquest: Cortes, Montezuma and the Fall of Old Mexico* (New York: Simon & Schuster, 1993), 443–6; Rodolfo Acuna-Soto et al., 'Megadrought and Megadeath in 16th Century Mexico', *Historical Review* 8:4 (2002), 360–2; Sherburne F. Cook and Lesley Byrd Simpson, *The Population of Central Mexico in the Sixteenth Century* (Berkeley: University of California Press, 1948).
9. Jared Diamond, *Guns, Germs and Steel: The Fates of Human Societies* [in Hebrew] (Tel Aviv: Am Oved, 2002), 167.（『銃・病原菌・鉄』ジャレド・ダイアモンド著、倉骨彰訳、草思社文庫、2012年）
10. Jeffery K. Taubenberger and David M. Morens, '1918 Influenza: The Mother of All Pandemics', *Emerging Infectious Diseases* 12:1 (2006), 15–22; Niall P. A. S. Johnson and Juergen Mueller, 'Updating the Accounts: Global Mortality of the 1918–1920 "Spanish" Influenza Pandemic', *Bulletin of the History of Medicine* 76:1 (2002), 105–15; Stacey L. Knobler, Alison Mack, Adel Mahmoud et al., ed., *The Threat of Pandemic Influenza: Are We Ready? Workshop Summary* (Washington DC: National Academies Press 2005), 57–110; David Van Reybrouck, *Congo: The Epic History of a People* (New York: HarperCollins, 2014), 164; Siddharth Chandra, Goran Kuljanin and Jennifer Wray, 'Mortality from the Influenza Pandemic of 1918–1919: The Case of India', *Demography* 49:3 (2012), 857–65; George C. Kohn, *Encyclopedia of Plague and Pestilence: From Ancient Times to the Present*, 3rd edn (New York: Facts on File, 2008), 363.
11. 2005年から2010年にかけての平均は、全世界では4.6パーセント、アフリカでは7.9パーセント、ヨーロッパと北アメリカでは0.7パーセントだった。以下を参照のこと。'Infant Mortality Rate (Both Sexes Combined) by Major Area, Region and Country, 1950–2010 (Infant Deaths for 1000 Live Births), estimates', *World Population Prospects: the 2010 Revision*, UN Department of Economic and Social Affairs, April 2011, accessed 26 May 2012, http://esa.un.org/unpd/wpp/Excel-Data/mortality.htm. 以下も参照のこと。Alain Bideau, Bertrand Desjardins, and Hector Perez-Brignoli, ed., *Infant and Child Mortality in the Past*

原　註

第1章　人類が新たに取り組むべきこと

1. Tim Blanning, *The Pursuit of Glory* (New York: Penguin Books, 2008), 52.
2. Ibid., 53. 以下も参照のこと。J. Neumann and S. Lindgrén, 'Great Historical Events That Were Significantly Affected by the Weather: 4, The Great Famines in Finland and Estonia, 1695–97', *Bulletin of the American Meteorological Society* 60 (1979), 775–87; Andrew B. Appleby, 'Epidemics and Famine in the Little Ice Age', *Journal of Interdisciplinary History* 10:4 (1980): 643–63; Cormac Ó Gráda and Jean-Michel Chevet, 'Famine and Market in *Ancien Régime* France', *Journal of Economic History* 62:3 (2002), 706–73.
3. Nicole Darmon et al., 'L'insécurité alimentaire pour raisons financières en France', *Observatoire National de la Pauvreté et de l'Exclusion Sociale*, https://www.onpes.gouv.fr/IMG/pdf/Darmon.pdf, accessed 3 March 2015; Rapport Annuel 2013, *Banques Alimetaires*, http://en.calameo.com/read/001358178ec47d2018425, accessed 4 March 2015.
4. Richard Dobbs et al., 'How the World Could Better Fight Obesity', McKinseys & Company, November, 2014, accessed 11 December 2014, http://www.mckinsey.com/insights/economic_studies/how_the_world_could_better_fight_obesity.
5. 'Global Burden of Disease, Injuries and Risk Factors Study 2013', *Lancet*, 18 December 2014, accessed 18 December 2014, http://www.thelancet.com/themed/global-burden-of-disease; Stephen Adams, 'Obesity Killing Three Times As Many As Malnutrition', *Telegraph*, 13 December 2012, accessed 18 December 2014, http://www.telegraph.co.uk/health/healthnews/9742960/Obesity-killing-three-times-as-many-as-malnutrition.html.
6. Robert S. Lopez, *The Birth of Europe* [in Hebrew] (Tel Aviv: Dvir, 1990), 427.
7. Alfred W. Crosby, *The Columbian Exchange: Biological and Cultural*

図版出典

図 1　© ktsimages/Getty Images.

図 2　© DeAgostini/Getty Images.

図 3　© Media for Medical/UIG via Getty Images.

図 4　© United Archives/ アフロ

図 5　© Art Media/Print Collector/Getty Images.

図 6　© CHICUREL Arnaud/Getty Images.

図 7　© American Spirit/Shutterstock.com.

図 8　© Imagebank/Chris Brunskill/Getty Images/Bridgeman Images.

図 9　© ClassicStock/Getty Images.

図 10　© Joe & Clair Carnegie/Libyan Soup/Getty Images.

図 11　Illustration: pie chart of global biomass of large animals.

図 12　Detail from Michelangelo Buonarroti (1475–1564), the Sistine Chapel, Vatican City © LessingImages.

図 13　© Bloomberg via Getty Images.

図 14　Left: © Bergserg/Shutterstock.com. Right: © s_bukley/Shutterstock/RightSmith.

図 15　© Newscom/ アフロ

図 16　Adapted from Weiss, J.M., Cierpial, M.A. & West, C.H., 'Selective breeding of rats for high and low motor activity in a swim test: toward a new animal model of depression', *Pharmacology, Biochemistry and Behavior* 61:49–66 (1998).

図 17　© 2004 TopFoto.

図 18　Film still taken from www.youtube.com/watch?v=wWIbCtz_Xwk © TVR.

図 19　© AFP＝時事

図 20　Rudy Burckhardt, photographer. Jackson Pollock and Lee Krasner papers, *c.*1905–1984. Archives of American Art, Smithsonian Institution. © The Pollock–Krasner Foundation ARS, NY and DACS, London, 2016.

図 21　Left: © National Geographic/Getty Images. Right: © Archive Photos/Getty Images.

図 22　Courtesy of the Sousa Mendes Foundation.

図 23　Courtesy of the Sousa Mendes Foundation.

図 24　© Antiqua Print Gallery/Alamy Stock Photo.

図 25　© Bridgeman Images/アフロ

ホモ・デウス 上
テクノロジーとサピエンスの未来(みらい)

二〇二二年 九 月三〇日 初版発行
二〇二五年 三 月 一 日 3刷発行

著 者 Y・N・ハラリ
訳 者 柴田裕之(しばたやすし)
発行者 小野寺優
発行所 株式会社河出書房新社
〒一六二-八五四四
東京都新宿区東五軒町二-一三
電話〇三-三四〇四-八六一一(編集)
〇三-三四〇四-一二〇一(営業)
https://www.kawade.co.jp/

ロゴ・表紙デザイン 粟津潔
本文フォーマット 佐々木暁
本文組版 株式会社キャップス
印刷・製本 中央精版印刷株式会社

Printed in Japan ISBN978-4-309-46758-0

21 Lessons

ユヴァル・ノア・ハラリ　柴田裕之〔訳〕　46745-0

私たちはどこにいるのか。そして、どう生きるべきか——。『サピエンス全史』『ホモ・デウス』で全世界に衝撃をあたえた新たなる知の巨人による、人類の「現在」を考えるための21の問い。待望の文庫化。

この世界を知るための　人類と科学の400万年史

レナード・ムロディナウ　水谷淳〔訳〕　46720-7

人類はなぜ科学を生み出せたのか？　ヒトの誕生から言語の獲得、古代ギリシャの哲学者、ニュートンやアインシュタイン、量子の奇妙な世界の発見まで、世界を見る目を一変させる決定版科学史！

この世界が消えたあとの　科学文明のつくりかた

ルイス・ダートネル　東郷えりか〔訳〕　46480-0

ゼロからどうすれば文明を再建できるのか？　穀物の栽培や紡績、製鉄、発電、電気通信など、生活を取り巻く科学技術について知り、「科学とは何か？」を考える、世界十五カ国で刊行のベストセラー！

人類が絶滅する6のシナリオ

フレッド・グテル　夏目大〔訳〕　46454-1

明日、人類はこうして絶滅する！　スーパーウイルス、気候変動、大量絶滅、食糧危機、バイオテロ、コンピュータの暴走……人類はどうすれば絶滅の危機から逃れられるのか？

海を渡った人類の遥かな歴史

ブライアン・フェイガン　東郷えりか〔訳〕　46464-0

かつて誰も書いたことのない画期的な野心作！　世界中の名もなき古代の海洋民たちは、いかに航海したのか？　祖先たちはなぜ舟をつくり、なぜ海に乗りだしたのかを解き明かす人類の物語。

宇宙と人間　七つのなぞ

湯川秀樹　41280-1

宇宙、生命、物質、人間の心などに関する「なぞ」は古来、人々を惹きつけてやまない。本書は日本初のノーベル賞物理学者である著者が、人類の壮大なテーマを平易に語る。科学への真摯な情熱が伝わる名著。

著訳者名の後の数字はISBNコードです。頭に「978-4-309」を付け、お近くの書店にてご注文下さい。